# 内蒙古自治区煤炭资源煤质特征与清洁利用评价

张建强 等 著

科学出版社
北京

## 内 容 简 介

本书从煤岩、煤质和煤类入手，采用“点上剖析、面上总结”的研究思路，通过已建立的煤炭资源清洁利用评价技术体系，系统分析了内蒙古自治区主要煤炭规划矿区直接液化用煤、气化用煤、焦化用煤等清洁用煤资源的煤岩煤质特征和时空分布特征，评价了内蒙古自治区主要煤炭规划矿区清洁用煤资源潜力及战略选区，为清洁用煤煤炭地质勘查评价及开发利用提供理论支撑。

本书内容丰富、资料翔实，体现了清洁用煤地质研究的最新成果，可供煤炭地质和矿产地质领域的科技人员和大专院校师生参考使用。

**图书在版编目(CIP)数据**

内蒙古自治区煤炭资源煤质特征与清洁利用评价 / 张建强等著. —北京：科学出版社，2024.3

ISBN 978-7-03-075657-2

Ⅰ. ①内… Ⅱ. ①张… Ⅲ. ①煤炭资源-煤质分析-研究-内蒙古 ②煤炭利用-无污染技术-研究-内蒙古 Ⅳ. ①TD82 ②TD849

中国国家版本馆 CIP 数据核字(2023)第 098908 号

责任编辑：吴凡洁 李亚佩 / 责任校对：王 瑞
责任印制：师艳茹 / 封面设计：赫 健

科学出版社 出版
北京东黄城根北街 16 号
邮政编码：100717
http://www.sciencep.com
北京中石油彩色印刷有限责任公司印刷
科学出版社发行 各地新华书店经销
*
2024 年 3 月第 一 版 开本：787×1092 1/16
2024 年 3 月第一次印刷 印张：11 1/4
字数：264 000

**定价：118.00 元**

(如有印装质量问题，我社负责调换)

# 本书编委会

主　　编：张建强

编　　委：宁树正　霍　超　张　莉　黄少青
贺　军　潘海洋　魏云迅　李聪聪
朱士飞　张　宁　郭爱军　王丹凤
殷榕蔚　左卿伶

# 前言

我国的资源禀赋是“富煤、贫油、少气”，在石油对外依存度超过70%的背景下，利用丰富的煤炭资源适度发展煤制油气是煤炭清洁高效利用和深度转化的重要方向之一，更是保障国家能源安全的战略布局。摸清优质液化用煤、气化用煤和焦化用煤等煤制油气用煤的资源家底，不仅能够满足煤炭分级分质和高效清洁利用的要求，还能够有效降低国家油气资源的对外依存度，保障特殊时期国家能源安全。

内蒙古煤炭资源十分丰富，是我国重要的煤炭资源储量大区和生产大区，内蒙古的煤炭资源成煤时代及煤系地层既集中又独立，煤层近水平，埋藏浅，煤种齐全，开采条件好，煤炭资源开发已成为该地区国民经济和社会发展的支柱产业之一，同时也是国家新型煤化工试验示范生产基地。内蒙古优质煤制油气用煤资源潜力较大，目前已建成一批煤制油气示范项目，煤制油、煤制天然气产能和产量居全国首位。

2016～2018年中国煤炭地质总局实施的“全国特殊用煤资源潜力调查评价”项目，厘定了特殊用煤的概念。特殊用煤是从煤的工业利用角度出发，满足煤炭清洁高效利用且具有特殊用途的煤炭资源。特殊用煤资源评价主要是根据煤炭利用工艺，结合不同煤化工类型对煤岩煤质的要求，划分适合不同类型、不同级别的特殊用煤，并对特殊煤炭资源进行评价。

本书是“全国特殊用煤资源潜力调查评价”项目的主体研究成果之一。本书在系统梳理内蒙古煤炭资源潜力的基础上，研究了液化用煤、气化用煤和焦化用煤等清洁用煤的煤质特征和分布规律，掌握了内蒙古清洁用煤的资源状况，为煤炭资源的清洁利用提供资源保障；以煤岩、煤质、煤类为基础研究了清洁用煤煤质技术要求，评价重点矿区清洁用煤资源潜力，为促进煤炭资源高效合理利用提供科学依据；提出煤炭资源可持续发展战略选区，为管理部门制定清洁用煤开发利用规划提供技术支持。

本书共分6章，张建强担任主撰写人。各章节撰写分工如下：前言由张建强撰写；第一章由潘海洋、魏云迅撰写；第二章由霍超、王丹凤、左卿伶撰写；第三章由张建强、黄少青、张莉、郭爱军撰写；第四章由宁树正、朱士飞、李聪聪、张宁撰写；第五章由张建强、霍超、黄少青、贺军撰写；第六章由张建强、霍超、殷榕蔚撰写；全书由张建强统稿。

本书的出版得到了中国矿业大学(北京)曹代勇教授、魏迎春教授，中国煤炭地质总局吴国强教授级高工，中国地质大学(北京)唐书恒教授、黄文辉教授，江苏地质矿产设计研究院秦云虎教授级高工，内蒙古煤田地质局李占山教授级高工，中国煤炭地质总局勘查研究总院原院长谭克龙教授级高工、程爱国教授级高工、刘天绩教授级高工、张恒利教授级高工、陈美英教授级高工、龚汉宏教授级高工等专家学者的指导和帮助。借本书出版之际，在此一并表示衷心感谢！

尽管我们全面认真地分析了内蒙古自治区煤炭资源煤质特征及清洁利用等方面的相关资料和科研成果，但书中难免存在不足之处，恳请广大读者批评指正。

作　者

2023年3月

# 目录

第一章

# 煤炭资源清洁利用概况

## 第一节　全国清洁用煤开发利用现状

从保障国家能源稳定供应、维护国家能源安全的角度考虑，短期内我国以煤为主的能源结构难以改变。今后一段时间，随着我国经济发展进入新常态，国家能源供应格局和方式将发生深刻变革，基于我国煤炭资源赋存特征及国家能源战略角度，做好煤炭清洁高效利用是当前我国能源发展的方向之一。

《煤炭工业“十四五”高质量发展指导意见》中提出，探索研究煤炭原料化、材料化低碳发展路径，打通煤油气、化工和新材料产业链，推动煤炭由燃料向燃料与原料并重转变；国家发展改革委、国家能源局印发《“十四五”现代能源体系规划》(发改能源〔2022〕210号)中提到，加强安全战略技术储备，做好煤制油气战略基地规划布局和管控，在统筹考虑环境承载能力等前提下，稳妥推进已列入规划项目有序实施，建立产能和技术储备，研究推进内蒙古鄂尔多斯、陕西榆林、山西晋北、新疆准东、新疆哈密等煤制油气战略基地建设。2021年3月12日《中华人民共和国国民经济和社会发展第十四个五年规划和2035年远景目标纲要》正式发布，文中首次提出“油气核心需求依靠自保”这一思维底线，对明确煤制油气产业定位具有重要意义。明确将煤制油气基地作为“经济安全保障工程”之一，煤制油气基地选址以煤炭资源为基本前提，主要集中在内蒙古和新疆两个大区域，这也是我国煤炭产能进一步集中的区域。煤制油气战略基地的提出意味着产业发展将由“项目示范”升级为“基地布局”。

2021年9月13日，习近平总书记在国家能源集团榆林化工有限公司考察时强调，煤炭作为我国主体能源，要按照绿色低碳的发展方向，对标实现碳达峰、碳中和目标任务，立足国情、控制总量、兜住底线，有序减量替代，推进煤炭消费转型升级。煤化工产业潜力巨大、大有前途，要提高煤炭作为化工原料的综合利用效能，促进煤化工产业高端化、多元化、低碳化发展，把加强科技创新作为最紧迫任务，加快关键核心技术攻关，积极发展煤基特种燃料、煤基生物可降解材料等。[①]

中国目前已投产的煤制油、煤制气项目产能分别为 818 万 t 和 51.05 亿 $m^3$，加上在建和已经拿到路条随时可能开建的项目，符合“十三五”建设条件的地区煤制油、煤制气产能总计已达到了 2868 万 t 和 788.3 亿 $m^3$，均已超“十三五”规划产能，未来可能会对煤制油气产能实施适度控制。

《能源发展“十三五”规划》中煤炭深加工建设重点如下，煤制油项目有：宁夏神华宁煤二期、内蒙古神华鄂尔多斯二三线、陕西兖矿榆林二期、新疆甘泉堡、新疆伊犁、内蒙古伊泰、贵州毕节、内蒙古东部。重点建设的煤制天然气气项目有：新疆准东、新疆伊犁、内蒙古鄂尔多斯、山西大同、内蒙古兴安盟(图 1.1、图 1.2、表 1.1、表 1.2)。

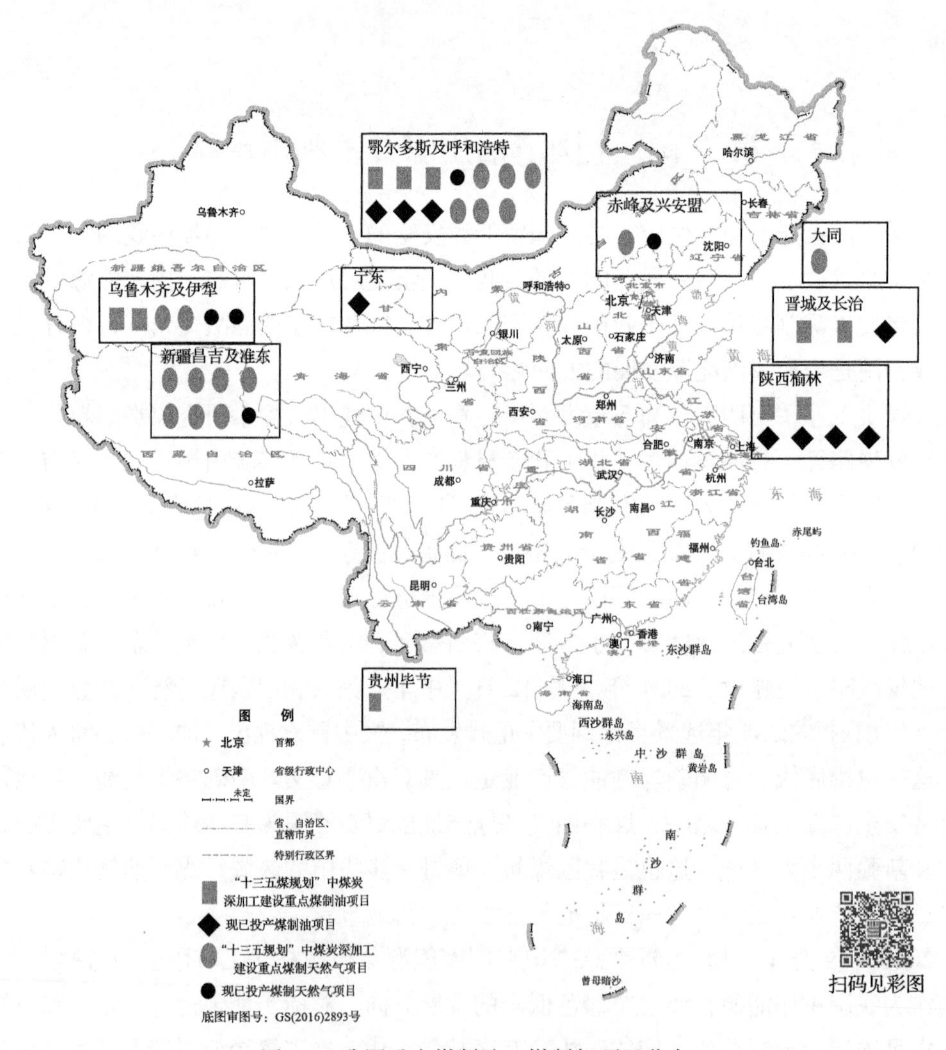


图 1.1　我国重点煤制油、煤制气项目分布

① 总书记的嘱托，让榆林化工干部职工信心百倍——坚定发展煤化工产业　坚持走好绿色低碳道路. (2021-09-17). 陕西日报. www.shaanxi.gov.cn/xw/sxyw/202109/t20210917_2190997_wap.html.

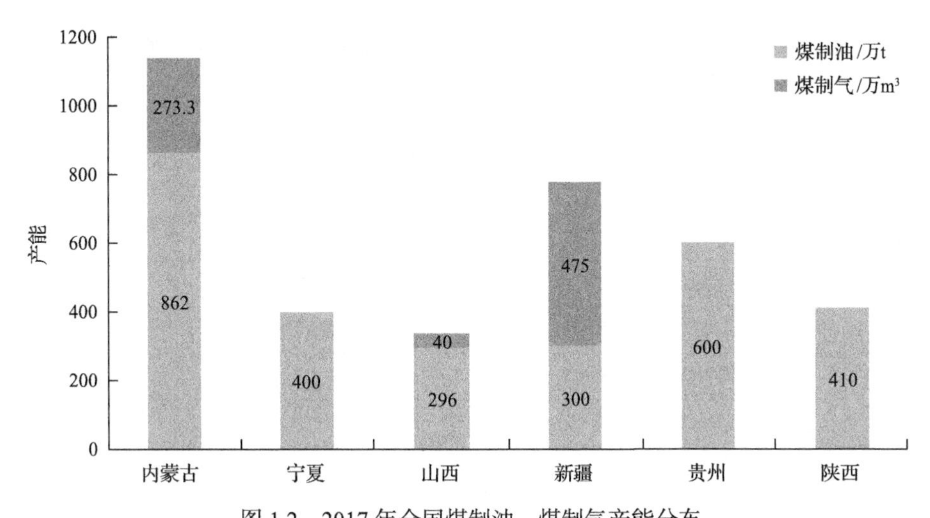


图 1.2　2017 年全国煤制油、煤制气产能分布

**表 1.1　符合“十三五”规划的煤制油项目及产能明细(包括已投产的项目)**

| 序号 | 项目名称 | 项目位置 | 产能规模/(万 t/a) |
| --- | --- | --- | --- |
| 1 | 渝富能源贵州间接煤制油 | 贵州毕节 | 600 |
| 2 | 神华鄂尔多斯直接煤制油 | 内蒙古鄂尔多斯 | 108 |
| 3 | 神华鄂尔多斯间接煤制油 | 内蒙古鄂尔多斯 | 18 |
| 4 | 伊泰鄂尔多斯间接煤制油 | 内蒙古鄂尔多斯 | 16 |
| 5 | 伊泰杭锦旗精细化学品项目 | 内蒙古鄂尔多斯 | 120 |
| 6 | 伊泰内蒙古间接煤制油 | 内蒙古鄂尔多斯 | 200 |
| 7 | 庆华内蒙古甲醇制汽油 | 内蒙古呼和浩特 | 400 |
| 8 | 神华宁煤宁东间接煤制油 | 宁夏宁东 | 400 |
| 9 | 晋煤华昱甲醇制清洁燃料 | 山西晋城 | 100 |
| 10 | 潞安山西长治间接煤制油 | 山西长治 | 16 |
| 11 | 潞安山西长治间接煤制油 | 山西长治 | 180 |
| 12 | 神木富油煤焦油制环烷基油 | 陕西榆林 | 50 |
| 13 | 延长安源化工煤焦油加氢 | 陕西榆林 | 100 |
| 14 | 延长石油煤油共炼 | 陕西榆林 | 45 |
| 15 | 延长榆林煤化工合成气制油 | 陕西榆林 | 15 |
| 16 | 兖矿榆林间接煤制油 | 陕西榆林 | 100 |
| 17 | 兖矿榆林间接煤制油 | 陕西榆林 | 100 |
| 18 | 伊泰华电甘泉堡煤制油 | 新疆乌鲁木齐 | 200 |
| 19 | 伊泰伊犁煤制油 | 新疆伊犁 | 100 |

表 1.2 符合“十三五”规划的煤制气项目及产能明细(包括已投产的项目)

| 序号 | 项目名称 | 项目位置 | 产能规模/(亿 $m^3/a$) |
|---|---|---|---|
| 1 | 大唐克旗煤制气一期 | 内蒙古赤峰 | 13.3 |
| 2 | 内蒙古汇能鄂尔多斯煤制气一期 | 内蒙古鄂尔多斯 | 4 |
| 3 | 内蒙古汇能鄂尔多斯煤制气二期 | 内蒙古鄂尔多斯 | 16 |
| 4 | 北控京泰鄂尔多斯煤制气 | 内蒙古鄂尔多斯 | 40 |
| 5 | 华星新能源鄂尔多斯煤制气 | 内蒙古鄂尔多斯 | 40 |
| 6 | 中海油鄂尔多斯煤制气 | 内蒙古鄂尔多斯 | 40 |
| 7 | 河北建投鄂尔多斯煤制气 | 内蒙古鄂尔多斯 | 40 |
| 8 | 新蒙能源内蒙古煤制气 | 内蒙古鄂尔多斯 | 40 |
| 9 | 内蒙古矿业兴安能化煤制气 | 内蒙古兴安盟 | 40 |
| 10 | 中海油山西大同煤制气 | 山西大同 | 40 |
| 11 | 苏新能源新疆准东煤制气 | 新疆昌吉 | 40 |
| 12 | 中石化新疆准东煤制气 | 新疆昌吉 | 80 |
| 13 | 新疆北控准东煤制气 | 新疆昌吉 | 40 |
| 14 | 华能新疆准东煤制气 | 新疆昌吉 | 40 |
| 15 | 浙能新疆准东煤制气 | 新疆昌吉 | 20 |
| 16 | 新疆广汇准东煤制气 | 新疆昌吉 | 40 |
| 17 | 新疆龙宇准东煤制气 | 新疆昌吉 | 40 |
| 18 | 新疆庆华伊犁煤制气一期 | 新疆伊犁 | 13.75 |
| 19 | 新疆庆华伊犁煤制气二期 | 新疆伊犁 | 20 |
| 20 | 新疆新天伊犁煤制气 | 新疆伊犁 | 20 |
| 21 | 中电投新疆煤制气 | 新疆伊犁 | 41.25 |
| 22 | 天业中煤准东煤制气 | 新疆准东五彩湾 | 60 |

2017 年 2 月 8 日，国家能源局印发《煤炭深加工产业示范“十三五”规划》(以下简称《规划》)；3 月，国家发展改革委、工业和信息化部联合印发《现代煤化工产业创新发展布局方案》，从国家层面进一步明确了产业定位。《规划》提出，适度发展煤炭深加工产业，既是国家能源战略技术储备和产能储备的需要，也是推进煤炭清洁高效利用和保障国家能源安全的重要举措，要将煤炭深加工产业培育成为我国现代能源体系的重要组成部分；提出“十三五”期间，重点开展煤制油、煤制天然气、低阶煤分质利用、煤制化学品、煤炭和石油综合利用等 5 类模式以及通用技术装备的升级示范。

《规划》还提出，将煤炭深加工作为我国油品、天然气和石化原料供应多元化的重要来源，同时发挥工艺技术和产品质量优势，发挥与传统石油加工的协同作用，推进形成与炼油、石化和天然气产业互为补充、协调发展的格局。

《规划》还指出，大型煤气化、加氢液化、低温费托合成、甲醇制烯烃技术将进一步完善；百万吨低阶煤热解、50万吨级中低温煤焦油深加工、10亿立方米级自主甲烷化、百万吨级煤制芳烃等技术完成工业化示范”。到2020年，我国煤制油、煤制天然气、低阶煤分质利用年产能将分别达到1300万t、170亿$m^3$和1500万t。同时，要求煤制油、煤制天然气单位产品的综合能耗、原料煤耗、新鲜水耗至少达到基准值，争达到先进值(表1.3)。

**表1.3　资源利用效率主要指标**

| 指标名称 | 煤制油(直接液化) | | 煤制油(间接液化) | | 煤制天然气 | |
|---|---|---|---|---|---|---|
| | 基准值 | 先进值 | 基准值 | 先进值 | 基准值 | 先进值 |
| 单位产品综合能耗/[t标煤/t(千标$m^3$)] | ≤1.9 | ≤1.6 | ≤2.2 | ≤1.8 | ≤1.4 | ≤1.3 |
| 单位产品原料煤耗/[t标煤/t(千标$m^3$)] | ≤3.5 | ≤3.0 | ≤3.3 | ≤2.8 | ≤2.0 | ≤1.6 |
| 单位产品新鲜水耗/[t标煤/t(千标$m^3$)] | ≤7.5 | ≤6.0 | ≤7.5 | ≤6.0 | ≤6.0 | ≤5.5 |
| 能源转化效率/% | ≥55 | ≥57 | ≥42 | ≥44 | ≥51 | ≥57 |

注：①同时生产多种产品的项目要求达到按产品加权平均后的指标；②以褐煤等劣等煤为原料的项目可适度放宽指标要求。

《规划》中煤制油新建项目有：潞安长治180万t/a高硫煤清洁利用油化电热一体化示范项目、伊泰伊犁100万t/a煤炭间接液化示范项目、伊泰鄂尔多斯200万t/a煤炭间接液化示范项目和贵州渝富毕节(纳雍)200万t/a煤炭间接液化示范项目。煤制天然气新建项目有：苏新能源和丰40亿$m^3$/a煤制天然气项目、北控鄂尔多斯40亿$m^3$/a煤制天然气项目、山西大同40亿$m^3$/a煤制天然气项目、新疆伊犁40亿$m^3$/a煤制天然气项目、安徽能源淮南22亿$m^3$/a煤制天然气项目。

《规划》对环境治理预期效果提出具体要求：示范项目的水资源消耗进一步降低，每吨煤制油品水耗从“十二五”期间的10t以上降至7.5t以下，每千标准立方米煤制天然气水耗从当前的10t以上降至6t以下。煤制油项目每吨油品外排废水量由1～8t降至1t以下，煤制天然气项目千标立方米天然气外排废水量从1～5t降至1t以下。

## 第二节　内蒙古自治区煤炭资源分布特征及勘查开发现状

### 一、内蒙古煤炭资源分布概况

#### (一)内蒙古赋煤构造及赋煤单元划分

内蒙古位于亚洲大陆东部，在现代板块格局中属欧亚板块中国亚板块与蒙古亚板块的相交地带。其构造背景比较复杂，以阿拉善右旗—乌拉特后旗—化德—赤峰大断裂和贺兰山—六盘山为界，跨越了东北赋煤构造区、华北赋煤构造区和西北赋煤构造区三个一级赋煤构造区。三个一级赋煤构造区不仅具有构造运动、岩浆活动、沉积作用，包括聚煤作用、变质作用以及成矿作用的显著性差异、多旋回性，还具有地质构造发展的多阶段性及空间上的不平衡性(李惠林等，2021；曹代勇等，2018)。东北赋煤构造区的聚煤盆地类型主要为断陷型，受盆缘主干断裂控制呈北东至北北东向展布；华北赋煤构造区总体呈不对称的环带结构，变形强度由外围向内部递减，赋煤区位于华北陆块区的主体部位，被构造活动带所环绕，北、西、南外环带挤压变形剧烈，为构造复杂区；西北赋煤构造区以早—中侏罗世特大型聚煤盆地为主，受后期构造运动改造，盆地周缘构造较复杂，断裂发育，地层倾角较大，盆地内部为宽缓的褶曲构造，倾角变缓。内蒙古赋煤构造单元划分情况见表1.4。

表1.4　内蒙古赋煤构造单元划分情况

| 赋煤构造区一级 | 赋煤构造带二级 | 代表性矿区 |
| --- | --- | --- |
| 东北赋煤构造区 | 海拉尔赋煤构造带 | 扎赉诺尔矿区、宝日希勒矿区、五九矿区、大雁矿区、伊敏矿区 |
| | 大兴安岭中部赋煤构造带 | 牤牛海矿区、温都花矿区 |
| | 二连赋煤构造带 | 贺斯格乌拉矿区、宝力格矿区、霍林河矿区、白音华矿区、巴彦宝力格矿区、白彦花矿区、白音乌拉矿区 |
| | 大兴安岭南部赋煤构造带 | 元宝山矿区、平庄矿区 |
| | 松辽盆地西部赋煤构造带 | 绍根矿区、沙力好来矿区 |
| 华北赋煤构造区 | 阴山赋煤构造带 | 集宁矿区、大青山矿区 |
| | 鄂尔多斯盆地北缘赋煤构造带 | 准格尔矿区、东胜矿区 |
| | 桌子山—贺兰山赋煤构造带 | 二道岭矿区、桌子山矿区 |
| | 宁东南赋煤构造带 | 上海庙矿区 |
| 西北赋煤构造区 | 北山—潮水赋煤构造带 | 潮水矿区、北山矿区 |
| | 香山赋煤构造带 | 黑山矿区 |

### (二)内蒙古主要含煤地层

内蒙古地域辽阔，横跨我国东北大部、中北部和西北区东端部分，含煤地层分布广泛，几乎各主要聚煤期的含煤地层均有发育。聚煤时代长，聚煤期主要有晚古生代(石炭纪—二叠纪)、中生代(侏罗纪和白垩纪)及新生代(新近纪)。其中侏罗系与白垩系含煤盆地面积约占内蒙古含煤盆地总面积的90%以上(程爱国等，2015，2016；中国煤炭地质总局，1998)。

内蒙古石炭纪—二叠纪含煤地层主要分布于鄂尔多斯盆地东南部、乌海和阴山中段，主要矿区有准格尔矿区、桌子山矿区、乌海矿区、贺兰山矿区等，煤系地层主要为太原组、拴马桩组、山西组、大红山组等。侏罗系含煤地层分布较为广泛，东起大兴安岭，西至阿拉善潮水盆地，北至阴山以北，南至鄂尔多斯盆地(内蒙古部分)，煤系地层主要为下侏罗统红旗组，中侏罗统延安组、龙凤山组等，其中延安组为内蒙古最重要的煤层。白垩纪是内蒙古另一个重要的聚煤期，分布区域为海拉尔—二连盆地群、赤峰的元宝山、平庄以及阴山的固阳盆地，主要矿区有胜利矿区、白音华矿区、伊敏矿区、巴彦宝力格矿区、乌尼特矿区、平庄—元宝山矿区等，煤系地层主要为下白垩统大磨拐河组、伊敏组、九佛堂组和阜新组等。新近系含煤地层分布于乌兰察布兴和、卓资、凉城一带和赤峰以西的克什克腾旗和翁牛特旗，煤系地层主要为汉诺坝组。

### （三）内蒙古煤炭资源分布概况

内蒙古煤炭资源储量丰富，累计探获资源量 10011.79 亿 t，占全国煤炭探获资源量的 38.86%；全区保有资源量 6588.86 亿 t，占全国煤炭保有资源量的 33.73%，居全国第一位。内蒙古煤类较齐全，但资源量相差较大，褐煤、长焰煤、不黏煤等煤化程度较低的煤类数量大、分布广，这三类煤占内蒙古煤炭保有资源量的 97.66%，而炼焦煤、无烟煤、气煤、肥煤、瘦煤、弱黏煤资源量较少（李惠林等，2021；程爱国等，2016；毛节华和许惠龙，1999；内蒙古自治区地质局，1990）。

## 二、内蒙古煤炭资源勘查开发现状

### （一）煤炭资源勘查现状

内蒙古煤炭累计探获资源量中尚未利用资源量为 9056.13 亿 t。其中勘探工作程度的资源量为 1535.35 亿 t，占尚未利用资源量的 16.95%；详查工作程度的资源量为 2088.98 亿 t，占尚未利用资源量的 23.07%；普查工作程度的资源量为 2281.20 亿 t，占尚未利用资源量的 25.19%；预查工作程度的资源量为 3150.60 亿 t，占尚未利用资源量的 34.79%（图 1.3），勘查布局较合理。

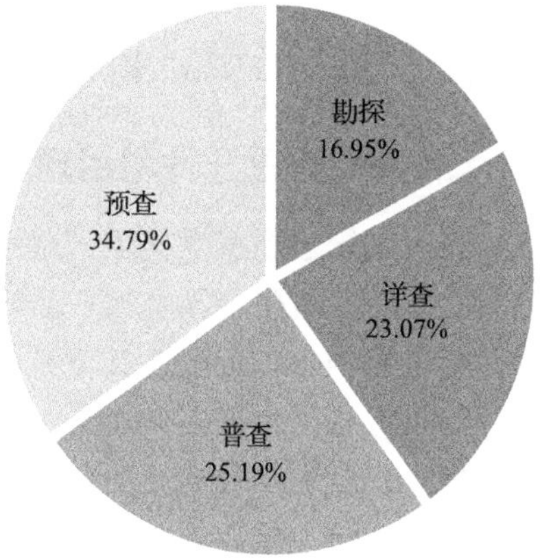

图 1.3　内蒙古尚未利用资源量占比情况图

### （二）煤炭资源开发现状

根据国家煤矿安全监察局（现国家矿山安全监察局）公告，截至 2017 年底，内蒙古共有生产煤矿 371 座，总产能 80150 万 t/a。其中，小型煤矿 35 座，合计产能 1060 万 t/a，占生产煤矿总产能的 1.32%；中型煤矿 151 座，合计产能 9540 万 t/a，占生产煤矿总产能的 11.90%；大型煤矿 185 座，合计产能 69550 万 t/a，占生产煤矿总产能的 86.77%，说明当前内蒙古煤矿以大型煤矿为主（图 1.4）。其中，鄂尔多斯煤矿数量最多，达到 235 座，占总数的 63.34%，总产能为 52400 万 t/a，占内蒙古生产煤矿总产能的 65.38%。

截至 2017 年底，内蒙古共有建设煤矿 87 座，新增产能 24077 万 t/a。其中，新建煤矿 29 座，新增产能 18430 万 t/a；扩建煤矿 4 座，新增产能 2222 万 t/a；技术改造煤矿 37 座，新增产能 2280 万 t/a；资源整合煤矿 17 座，新增产能 1145 万 t/a。按照煤矿规

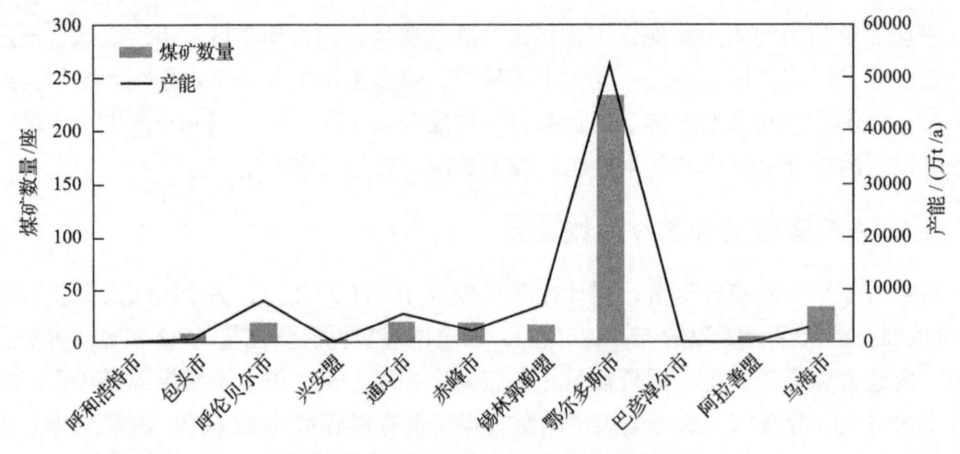


图 1.4　内蒙古煤矿数量及产能开发现状

模来看，小型煤矿 2 座，新增产能 18 万 t/a，占建设煤矿新增产能的 0.07%；中型煤矿 30 座，新增产能 1209 万 t/a，占建设煤矿新增产能的 5.02%；大型煤矿 55 座，新增产能 22850 万 t/a，占建设煤矿新增产能的 94.90%，说明建设煤矿以大型煤矿为主。

## 第三节　内蒙古自治区清洁用煤资源开发利用现状及前景

### 一、清洁用煤资源开发利用现状

内蒙古是国家新型煤化工试验示范生产基地，其中煤制油气产业主要分布在三个区域，一是以呼伦贝尔—霍林河—赤峰克什克腾旗为主的东部煤化工产业基地，依托当地丰富的褐煤资源，以甲醇及其下游产品(二甲醚)、煤制天然气、煤制烯烃及化肥等产品为主。二是以鄂尔多斯—包头为主的中部煤化工基地，该区域以煤制油、煤制烯烃、煤制二甲醚、煤制天然气和合成氨等产品为主，主要包括以神华集团煤制油为龙头的乌兰木伦项目区、以汇能煤电集团为主的汇能煤化工项目区、以伊东集团为主的准格尔经济开发区及以伊泰集团、久泰集团为主的准格尔旗大路煤化工开发区。三是以乌海、阿拉善为中心的西部煤炭重化工工业区，依托乌海丰富的焦煤资源，以煤焦化和电石为主，主要工业园区有蒙西工业园区、棋盘井工业园区、乌斯太工业园区等。

从内蒙古自治区发展和改革委员会及工业和信息化厅获悉，目前内蒙古已形成以传统化工、新型煤化工和石油化工为主的化学工业，建设了一批煤制油、煤制天然气、煤制烯烃、煤制二甲醚、煤制乙二醇等示范项目，积累了 100 多项自主知识产权核心技术，已形成 684.9 万 t 精甲醇、166 万 t 煤制烯烃、124 万 t 煤制油、17.3 亿 $m^3$ 煤制天然气、5366 万 t 焦炭的加工能力，煤制油、煤制天然气产能和产量均居全国首位。

内蒙古已建成两个煤制油项目，一是神华煤直接液化项目一期工程，第一条生产线产能 108 万 t/a，项目位于鄂尔多斯市伊金霍洛旗乌兰木伦镇，是世界首套百万吨级煤直接液化示范装置；二是伊泰煤间接液化项目，产能 16 万 t/a，项目位于鄂尔多斯市准格尔旗大路工业园区，属国内首例。截至 2016 年 9 月底，神华煤直接液化项目累计生产油品约 532.5 万 t，伊泰煤间接液化项目累计生产油品约 115.1 万 t。

目前内蒙古在建的煤制气项目有两个，建设规模 56 亿 $m^3$，建成产能 17.3 亿 $m^3/a$。一是大唐克什克腾旗煤制气项目，建设规模 40 亿 $m^3$，建成产能 13.3 亿 $m^3/a$，项目位于赤峰市克什克腾旗达日汗乌拉苏木；二是汇能煤制气项目，建设规模 16 亿 $m^3$，建成产能 4 亿 $m^3/a$，项目位于鄂尔多斯市伊金霍洛旗纳林陶亥镇。

内蒙古煤炭资源丰富，是我国重要的能源和原材料基地。近年来，内蒙古围绕煤炭加工利用开发出的专利技术达 100 多项，建成了煤制油、煤制烯烃、煤制天然气、煤制乙二醇、煤制二甲醚五大国家级现代煤化工示范基地。

## 二、清洁用煤资源开发利用前景

2021 年 11 月，内蒙古自治区人民政府发布《内蒙古自治区“十四五”工业和信息化发展规划》明确提出“优化升级能源和战略资源基地”，落实国家油气产能储备和替代要求，重点在鄂尔多斯适度布局煤制油、煤制气项目，增强油气保障能力；还具体提出要“打造现代煤化工产业链”，围绕高标准建设鄂尔多斯国家现代煤化工产业示范区，统筹水、能耗、排放等资源要素配置，按照产业园区化、装置大型化、产品多元化要求，集中在鄂尔多斯布局现代煤化工升级示范项目，“十四五”期间力争新增煤制油产能 200 万 t、煤制天然气 43.5 亿 $m^3$、煤制乙二醇 250 万 t、煤制烯烃 400 万 t，到 2025 年煤制油产能达到 460 万 t、煤制天然气 60 亿 $m^3$、煤制烯烃 780 万 t、煤制乙二醇 400 万 t 左右(表 1.5)。除在建项目和列入国家规划项目外，原则上不再新批单纯煤制甲醇、煤制烯烃等项目，确需建设的必须配套下游延伸加工项目，打造“煤制油—费托合成系列产品、轻烯烃、特种燃料等”、“甲醇—烯烃—聚酯类、纤维类”和“乙二醇—醇醚类”等产业链。

2022 年 2 月，内蒙古自治区能源局发布《内蒙古自治区煤炭工业发展“十四五”规划》，明确提出“推进煤炭清洁高效利用”，按照清洁、低碳、高效、集中的原则，加强煤炭提质加工与清洁高效利用，推动煤化工延伸产业链，提升煤炭资源综合利用效率和煤炭产品附加值，推动低碳绿色转型，优化煤炭产业链，合理控制现代煤化工产业规模，推动国家规划布局和自治区延链补链的现代煤化工项目建设，加快现有煤化工项目升级改造，推动煤制油、煤制烯烃、煤制乙二醇等产业链向下游延伸，产品向高端专业化学品、化工新材料方向延伸，提高附加值。

2022 年 2 月，内蒙古自治区人民政府发布《内蒙古自治区人民政府关于促进制造业高端化、智能化、绿色化发展的意见》，明确提出“培育新型化工产业集群”，重点发展现代煤化工和精细化工产业，到 2025 年，现代煤化工、精细化工产值突破 2000 亿元，占化工行业比重超过 50%。现代煤化工方面，加快推进鄂尔多斯现代煤化工产业示范区建设，依托国能、中煤、久泰、伊泰、神华包头、中石化等大企业，推动煤制烯烃、煤制乙二醇、煤质芳烃等领域百万吨级项目工业化示范。

表 1.5　内蒙古自治区煤制油气“十四五”重点项目表

| 序号 | 项目名称 | 建设地点 | 建设规模 | 总投资/亿元 | 建设起止年限 |
|---|---|---|---|---|---|
| 一 | 续建项目(3 个) | | | 1033 | |
| 1 | 神华煤直接液化项目一期工程 | 鄂尔多斯市伊金霍洛旗乌兰木伦镇(圣圆煤化工基地) | 年产 324 万 t 油品 | 555 | 2010～2020 年 |
| 2 | 内蒙古大唐国际克什克腾旗年产 40 亿 $m^3$ 煤制气项目 | 赤峰市克什克腾旗达日罕乌拉苏木(克什克腾循环经济工业园区) | 年产 40 亿 $m^3$ 煤制气 | 313 | 2009～2020 年 |
| 3 | 内蒙古汇能煤化工有限公司年产 16 亿 $m^3$ 煤制气项目 | 鄂尔多斯市伊金霍洛旗纳林陶亥镇(圣圆煤化工基地) | 年产 16 亿 $m^3$ 煤制气 | 165 | 2010～2020 年 |
| 二 | 新建项目(4 个) | | | 661 | |
| 1 | 内蒙古伊泰煤制油有限责任公司 200 万 t/a 煤炭间接液化示范项目 | 鄂尔多斯市准格尔旗大路镇(大路工业园区) | 年产 200 万 t 油品 | 291 | 2017～2020 年 |
| 2 | 内蒙古北控京泰能源发展有限公司 40 亿 $m^3/a$ 煤制天然气项目 | 鄂尔多斯市准格尔旗大路镇(大路工业园区) | 年产 40 亿 $m^3$ 煤制气 | 230 | 2017～2020 年 |
| 3 | 呼伦贝尔圣山洁净能源有限公司褐煤清洁高效综合利用示范项目 | 呼伦贝尔市海拉尔区谢尔塔拉镇(呼伦贝尔经济技术开发区) | 年产液化油 33.12 万 t、热熔胶 51.82 万 t、LNG9.63 万 t | 27 | 2017～2020 年 |
| 4 | 内蒙古京能锡林煤化有限责任公司褐煤热解分级综合利用项目 | 锡林郭勒盟东乌旗(乌里雅斯太工业园区) | 年产柴油 28.206 万 t、石脑油 18.532 万 t、润滑油基础油 16.64 万 t、LPG5.346 万 t、液体石蜡 4.6 万 t、高熔点费托蜡 2.16 万 t | 113 | 2017～2020 年 |
| 三 | 国家储备项目(8 个) | | | 2531 | |
| 1 | 内蒙古兴安盟煤化电热一体化示范项目 | 兴安盟科右中旗(百吉纳工业循环经济园区布里亚特产业园) | 年产 40 亿 $m^3$ 煤制气 | 302 | |

续表

| 序号 | 项目名称 | 建设地点 | 建设规模 | 总投资/亿元 | 建设起止年限 |
| --- | --- | --- | --- | --- | --- |
| 2 | 新蒙能源鄂尔多斯煤炭清洁高效综合利用示范项目 | 鄂尔多斯市杭锦旗（独贵塔拉工业园区） | 年产 80 亿 $m^3$ 煤制气 | 534 | |
| 3 | 内蒙古华星新能源有限公司 40 亿 $m^3/a$ 煤制气示范项目 | 鄂尔多斯市鄂托克前旗（上海庙能源化工基地） | 年产 40 亿 $m^3$ 煤制气 | 254 | |
| 4 | 建投通泰 40 亿 $m^3/a$ 煤制天然气项目 | 鄂尔多斯市准格尔旗大路镇（大路工业园区） | 年产 40 亿 $m^3$ 煤制气 | 286 | |
| 5 | 中国海油鄂尔多斯 40 亿 $m^3/a$ 煤制天然气项目 | 鄂尔多斯市准格尔旗大路镇（大路工业园区） | 年产 40 亿 $m^3$ 煤制气 | 224 | |
| 6 | 内蒙古国储能源有限公司年产 40 亿 $m^3$ 煤制气项目 | 包头市土右旗萨拉齐镇（新型工业园区） | 年产 40 亿 $m^3$ 煤制气 | 235 | |
| 7 | 渤化集团内蒙古能源化工综合基地一期工程 | 鄂尔多斯市准格尔旗大路镇（大路工业园区） | 年产 40 亿 $m^3$ 煤制气，联产 75 万 t 烯烃 | 484 | |
| 8 | 华能伊敏煤电有限责任公司年产 40 亿 $m^3$ 煤制气项目 | 呼伦贝尔市鄂温克族自治旗辉苏木镇（伊敏现代煤化工示范基地） | 年产 40 亿 $m^3$ 煤制气 | 212 | |
| 四 | 内蒙古自治区储备项目(3 个) | | | 1702 | |
| 1 | 中国庆华内蒙古中科煤基清洁能源多联产项目 | 呼和浩特市托克托县（托清工业集中区） | 年产 60 亿 $m^3$ 煤制气、500 万 t 煤制甲醇、400 万 t 甲醇制汽油、芳烃及其他化学品，300 万 t 焦油加氢 | 825 | |
| 2 | 内蒙古大唐国际克什克腾旗煤制气二期 40 亿 $m^3$ 煤制气项目 | 赤峰市克什克腾旗达日罕乌拉苏木（克什克腾循环经济工业园区） | 年产 40 亿 $m^3$ 煤制气 | 257 | |
| 3 | 内蒙古中鑫能源有限公司 400 万 t/a 煤制油项目 | 巴彦淖尔市乌拉特前旗（乌拉特前旗工业园区） | 年产柴油 90.69 万 t、汽油 297.97 万 t、LPG43.18 万 t、LNG10.44 万 t | 620 | |

2022年3月，内蒙古自治区能源局发布《内蒙古自治区“十四五”油气发展规划》，明确提出“稳步推进煤制油气建设”，以增强能源自主保障能力和推动煤炭清洁高效利用为导向，落实国家建立煤制油气产能和技术储备要求，稳步推进煤制油、煤制气试点示范升级；重点推进汇能、大唐煤制气项目续建工程；结合项目前期工作和建设条件，有序推进已核准的伊泰煤制油、北控煤制气项目建设；合理规划和布局配套建设条件好、前期研究工作有深度的神华煤直接液化、华星煤制气、国储煤制气等煤制油气项目，稳步推进煤制油气产业健康发展，为自治区油气供应提供战略保障能力。

2022年8月，内蒙古自治区人民政府发布《内蒙古自治区矿产资源总体规划（2021—2025年）》，明确提出“推动煤炭清洁高效利用”，以神东煤炭基地为核心，壮大现代煤化工、煤焦化、氯碱化工和装备制造等特色工业循环经济产业集群，强化循环经济产业链条纵横延伸。

中国煤炭工业协会公布的数据显示，2021年，现代煤化工四大主要产业——煤制油、煤（甲醇）制烯烃、煤制气、煤（合成气）制乙二醇产能，分别达到931万t/a、1672万t/a、61.25亿$m^3$/a、675万t/a。其中，除了煤制烯烃同比保持齐平，其他产能均再创新高。

第二章

# 地 质 背 景

## 第一节 区 域 地 层

内蒙古全区地处华北板块、蒙古板块、松辽板块三大板块的拼接地段，三大构造域控制着区内地层、岩浆岩的分布和次级构造发育特点。内蒙古地域的特殊性以及地质构造的复杂性决定了其区域地层的分区与发育特点(李惠林等，2021)。与其他省(区)显著不同的是地层沉积类型繁多，各时代地层发育齐全，前寒武纪地层发育。太古宇与古元古界构成地台褶皱基地，中元古界、新元古界和古生界为沉积盖层。它们分属于三个一级大地构造单元。全区区域地层概况由老到新简述如下。

### 一、太古宇

内蒙古是我国北方太古宇变质杂岩发育地区之一，在全区从东到西延伸约 2000km，出露面积近 10000km$^2$，且厚度巨大，构成了内蒙古台隆及其东、西延伸部分的主体，其中在内蒙古中部发育最好，由下而上划分为下集宁群、上集宁群及乌拉山群。

### 二、元古宇

内蒙古元古宇发育，分属华北地层区和北疆—兴安地层区。一般均为古老结晶基底上的“准盖层”沉积。古元古界在区内的发育可分为上、下两部分。下部为变质较深的片麻岩、片岩和变粒岩岩系，如色尔腾山群、北山群和兴华渡口群。上部为以千枚岩、片岩和变粒岩为主的中、浅变质岩系，如中、西部地区发育较好的岩石地层为上阿拉善群和其大致相当的二道凹群、龙首山群。中元古界主要分布于阴山中部商都、乌拉特前旗至额济纳旗峦山一带，在阿拉善盟北部、贺兰山北部、巴丹吉林南缘也有分布，分别称为渣尔泰山群、什那干群、王全口群、黄旗口群、巴音西别群、诺尔公群，主要为一套浅海相类复理石建造，主要岩性为硅质碎屑岩、板岩、千枚岩、大理岩或灰岩夹磁铁石英岩等。新元古界主要分布于准索伦、锡林浩特、呼伦贝尔佳疙瘩、鄂伦春及贺兰山中段、武威—中宁、雅布赖—吉兰泰等地，分别称为艾力格庙群、佳疙瘩群、正目关组、韩母山群、乌兰哈夏群、红山口群及大豁落山群，主要为一套海相、浅海相碎屑岩、碳酸盐岩及海底火山喷发岩建造。岩性为片岩、大理岩、结晶灰岩、石英岩及碎屑岩，局部地区可见浅粒岩、片麻岩及碳质片岩。

## 三、显生宇

### （一）古生界

全区古生界发育较为完整，基本上可以分为板块内部稳定型和板块间活动型沉积，且前者分布广泛。

#### 1. 寒武系

区内寒武系分布广泛，区域上依据沉积类型和生物群面貌的不同发育了南部稳定型和北部活动型地层。下寒武统为馒头组、毛庄组，中寒武统为徐庄组、张夏组，上寒武统为崮山组、长山组、风山组。

#### 2. 奥陶系

区内奥陶系分布广泛、发育良好、类型齐全。该区奥陶系可划分为两个地层区，即天山—兴安地层区和华北地层区。其中天山—兴安地层区进一步细分为大兴安岭地层分区、内蒙古草原地层分区、北山地层分区；华北地层区进一步细分为阴山地层分区、清水河地层分区、桌子山地层分区、贺兰山地层分区。

#### 3. 志留系

由于构造运动的不均衡，区内在阴山山脉及其以南地区无志留系沉积。区内志留系划分为三个地层区，即大兴安岭地层区、北山地层区、内蒙古草原地层区。

#### 4. 泥盆系

内蒙古泥盆系发育完全，陆相地层零星分布在西部、中部、东部，主要发育海相地层，区内泥盆系划分为两个地层区，即天山—兴安地层区、祁连地层区。其中天山—兴安地层区进一步细分为乌奴耳地层分区、东乌珠穆沁旗地层分区、北山—巴丹吉林地层分区、内蒙古草原地层分区；祁连地层区零星出露一些泥盆系，划分为中泥盆统石峡沟组和中泥盆统沙流水群。

#### 5. 石炭系

内蒙古石炭系分布广泛，不但有典型的华北地台型沉积，而且有天山—兴安地槽型沉积和介于两者之间的祁连型沉积，其划分为三个地层区，分别为天山—兴安地层区、华北地层区和祁连地层区。其中天山—兴安地层区进一步细分为大兴安岭地层分区、东乌珠穆沁旗地层分区、内蒙古草原地层分区、赤峰地层分区、北山地层分区；华北地层区进一步细分为阴山地层分区和鄂尔多斯地层分区；祁连地层区将石炭系自下而上分为下石炭统前黑山组、臭牛沟组，上石炭统靖远组、羊虎沟组和太原组。

#### 6. 二叠系

全区二叠系发育特征明显，大致以阴山北麓为界，分为南、北两大区，北为地槽褶皱带，称天山—兴安地层区；南为稳定地台，称华北地层区。其中天山—兴安地层区又细分为大兴安岭地层分区、西乌珠穆沁旗地层分区、内蒙古草原地层分区和北山地层分区；华北地层区又细分为阴山地层分区和鄂尔多斯地层分区。

### （二）中生界

#### 1. 三叠系

内蒙古全区三叠系出露不好。除大兴安岭地区为火山岩或火山—沉积岩外，其余地区均为沉积岩。根据大地构造分区、岩相古地理、古生物群和古气候群特征，将该区三叠系划分为四个地层分区：鄂尔多斯地层分区、阿拉善地层分区、北山地层分区和大兴安岭地层分区。其中鄂尔多斯地层分区将三叠系自下而上分为下三叠统刘家沟组、和尚沟组，中三叠统二马营组、铜川组和上三叠统延长组。阿拉善地层分区的三叠系包括中—下三叠统西大沟群、上三叠统南营儿群。北山地层分区出露有中—下三叠统二断井群和上三叠统珊瑚井群。大兴安岭地层分区的三叠系为一套早三叠世火山岩地层，称为哈达陶勒盖组。

#### 2. 侏罗系

内蒙古的侏罗系发育广泛，依据地层层序、生物群、沉积建造及古地理特征的差异，侏罗系划分为五个地层分区，分别为兴安地层分区、二连地层分区、阴山地层分区、鄂尔多斯地层分区、阿拉善地层分区。其中兴安地层分区又分成大兴安岭北部区、大兴安岭中南部区、宁城—敖汉旗地区和镶黄旗—多伦地区四部分。二连地层分区的侏罗系零星分布，中—下侏罗统阿拉坦合力群为含煤沉积地层，上侏罗统分两种类型，以沉积岩为主的上侏罗统和全部为火山—沉积岩的地层，后者自下而上分为查干诺尔组、道特诺尔组和布拉根哈达组。阴山地层分区的侏罗系自下而上为下侏罗统五当沟组，中侏罗统召沟组、长汉沟组，上侏罗统大青山组、白女羊盘组，其中五当沟组、召沟组为含煤地层。鄂尔多斯地层分区的侏罗系是陕甘宁盆地的内蒙古部分，仅发育中、下统，自下而上划分为下侏罗统富县组，中侏罗统延安组、直罗组和安定组。

#### 3. 白垩系

内蒙古白垩系发育齐全，分布最为广泛，全部为陆相沉积，区内从西到东均有地层记录，多数含煤、石油及天然气等资源。区内白垩系的沉积类型同侏罗系一样，东、西部地区差异明显。东部东北地区的白垩系虽多被新生界覆盖，但发育齐全，层序完整，自下而上可分为义县组、九佛堂组、阜新组、孙家湾组、泉头组、青山口组、姚家组、嫩江组、四方台组和明水组。大兴安岭西坡及海拉尔地区的白垩系为该区的重要含煤地层，地层序列为下白垩统的大磨拐河组、伊敏组及上白垩统的青元岗组。地层特征表现为含煤沉积与红色沉积的叠加。

（三）新生界

全区新生界的发育除了受新构造运动格局的影响外，滨太平洋及特提斯—喜马拉雅构造域对新生界的沉积特征和展布方向也有明显的控制作用。因此，区内新生界的分布已经严格受地貌条件的影响，被中央隆起分割为南、北两个区。两区内的构造、地貌和古地理条件决定了地层发育的次级类型。地层自下而上总体分为脑木根组、阿山头组、伊尔丁曼哈组、沙拉木伦组、乌兰戈楚组和呼尔井组。岩性总体特征为红色、棕红色、灰绿色碎屑岩及玄武岩，沉积环境基本属于大型拗陷盆地、断陷盆地及山间盆地三种类型。下界与白垩系不整合接触，上界为第四系。

**1. 古近系**

区内中部乌兰察布盟、包头北部和巴彦淖尔盟地区的古近系发育齐全、出露良好，地层记录自下而上分为脑木根组、阿山头组、伊尔丁曼哈组、沙拉木伦组、乌兰戈楚组和呼尔井组。

**2. 新近系**

区内新近系的分布特征同古近系，东部北方二连地区发育较好，代表性的岩石地层是中新统的通古尔组和上新统的宝格达乌拉组。

**3. 第四系**

全区第四系发育齐全，从早更新世到全新世均有记录且全部为陆相沉积。地层厚度以河套地区为最大，可达上千米。更新统以萨拉乌苏组为代表，主要岩性为粉砂质黏土。

## 第二节 构造背景

### 一、区域构造背景

根据《内蒙古自治区区域地质志》《内蒙古煤炭资源潜力评价》等研究成果，内蒙古所处地质构造部位跨两种性质完全不同的大地构造单元，以阿拉善右旗高家窑—乌拉特后旗—化德—赤峰深大断裂为界，南部为地台区，北部为地槽区。

南部地台区属华北地台，具有同华北地台本部大致相同的发展历史。在太古宙—古元古代漫长的地质历史中，经历了由初始陆核—陆核增长扩大—陆壳固结等地台基底的形成过程，其间发生了多旋回的沉积作用、岩浆活动、构造变动和区域变质作用。进入地台发展阶段后，本区仍表现出相对活动的特点：中、新元古代，沿着地台北缘和贺兰山—桌子山一带发生了巨大的线型坳陷，沉积了巨厚的盖层或准盖层性质的建造；古生代，该区进一步分化为长期隆起区(阿拉善台隆)、相对稳定区(鄂尔多斯台拗)和强烈沉降区(鄂尔多斯西缘拗陷)等构造单元；中生代及以后，沿着稳定的鄂尔多斯台拗周缘，发生了强烈水平挤压运动，导致褶皱、冲断、逆掩和推覆构造的产生。

北部地槽区位于西伯利亚地台和华北地台之间。它经历了兴凯、加里东和海西等三个旋回过程，最终结束生命。在其发展过程中，既有陆壳转化为洋壳(如北山的再生地槽)，又有洋壳转化为陆壳的构造旋回。洋壳转化为陆壳，总体显示了离陆向洋增生的规律。增生的陆壳，即不同时期回返的地槽褶皱带，具有大致平行于原始陆缘呈带状展布的特点。不同时期的地槽褶皱带呈北东或近东西向展布。分布于地槽褶皱带内具有相同展布方向的蛇绿岩套，进一步证明地槽的发生、发展及消亡同板块活动密切相关。

内蒙古大地构造划分为四个Ⅰ级构造单元(图 2.1、表 2.1)，即天山兴蒙造山系、华北陆块区、塔里木陆块、秦祁昆造山系。每个一级构造单元又划分出若干个二级构造单元(潘桂棠等，2009)。

底图审图号：蒙S（2023）027号

图 2.1 内蒙古自治区大地构造单元划分图

**表 2.1　内蒙古自治区大地构造单元划分表**

| 一级构造单元 | 二级构造单元 | 三级构造单元 |
|---|---|---|
| I 天山兴蒙造山系 | I-1 大兴安岭弧盆系 | I-1-1 漠河前陆盆地(J)<br>I-1-2 额尔古纳岛弧($Pz_1$)<br>I-1-3 海拉尔—呼马弧后盆地(Pz)<br>I-1-4 扎兰屯—多宝山岛弧($Pz_2$)<br>I-1-5 二连—贺根山蛇绿混杂岩带($Pz_2$)<br>I-1-6 锡林浩特岩浆弧($Pz_2$) |
| | I-2 松辽地块(断陷盆地) | I-2-1 松辽断陷盆地(J—K) |
| | I-3 索伦山—西拉木伦结合带 | I-3-1 索伦山蛇绿混杂岩带($Pz_2$)<br>I-3-2 查干乌拉蛇绿混杂岩带(蓝片岩带) |
| | I-4 包尔汉图—温都尔庙弧盆系 | I-4-1 温都尔庙俯冲增生杂岩带<br>I-4-2 宝音图岩浆弧($Pz_2$) |
| | I-5 额济纳—北山弧盆系 | I-5-1 园包山(中蒙边境)岩浆弧(O—D)<br>I-5-2 红石山裂谷(C)<br>I-5-3 明水岩浆弧(C)<br>I-5-4 公婆泉岛弧(O—S)<br>I-5-5 哈特布其岩浆弧(C—P)<br>I-5-6 恩格尔乌苏蛇绿混杂岩带(C) |
| Ⅱ华北陆块区 | Ⅱ-1 大青山—冀北古弧盆系 | Ⅱ-1-1 恒山—承德—建平岩浆弧($Pt_1$)(冀北大陆边缘岩浆弧)<br>Ⅱ-1-2 大青山—凉城陆缘盆地($Pt_1$) |
| | Ⅱ-2 狼山—阴山陆块(大陆边缘岩浆弧) | Ⅱ-2-1 固阳—兴和古陆核($Ar_3$)<br>Ⅱ-2-2 巴尔腾山—太仆寺旗岩浆弧($Ar_3$)<br>Ⅱ-2-3 狼山—白云鄂博裂谷($Pt_2$) |
| | Ⅱ-3 鄂尔多斯陆块 | Ⅱ-3-1 鄂尔多斯古陆核(鄂尔多斯盆地，Mz)<br>Ⅱ-3-2 贺兰山被动陆缘盆地($Pz_1$) |
| | Ⅱ-4 阿拉善陆块 | Ⅱ-4-1 包尔乌拉—雅布拉断陷盆地(K)<br>Ⅱ-4-2 迭布斯格—阿拉善右旗陆缘岩浆弧($Pz_3$)<br>Ⅱ-4-3 龙首山基底杂岩带($Ar_2$—$Pt_1$) |
| | Ⅱ-5 叠加裂陷盆地系 | Ⅱ-5-1 吉兰泰—包头断陷盆地(Cz) |
| Ⅲ塔里木陆块区 | Ⅲ-1 敦煌陆块 | Ⅲ-1-1 柳园裂谷(C—P)<br>Ⅲ-1-2 敦煌基底杂岩隆起($Pt_{2-3}$) |
| Ⅳ秦祁昆造山系 | Ⅳ-1 北祁连弧盆系 | Ⅳ-1-1 走廊弧后盆地(O—S) |

## 二、赋煤构造单元划分及特征

在聚煤期结束后内蒙古所在的区块经历了多次构造运动，含煤地层受其影响较严重，聚煤盆地的形态和位置均发生了不同程度的变化。煤田整体格局主要受印支运动、燕山运动和喜马拉雅运动三期构造运动影响（曹代勇等，2018）。

内蒙古赋煤构造带受区域大地构造一级、二级、三级单元影响，并且主要以大型断裂控制赋煤构造带的边界，划分为几个大型赋煤盆地。根据构造运动的改造作用方式、影响程度、分布范围并且侧重考虑对含煤地层及相关地层影响的条件下，将内蒙古控制含煤岩系的主要构造形式分为三大类：挤压控煤构造、伸展控煤构造及剪切与旋转控煤构造。

## （一）赋煤构造单元划分

根据不同的地质背景和成因特点，按照成煤时代、构造特征、含煤盆地的地理分布以及地质工作程度等煤炭资源分布条件，结合全国第三次煤田预测成果，目前内蒙古自治区可划分为三大赋煤构造区、11 个主要赋煤构造带和 27 个三级赋煤构造单元（表 2.2、图 2.2）。

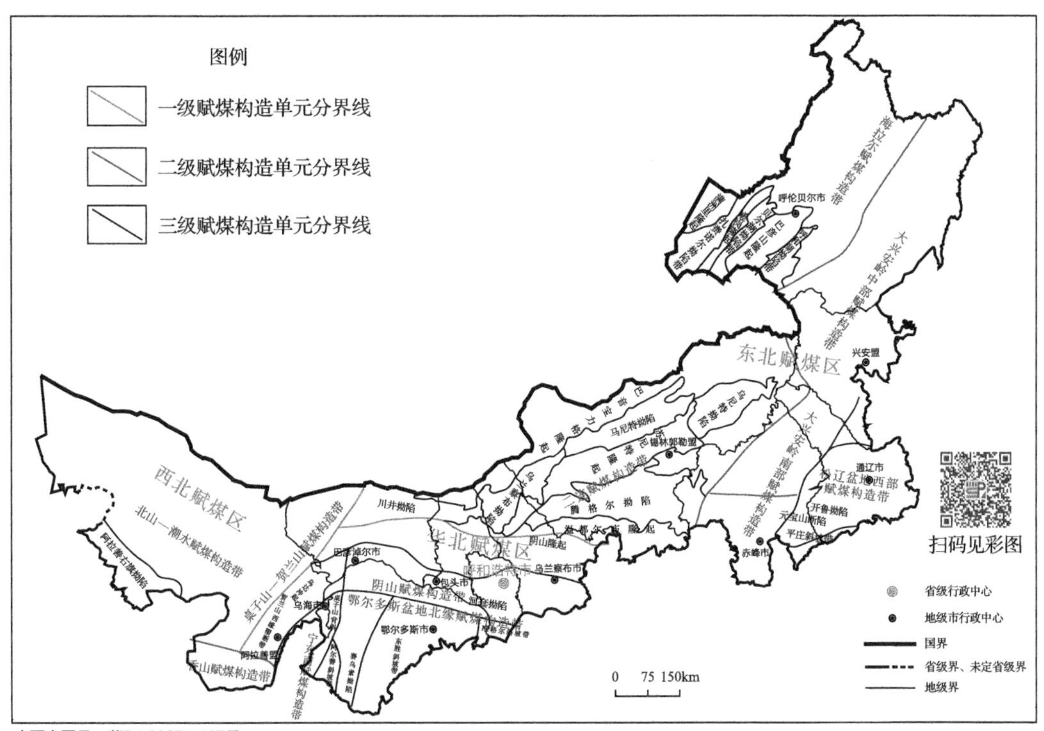


底图审图号：蒙S（2023）027号

图 2.2　内蒙古赋煤构造单元划分略图

**表 2.2　内蒙古赋煤构造单元划分表**

| 赋煤构造区一级 | 赋煤构造带二级 | 赋煤拗陷\隆起\斜坡带\断陷\冲起\背斜\褶断带\断裂带三级 |
| --- | --- | --- |
| 东北赋煤构造区 | 海拉尔<br>赋煤构造带 | 满洲里隆起、扎赉诺尔拗陷带、嵯岗隆起、贝尔湖拗陷带、巴彦山隆起、呼和湖拗陷带 |

续表

| 赋煤构造区一级 | 赋煤构造带二级 | 赋煤拗陷\隆起\斜坡带\断陷\冲起\背斜\褶断带\断裂带三级 |
|---|---|---|
| 东北赋煤构造区 | 大兴安岭中部赋煤构造带 | 兴安中段隆起 |
| | 二连赋煤构造带 | 巴彦宝力格隆起、马尼特拗陷、乌兰察布拗陷、川井拗陷、苏尼特隆起、乌尼特拗陷、腾格尔拗陷、温都尔庙隆起 |
| | 大兴安岭南部赋煤构造带 | 平庄斜坡带、元宝山断陷 |
| | 松辽盆地西部赋煤构造带 | 开鲁拗陷 |
| 华北赋煤构造区 | 阴山赋煤构造带 | 阴山隆起、河套拗陷 |
| | 鄂尔多斯盆地北缘赋煤构造带 | 东胜斜坡带、准格尔斜坡带、赛乌素拗陷、阿尔碁斜坡带 |
| | 桌子山—贺兰山赋煤构造带 | 乌达冲起、桌子山背斜、贺兰山西缘褶断带 |
| | 宁东南赋煤构造带 | 贺兰山东缘断裂带 |
| 西北赋煤构造区 | 北山—潮水赋煤构造带 | 阿拉善右旗拗陷 |
| | 香山赋煤构造带 | 青山—牛首山深断裂 |

## （二）赋煤构造单元特征

### 1. 海拉尔赋煤构造带

海拉尔赋煤构造带属于东北赋煤构造区。该赋煤构造带由北东向、北北东向断裂控制的多个相对独立的断陷盆地群组成，其基底为古生界浅变质岩。该带在加里东期和海西期整体处于华北板块与西伯利亚板块间的中亚—蒙古洋。在古生代晚期（海西期），兴安造山系褶皱回返，逐渐隆升成陆。三叠纪晚期进入强烈造山期，在侏罗纪大规模的火山活动之后，地幔热隆起引起地壳强烈伸展，在晚侏罗世—早白垩世形成大幅度拗陷，并最终构成三隆三拗相间的构造格局。

### 2. 大兴安岭中部赋煤构造带

大兴安岭的大地构造格架和构造单元布局主要是在古亚洲洋演化期间形成的。古亚洲洋是古生代发育于西伯利亚板块和华北板块之间的一个复杂的多岛洋，以大规模的岛弧体系发育和陆缘增生为特征（任纪舜等，1999）。可大致看成南北两大陆块边缘相向增生的同时，华北陆块相对向北漂移；而两陆块之间的多岛洋体制中，众多大陆亲缘性微块体和不断生长发育的岛弧体系相互汇聚拼贴(陆陆、弧陆、弧弧)，从而带来了同时发育多边界缝合并相互转换改造的复杂情形,结果形成了目前所见的以软碰撞造山为特征，多边界汇聚缝合的宽阔造山带。由于受向南凸出的蒙古弧的影响，大兴安岭各构造单元和主构造线的方位从南往北由近东西向转为北东东向、北东向，直至最北部的德尔布干构造带转为北北东向。尽管尚存在较大的争议，刘建明等(2004)将二连—贺根山构造带作为大兴安岭地区古亚洲洋演化的最后主缝合构造带，时间大致在二叠纪。二连—贺根山构造带以南以西拉沐沦断裂为界，分为华北陆块北(外)缘东西向的早古生代增生造山带和大兴安岭南段北东向晚古生代增生造山带；二连—贺根山构造带以北则是西伯利亚板块向南的增生带，包括大兴安岭北段的北东向晚古生代增生造山带以及德尔布干构造带北西侧额尔古纳河流域的兴凯期(新元古代)增生造山带。

### 3. 二连赋煤构造带

二连盆地群所处区域构造位置为东起大兴安岭隆起，西至索伦山隆起，南为温都尔庙隆起，北为巴音宝力格隆起。

二连盆地群总体特征为三隆五坳，三隆分别为北部的巴彦宝力格隆起、中部的苏尼特隆起和南部的温都尔庙隆起；五坳从西向东分别为川井坳陷、乌兰察布坳陷、腾格尔坳陷、马尼特坳陷和乌尼特坳陷。南部坳陷由于受到内蒙古地轴的影响，呈北东东向，但内部次级凹陷仍呈北东向展布。其凹陷的性质主要为单断式箕状半地堑断陷和双断式地堑断陷。一般靠近隆起的凹陷呈单断式向隆起上超覆，内部的凹陷则呈双断式凹陷。

### 4. 大兴安岭南部赋煤构造带

大兴安岭南部赋煤构造带大部分位于兴蒙造山系内，局部位于华北陆块区。带内断裂褶皱比较发育，以断裂构造为主，总体呈北东—北北东向展布，南部为平庄元宝山等断陷聚煤盆地。

平庄元宝山矿区，呈北东向伸展的两个断陷盆地，其北还有桥头盆地，与平庄盆地、元宝山盆地呈“多”字形排列。平庄盆地、元宝山盆地在平面上呈反“S”形，即中间为北东向，两端为北北东向。盆地构造以盆缘张性断裂为主，盆内的次级断裂将盆地分割成次级隆起的凹陷，控制岩相和煤层的发育。盆内背向斜不发育，地层总体为向西倾的单斜构造，倾角一般为 10°～15°，局部为 30° 左右。盆内断裂以北东向张性断裂为主，其次为北西向张扭性断裂，且北西向断裂切割北东向断裂，并切割上覆地层，而形成方格网状断裂体系。主要盆缘断裂有元宝山盆地西侧的双庙断裂和赤峰—锦山断裂，东侧的红山—八里罕断裂带，均具有同沉积性质，但以东侧为主。平庄盆地西侧为红山—八里罕断裂带，且为该盆地的主干断裂。盆缘断裂的走向为北北东向(15°～25°)，断裂带较宽，具明显的破碎带和缓波状弯曲。盆内次级断裂，以北东向为主，其次为北西向(或近东西向)，形成次级断块隆起和凹陷(或次级背斜和向斜)，控制着沉积相带和富煤带的分布。元宝山盆地构造特征与平庄盆地相似，只是平庄盆缘西断裂成为元宝山盆缘东断裂，而盆地西侧的双庙断裂、赤峰—锦山断裂为盆缘同沉积断裂，但不强烈，断裂带宽仅数十米，呈片理状和挤压扁豆体。盆内次级同沉积断裂呈雁行排列，如北东向张性断裂和北西向张扭性断裂。盆地内同沉积背向斜相间排列，轴向 25°～30°，两翼倾角仅 10° 左右，属宽缓型背向斜。

#### 5. 松辽盆地西部赋煤构造带

松辽盆地西部是一个在晚海西褶皱基底上发育起来的中、新生代断陷、拗陷盆地。侏罗纪为断陷期，发育了一套火山岩，厚 2000m 以上。侏罗纪—白垩纪以拗陷为主，沉积了含煤碎屑岩建造及红色建造，其厚度较松辽盆地明显变薄。中、新生代沉积总厚度不超过 5000m，一般为 2000～3000m。由于不均衡的升降运动，在开鲁至舍伯吐一线构成两拗夹一隆即东西向小型隆起和两侧同方向拗陷的构造格局。

#### 6. 阴山赋煤构造带

阴山赋煤构造带位于蒙古板块与华北板块之间，马宗晋和赵俊猛(1999)称之为内蒙地轴，为兴蒙造山系的一部分。该赋煤构造带整体为北东东—北东向，该区南部在加里东期开始褶皱形成复式构造，到海西期造山系回返形成褶皱，印支—燕山旋回发生北东向断裂，形成一系列北东向断陷盆地，开始了中生界含煤建造。

#### 7. 鄂尔多斯盆地北缘赋煤构造带

鄂尔多斯盆地北缘赋煤构造带位于阴山赋煤构造带之南，稳定的板内浅海盆地和大陆边缘活动带相互对立、共同发展是这一地质时期构造演化的主要特点。早古生代末，华北板块南、北两侧先后发生洋壳俯冲并沿大陆边缘形成加里东褶皱带，导致华北板块整体抬升和板内浅海盆地消亡。晚古生代华北板块开始沉降，形成了南北均以加里东褶皱带为界，向西收敛并与祁连海域相通，向东开口的箕形板内陆表海沉积盆地，该区位于该盆地西北部。西侧祁连海与南北两侧褶皱带一起控制了鄂尔多斯盆地晚古生代含煤岩系的沉积类型和煤层聚积特征。三叠纪基本上继承了晚古生代晚期的构造格局，主要受沉积作用的控制，在陕西延安以北子长、横山一带形成三叠系煤田。但受特提斯构造域洋壳俯冲的影响，西及西南缘强烈抬升，使该区变成了北、西、南三侧均被褶皱造山带围限，向东开口的大型箕状内陆盆地的一部分。三叠纪末的印支运动使全区抬升遭受剥蚀和变形，早侏罗世转入相对稳定的拗陷阶段，鄂尔多斯盆地才得以形成。北、西、南三侧大陆边缘活动带与其所夹持的大陆板块对立发展至趋于统一的构造演化过程，就是鄂尔多斯盆地形成演化的构造背景(王双明和张玉平，1999)。

#### 8. 桌子山—贺兰山赋煤构造带

桌子山—贺兰山赋煤构造带位于鄂尔多斯北部赋煤构造带以西，该褶皱逆冲带由 10

余条近南北向延伸的大型逆冲断裂、数条同向大型正断层及一些近东西向的大型平移断层组成构造骨架，基本构造形态为总体由东向西扩展的逆冲断裂组合，与鄂尔多斯盆地主体呈向西缓倾的大单斜形成鲜明对照。这些主干逆冲断裂沿走向断续延伸，三五成束，相互平行，大致以等距离出现在同一地段，各段之间常被走向东西向断层所隔，后者一般均具有向“S”形逆冲和右行滑动性质，使各段东移速度的差异得到调整。褶皱逆冲作用使鄂尔多斯盆地西缘石炭系—二叠系和侏罗系两套含煤地层遭受强烈改造，失去原始的连续性和完整性，被割成许多大小不等、形状各异的块段，增加了煤炭资源开发的难度。

**9. 宁东南赋煤构造带**

宁东南赋煤构造带的地质构造基本上为一向东倾斜的单斜构造，桌子山东缘大断裂为区内最主要的控煤构造。该断层是一条自西向东推覆的逆冲断层，控制了中生代地层的沉积，垂直断距达 5km，直接切割错断了石炭系与二叠系的煤系地层。该断层形成较早，活动时间较长，中生代活动最强烈，后又被新华夏系利用，直至新生代仍有活动。

**10. 北山—潮水赋煤构造带**

北山—潮水赋煤构造带位于内蒙古西部的广大地区，它位于华北板块西缘与塔里木板块东缘结合部位，北邻兴蒙造山带，是一个多构造单元的结合部(李俊建，2006)。本区由北至南存在两条重要的断裂，即恩格尔乌苏断裂带和阿拉善北缘断裂带。以恩格尔乌苏断裂为界，将该区划分为南北两大构造区(王廷印等，1998；吴泰然和何国琦，1993；杨振德等，1986；张振法，1995)。南区的构造单元为阿拉善微陆块，由南向北为阿拉善陆块陆缘区、查干础鲁边缘海盆、宗乃山—沙拉扎山岛弧带；北区的构造单元属南蒙古微陆块边缘带。

**11. 香山赋煤构造带**

青山—牛首山深断裂是划分鄂尔多斯地块与河西走廊弧后盆地的关键性断裂，是华北板块与鄂尔多斯盆地西缘二级构造单元的重要分界。加里东期该断裂东北属大陆边缘陆架浅海环境，沉积类型属稳定型沉积，但西南侧为活动型沉积，不仅沉积厚度巨大(深海复理石)，而且有火山活动，香山群是其典型代表。构造配置分析表明，香山群形成于弧后盆地环境，盆地西缘和本部则属相对稳定的大陆边缘斜坡和台地环境。到泥盆纪，该断裂西侧尚有陆相磨拉石建造；而东侧在海西晚期—印支期该断裂活动相对较弱，在燕山期和喜马拉雅期该断裂又比较活跃，沿该断裂的逆冲推覆作用形成了六盘山山系，使得古生代及前寒武纪地层被推至地表，形成分割型前陆盆地，从而使鄂尔多斯盆地西缘具有“双层结构”特点。该断裂地表产状较陡，向下变缓，倾向朝西。沿走向朝西北可能与河西走廊北侧的龙首山深大断裂相连，形成阿拉善古陆与河西走廊弧后盆地的分界。

## 第三节　含煤地层与煤层

内蒙古聚煤时代长，含煤地层分布广泛，几乎各主要聚煤期的含煤地层均有发育。主要聚煤期为晚古生代石炭纪—二叠纪，中生代侏罗纪、白垩纪，新生代新近纪（表 2.3，图 2.3）。地层沉积类型多样，既有陆相沉积，也有海陆交互相沉积（李惠林等，2021）。各聚煤期的煤层分布及煤岩煤质特征概述如下。

**表 2.3　内蒙古自治区主要成煤期含煤地层系列简表**

| 成煤时代 | 内蒙古西部 | 内蒙古中部 | 内蒙古东部 |
|---|---|---|---|
| 新近纪 | | 汉诺坝组 | |
| 白垩纪 | | | 伊敏组、大磨拐河组、阜新组、九佛堂组、固阳组 |
| 侏罗纪 | | 龙凤山组、延安组、五当沟组、红旗组 | |
| 石炭纪—二叠纪 | 羊虎沟组、太原组、山西组 | 太原组、山西组、拴马桩组 | |

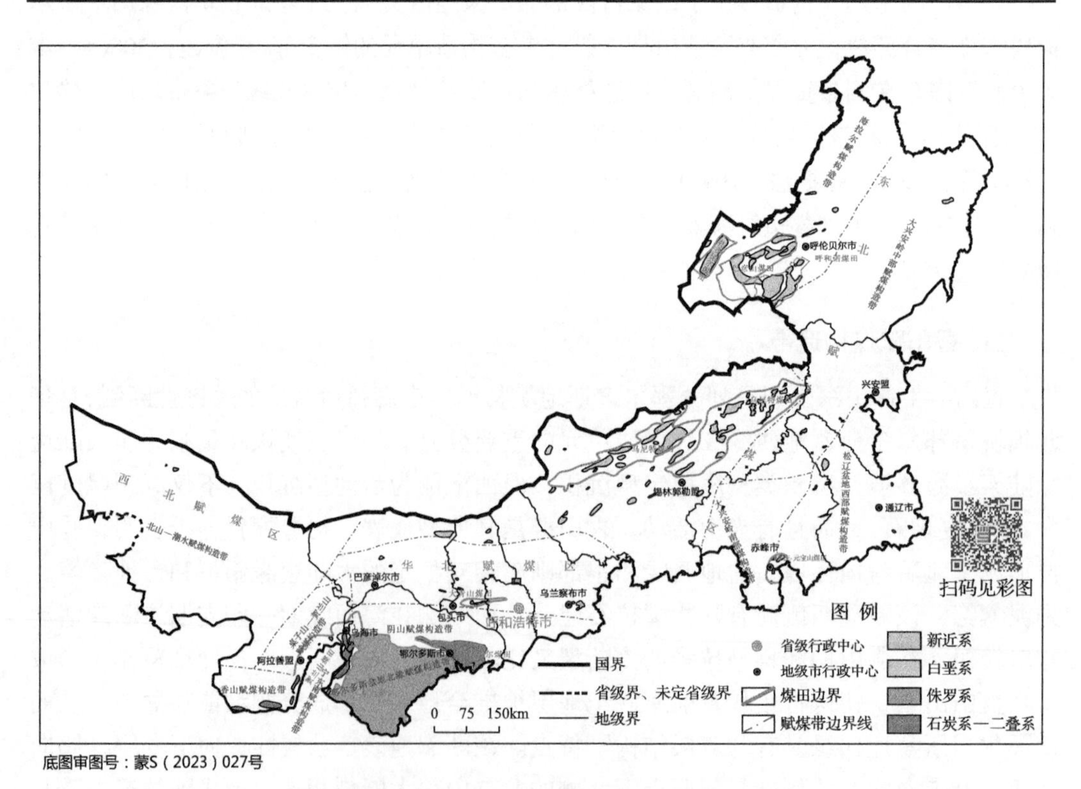


图 2.3　内蒙古自治区含煤地层分布图

## 一、石炭纪—二叠纪聚煤期

该聚煤期的煤田(矿区、煤产地)主要分布在内蒙古西南部的华北赋煤构造区，有桌子山—贺兰山赋煤构造带的黑山、喇嘛敖包、炭井子沟、蚕特拉、呼鲁斯太、察赫勒、邦特勒、乌海矿区、雀儿沟、桌子山矿区、上海庙矿区；鄂尔多斯盆地北缘赋煤构造带的准格尔矿区、乌兰格尔矿区、清水河煤产地；阴山赋煤构造带的营盘湾煤矿区的煤窑沟、大青山矿区的石炭纪—二叠纪矿区(阿刀亥、大炭壕、水泉、老窝铺)及东部的四号地。

### 1. 太原组

太原组为内蒙古重要的含煤地层之一，主要分布于鄂尔多斯地层分区及北祁连地层分区，即准格尔、桌子山、大青山、贺兰山及庆阳山等煤田、煤产地。

在准格尔煤田，太原组发育良好，据其岩性及生物特征，可分为上、下两段，下段主要为浅灰色长石石英砂岩，灰色、深灰色泥岩、泥灰岩及 6～10 号煤层，产丰富的动植物化石；上段主要为灰色粗粒杂砂岩、浅灰色泥岩、高岭石黏土岩及巨厚复杂结构的 6 号煤层，产丰富的植物化石。全组含煤 5 层，6、9 号煤层为主要可采煤层，其中 6 号煤层全区发育且较稳定，煤厚 0.51～42.12m，平均厚度为 23.06m，以黑岱沟矿区最厚，向南逐渐变薄；9 号煤层厚 0.15～14.67m，平均厚度为 3.65m，以窑沟矿区最厚，向南变薄。该组地层总厚 12.31～95m，可采煤层累厚 25.10m，含煤系数为 35.56%，与下伏地层本溪组整合接触。

在桌子山及贺兰山北端地区，即以桌子山煤田为主体，包括黄河西岸的乌海、呼鲁斯太等矿区，太原组岩性以灰白色中细砂岩，深灰色砂质泥岩、黏土岩、泥灰岩(或钙质泥岩)及煤层为主。据其岩性及生物特征，也可分为上、下两段，下段岩性以砂质泥岩、黏土岩夹砂岩为主，在桌子山煤田，可采煤层 4 层(编号 14～17 号)，其中 16 号煤层为主要可采煤层，煤厚 0～13.10m，平均厚度为 4.93m，发育较稳定，结构较复杂。在乌海矿区，含煤 10 层(编号 8～17 号)，其中 12 号煤层发育较稳定，为主要可采煤层，煤层厚度 0.20～8.05m，平均厚度为 5.01m。下段厚 25～140m，平均 80m 左右，含丰富的植物化石及小个体的腕足类化石。上段岩性为灰—深灰色砂岩与砂质泥岩互层，中夹不稳定的灰岩 2～3 层，含煤 3～4 层，在桌子山煤田含不稳定的 12 号薄煤层，在乌海矿区发育有稳定的 8 号、9 号主要可采煤层，其中 8 号煤层厚度 0.88～5.21m，平均 2.96m，9 号煤层厚度 0.61～3.13m，平均 2.16m。上段地层厚度 27～73.9m，在贺兰山北端厚度加大，最大厚度可达 300m，平均厚度 140m。上段产大量的动物化石，与下伏地层本溪组或羊虎沟组整合接触。

在庆阳山、黑山矿区，太原组岩性主要由泥岩、砂岩、石灰岩和煤层组成，分下、中、上三段。下段岩性主要由灰黑色泥岩、碳质泥岩、深灰色石灰岩及煤层组成，含煤

6层，3层达到可采，可采总厚1.60m，段厚17.03m。中段岩性顶部为一厚层状石灰岩，中下部为灰褐色及灰黄色泥岩、细砂岩、粉砂岩、砂质泥岩及黑色碳质泥岩，含煤11层，9层可采，可采总厚度11.38m，段厚67.20m。上段为灰白—灰紫色细砂岩、粉砂岩，灰黑色泥岩、砂质泥岩，含煤4层，煤厚0.122～0.70m，均未达到可采，段厚90.58m。该组地层总厚174.84m，煤层总厚16.32m，含煤系数为9.33%。

概括起来，太原组含煤地层在内蒙古有如下特征：①分布较为广泛，从东部清水河、准格尔一直到西部的桌子山、贺兰山以及庆阳山、黑山普遍赋存；②从横向特征来看，含煤地层厚度由东向西逐渐加大，反之，含煤性却越来越差，岩性由西向东粗碎屑岩比例增大，尤其是在乌兰格尔一带，有砾岩或含砾粗砂岩出现；③在纵向上，太原组所含的海相灰岩多出现在中下部，而且有由南向北层数减少，厚度变薄的趋势，共含石灰岩1～4层；④无论东部还是西部，均由南部的海陆交互相沉积逐渐变成陆相沉积。

**2. 山西组**

山西组属中—下二叠统，分布范围大体与太原组相同。在内蒙古尚未发现有海相夹层，为一套纯陆相含煤岩系。内蒙古的山西组具有如下特点：①分布范围较广，大体与太原组相同；②含煤性仅次于太原组，富煤中心大致在桌子山—贺兰山北端一带，向东向西变差；③含煤地层厚度由东向西有增厚趋势；④为一套纯陆相含煤地层。

在准格尔煤田，山西组岩性由灰白色中粗粒砂岩，灰黑色砂质泥岩、泥岩、黏土岩及煤组成，含煤5层，以1号、3号、5号煤层发育较稳定。据其岩性及含煤性特征，可分为下、中、上三段，每一段的上部或顶部均有较稳定的煤层或泥质岩类等。下段含有5号煤层，厚度0.10～7.14m，平均2.36m；中段含有3号煤层，厚度0.10～4.27m，平均1.74m；上段含有1号煤层，厚度0～2.00m，平均0.35m。全组地层厚度36.24～98.81m，一般为60m，有南厚北薄的趋势，含煤性由北向南也逐渐变差。该组地层连续沉积于太原组之上，与上覆下石盒子组整合接触，产丰富的植物化石。

在桌子山煤田，山西组在煤田东部广泛出露，地层厚度95～165m。根据岩性及含煤性，自下而上划分为三个段，即上、中、下三段，其中上段为该区主要含煤段，岩性由砂质泥岩、泥岩、黏土岩及煤层组成，含7～10号4层煤(称乙煤组)，9号煤层为主要可采煤层，其厚度0～11.96m，平均3.85m，该段厚度一般在18m左右。中段以灰色粗砂岩为主，夹深灰色砂质泥岩及泥岩，岩相变化大，含4～6号煤层，煤层厚度极不稳定，大多不可采，段厚19～62.83m。下段下部以灰—黄绿色砂质泥岩和泥岩为主，含2号、3号两层煤(也称甲煤组)，煤厚分别为0～2.88m，平均0.93m；0～0.54m，平均0.14m。上部以灰白色中粗砂岩、黄绿色砂质泥岩夹细砂岩、黏土岩，偶含1号煤层，极不稳定。下段厚34.5～122.83m，含植物化石，与下伏地层太原组整合接触。

在乌海矿区，山西组也可划分为三段，上段以中砂岩、细砂岩和煤层为主，含5号、

6号、7号煤层，其中7号煤层属较稳定可采煤层，厚度1.28～3.05m，平均1.99m。中段以粗砂岩、粉砂岩和煤层为主，含4号较稳定煤层，厚度0.01～10.97m，平均4.10m。下段以粗砂岩、粉砂岩、泥岩为主，含1号、2号、3号煤层，其中1号、2号煤层属于较稳定煤层，煤厚分别为1.76～3.86m（平均2.60m）、2.43～8.31m（平均4.55m）。

## 二、侏罗纪聚煤期

侏罗纪聚煤期煤田（矿区）分布广泛，煤类复杂，煤质变化较大，形成了以东胜煤田为中心，东西由规模较小的矿区所衬托的“众星捧月”样式。计有：西北赋煤构造区北山—潮水赋煤构造带的希热哈达、红柳大泉及潮水矿区；华北赋煤构造区桌子山—贺兰山赋煤构造带的贺兰山新井子、二道岭、桌子山矿区的千里沟及上海庙矿区，鄂尔多斯盆地北缘赋煤构造带的东胜煤田，阴山赋煤构造带的昂根、营盘湾、大青山及苏勒图矿区；东北赋煤构造区的二连赋煤构造带的玛尼图、锡林浩特、哈达图矿区，大兴安岭中部赋煤构造带的牤牛海、联合屯、黄花山、温都花、塔布花等零星煤矿。

延安组是内蒙古侏罗系主要含煤地层之一，主要分布在鄂尔多斯地层分区的西部，东起准格尔西部，西至贺兰山西麓，北至乌兰格尔隆起以南，南与陕西省交界，总面积约6.25万$km^2$，探明区主要在鄂尔多斯盆地东部，面积约14500$km^2$。延安组含6、5、4、3、2五个煤组，其中4、3两个煤组在全区发育稳定。按照旋回特征可分为五个岩段，6、5、4、3、2五个煤组分别赋存在1～5段。每个煤组包括1～3个煤层，一般含煤10～22层，最多可达30层，可采8～11层，可采厚度累计12.62～21.63m。煤层倾角均小于5°，倾向大致为西—南西向。煤层连续性好，结构简单。

## 三、白垩纪聚煤期

白垩纪聚煤期形成的煤田主要分布海拉尔赋煤构造带、二连赋煤构造带。白垩纪含煤地层主要有下白垩统大磨拐河组、伊敏组、义县组、阜新组、固阳组。前人将白彦花群（组）、巴彦花群（组）统一划分为大磨拐河组及伊敏组，并取消阿尔善组、腾格尔组和赛汉塔拉组（李惠林等，2021）。

### 1. 大磨拐河组

大磨拐河组含煤段埋深一般为600～1000m，含煤5～20层，层间距10～40m，单煤层平均厚度2～10m，煤层平均累计厚度10～90m，含煤系数4%～18%。主煤层分布趋向于含煤段的中部，平均厚度4～30m，最大厚度44.85m。煤层主要发育在各盆地边缘靠近盆缘断裂一侧，含煤性较好的地区为扎赉诺尔、伊敏、大雁、西胡里吐、陈旗煤田等。据石油钻井资料，乌尔逊盆地海参1井在1900～2300m见大磨拐河组7个煤层，累计厚度13.2m，呼和诺尔盆地海参7井在1450～1850m见可采煤层12层，煤层累计厚度约75m。

**2. 伊敏组**

伊敏组在区域上十分发育，主要见于海拉尔盆地和二连盆地及其周边的断陷盆地中。地表仅见于各盆地边缘地段，钻孔资料证实在各盆地中基本都有伊敏组分布，在盆地中心层序发育较全，地层厚度较大。岩性以泥质岩、泥质粉砂岩夹砂岩为主。伊敏组为海拉尔盆地群的主要含煤组。在发育伊敏组的盆地中普遍含煤，一般含3～4组煤，每个煤组有1～5层煤，层间距8～30m，见煤深度一般为100～500m，煤层平均累计厚度为10～80m、平均含煤系数8%～25%。主煤层一般发育在伊敏组下部，厚度一般为10～50m，结构较简单，厚度稳定，分布广泛，具有多层可采煤，是主要的含煤层位。

**3. 义县组**

义县组主要岩性为中基性火山碎屑岩，夹凝灰岩、凝灰质砂砾岩、安山岩、玄武安山岩及砂泥岩和煤层。含煤4组，1煤组厚0.60m，2煤组厚0.3～0.90m，3煤组厚1～2.3m，4煤组厚1.2～4.6m。在永合营子村也含有可采煤层，一般为1～3层，局部可采，厚度为2.4～9.61m。

**4. 阜新组**

阜新组主要分布在元宝山、平庄两个盆地中，为赤峰地层分区元宝山、平庄地区的主要含煤地层。岩性下部以灰白色厚层状细砂岩、中砂岩为主，夹粗砂岩和泥岩(称元宝山段)，含1～6号煤组，其中1号、2号、3号煤组为不可采的薄煤层，4号、5号、6号煤组发育稳定，为区内主要可采煤层(组)，煤层累计厚度最大可达150m。上部为灰绿色砂岩、砂砾岩。

该组的含煤情况大致有如下特征：在元宝山煤田，主要煤层集中分布在红庙—西元宝山一带，在盆地的中部合并成巨厚煤层，煤层最大厚度为80～100m，平均厚度30～50m，富煤带呈带状分布，与盆地走向(北东向)一致。

在平庄煤田，5号、6号煤组为主要可采煤层。煤层赋存规律为浅部厚而集中，向深部逐渐呈马尾状分叉变薄乃至尖灭，煤层最大埋深约千米(古山深部)，从走向上看由西南向东北煤层逐渐增厚，间距变小。富煤带位于盆地中部靠近西北侧一边，形成以古山四矿井、西露天矿及五家矿为中心的三个富煤带。

## 四、新近纪聚煤期

新近纪含煤地层主要是汉诺坝组和宝格达乌拉组。汉诺坝组含煤地层主要分布于乌兰察布兴和、卓资、凉城一带和赤峰以西的克什克腾旗和翁牛特旗，主要由灰黑色、黑色、紫灰色橄榄玄武岩组成，夹砖红色泥岩、灰白色泥灰岩及黑色油页岩，夹层最多达7层，夹层厚度1m左右，最厚7m，该组厚度160余m。宝格达乌拉组含煤地层主要分布于集宁煤田，其范围西起马连滩，东至玫瑰营子，北到弓沟，南邻黄旗海，分布面积约

$800km^2$，为一套河流相碎屑沉积，其岩性由砂砾岩、砂质黏土及煤层组成，岩石固结程度低，含煤岩系厚约 200m，与上覆和下伏老地层均呈不整合接触。

## 第四节 岩 浆 岩

内蒙古在大地构造位置上，跨越华北地台和天山、内蒙古中部、兴安地槽等大地构造单元。岩浆岩的形成与构造运动息息相关，自太古宇以来，伴随多次构造运动，岩浆活动强烈且期次繁多，岩浆岩分布广泛，出露面积占全区基岩面积的一半左右。根据《内蒙古自治区区域地质志》研究成果，区内岩浆活动具有以下特征。

(1) 岩浆活动具有多旋回特征。从太古宇到新生代，其中以海西晚期和燕山期最为活跃。从太古宇至新生代岩浆活动可划分 7 个岩浆旋回，其中，前中生代又分为 12 期。每个旋回的岩浆活动强度与相应的构造运动强度是相辅相成的。元古宇、中古生代、晚古生代和中生代侏罗纪，构造运动频繁而剧烈，相应旋回的岩浆岩亦较发育；早古生代和早中生代构造运动相对较弱，相应的加里东期和印支期旋回的岩浆活动亦相对较弱。

(2) 在空间分布上具有明显分带性。古太古代—新太古代—古元古代—中元古代岩浆岩由内蒙古台隆核部向北依次呈东西向带状分布；加里东旋回侵入岩分布于额尔古纳兴凯地槽褶皱带、温都尔庙—翁牛特旗加里东地槽褶皱带以及爱力格庙—锡林浩特中间地块；海西早期岩浆岩主要分布于东乌珠穆沁旗早海西地槽褶皱带；海西中期岩浆岩主要分布于喜桂图旗中海西地槽褶皱带、北山晚海西地槽褶皱带及华北地台北缘；海西晚期岩浆岩主要分布于西乌珠穆沁旗晚海西地槽褶皱带、苏尼特右旗晚海西地槽褶皱带；燕山期岩浆岩主要分布于大兴安岭中生代隆起区；喜马拉雅期岩浆岩主要分布于中东部。

(3) 岩浆活动方式多样性。区内从岩浆侵入到岩浆喷发都很强烈，从巨大的岩基到细小的岩脉都很发育，既有大面积的岩浆溢流，也有带状裂隙喷发。活动方式在东北地区主要表现为大规模喷发，而西、中部则多为大面积侵入。

(4) 岩浆岩具有多成因的特征。有幔源型、陆壳改造型和过渡性地壳同熔型。

(5) 岩浆岩岩石类型复杂。从超基性岩到酸性岩以及不同类型的过渡岩石都有不同程度的分布，其中以酸性花岗岩类分布最广，约占侵入岩分布面积的 90%以上。

第三章

# 煤岩煤质特征

## 第一节 概　　述

内蒙古自治区煤炭资源十分丰富，煤类齐全，褐煤、不黏煤、弱黏煤、长焰煤、气煤、肥煤、焦煤、瘦煤、贫煤和无烟煤等均有分布(魏迎春和曹代勇，2021；曾勇，2001)，其中不黏煤和褐煤占绝对优势。不同煤类的煤在物理性质上有共性，也有差异。差异突出表现在煤的光泽上，变质程度高的煤光泽强，变质程度低的煤光泽弱。如乌海矿区煤类以焦煤和肥煤为主，煤的光泽一般为弱玻璃—玻璃光泽；准格尔矿区煤类以长焰煤为主，煤的光泽为沥青光泽；鄂尔多斯盆地北部地区煤类主要为不黏煤，煤的光泽为弱沥青光泽(韩德馨，1996)；二连—海拉尔盆地主要为褐煤，煤的光泽为沥青光泽—弱沥青光泽。煤的显微煤岩类型以微镜惰煤为主，其次是微三合煤，微镜煤、微镜壳煤、微泥化煤甚少。

## 第二节 煤 岩 特 征

### 一、石炭纪—二叠纪聚煤期煤岩特征

该时期的煤田(矿区)主要分布在西南部的华北赋煤构造区，涉及 3 个煤炭国家规划矿区，分别是桌子山—贺兰山赋煤构造带的乌海矿区、上海庙矿区(属石炭纪—二叠纪聚煤期和侏罗纪聚煤期)和鄂尔多斯盆地北缘赋煤构造带的准格尔矿区。

#### (一)煤的物理性质及宏观煤岩类型

石炭纪—二叠纪聚煤期的 3 个矿区在分布、成因、后期改造方面都有所不同，但在煤的物性上存在相似处，如颜色、断口、构造等(表 3.1)。

宏观煤岩类型：乌海矿区煤岩成分以亮煤和暗煤为主，夹少量的镜煤和丝炭，煤岩

类型以半暗煤为主，9 号煤层的煤岩类型为半亮型。上海庙矿区 16 号煤层为半亮型。准格尔矿区主要煤层为 6 号煤层，厚度大，煤岩结构较复杂，煤层以暗煤为主，夹有少量的丝炭和亮煤，煤岩类型为半暗型；9 号煤层以暗煤为主，丝炭较发育，局部夹镜煤条带，宏观煤岩类型属于暗淡型。

**表 3.1　石炭纪—二叠纪煤的物理性质和宏观煤岩类型**

| 地区 | 煤层 | 颜色 | 条痕 | 光泽 | 脆性 | 断口 | 裂隙 | 比重 | 结构 | 构造 | 宏观类型 |
|---|---|---|---|---|---|---|---|---|---|---|---|
| 乌海矿区 | 9 | 黑色 | 褐色 | 似玻璃 | | 参差状 | | | 中条带状 | | 半亮型 |
| 上海庙矿区 | 16 | 黑色 | 褐黑色 | 沥青 | | 平坦状 | 较发育 | 中等 | 条带状 | 块状 | 半亮型 |
| 准格尔矿区 | 6 | 黑色 | 黑棕色 | 沥青 | 差 | 阶梯状 | 不发育 | 中等 | 细条带状 | 块状 | 半暗型 |
| | 9 | 黑色 | 黑棕色 | 沥青 | 差 | 参差状 | 不发育 | 较大 | 均一 | 块状 | 暗淡型 |

### (二) 煤岩显微组分特征

乌海矿区(9 号煤层、16 号煤层)、上海庙矿区(9 号煤层)、准格尔矿区(9 号煤层)的煤层壳质组分含量均小于 5%，属微镜惰煤；准格尔矿区(6 号煤层)三种组分含量均大于 5%，属微三合煤(表 3.2)。

**表 3.2　石炭纪—二叠纪成煤期主要煤层显微组分含量表**

| 矿区 | 煤层 | 有机显微组分/% | | | 有机显微组分+矿物杂质/% | | | | | | |
|---|---|---|---|---|---|---|---|---|---|---|---|
| | | 镜质组 | 惰质组 | 壳质组 | 镜质组 | 惰质组 | 壳质组 | 黏土类 | 硫化物 | 碳酸盐 | 氧化物 |
| 乌海矿区 | 9 | 81.4 | 18.4 | 0.2 | 67.5 | 15.2 | 0.2 | 16 | 0.2 | 0.5 | 0.5 |
| | 16 | 72 | 27.7 | 0.3 | 60.2 | 22.8 | 0.2 | 14.3 | 1.5 | 0.7 | 0.3 |
| 上海庙矿区 | 9 | 97.4 | 2.6 | | 0 | | | 11.7 | 0.6 | 0.1 | 0 |
| | 16 | 97 | 3 | | 0 | | | 13.1 | 0.5 | 0.5 | 0 |
| 准格尔矿区 | 6 | 55.7 | 38.3 | 6 | 51.1 | 34 | 5.4 | 9 | 0.2 | 0.3 | 0 |
| | 9 | 58.8 | 36.9 | 4.3 | 47.2 | 29.1 | 3.5 | 18.2 | 1.6 | 0.3 | 0.1 |

## 二、侏罗纪聚煤期煤岩特征

侏罗纪聚煤期的煤田(矿区)主要分布在鄂尔多斯盆地，涉及煤炭国家规划矿区有 11 个，分别是东胜矿区、准格尔中部矿区、高头窑矿区、塔然高勒矿区、台格庙矿区、万利矿区、呼吉尔特矿区、纳林河矿区、纳林希里矿区、新街矿区、上海庙矿区。

### (一) 煤的物理性质及宏观煤岩类型

该聚煤期的煤属低变质煤，煤层多。煤的颜色均呈黑色，条痕为棕黑色，弱沥青光泽，参差状断口，局部见贝壳断口，内生裂隙不发育，常见线理状结构，构造多为波状层理，似水平状层理。煤燃烧时火焰不大，残灰为灰白色，粉状。煤的密度和视密度较小。宏观煤岩成分及煤岩类型在南北部有一定区别：北部煤岩成分以暗煤为主，含一定数量的丝炭和少量的亮煤、镜煤；南部煤岩成分以暗煤、亮煤为主，其次是镜煤，丝炭含量比北部有明显减少。从煤层来看，位于上部 2 煤组和下部 6 煤组的丝炭含量偏高，中部 3 煤组的丝炭含量较低。宏观煤岩类型南北部存在差异，北部各主要煤层以暗淡型为主，而南部各主要煤层以半暗型为主。

### （二）煤岩显微组分特征

该聚煤期煤岩显微含量的特点为在鄂尔多斯北部惰质组含量较高，范围在 64.0%～80.3%，平均值 70%，鄂尔多斯南部惰质组含量较低，平均值为 32%；在鄂尔多斯北部镜质组含量较低，平均值为 25%，鄂尔多斯南部镜质组含量平均值为 61%；矿物杂质含量都低于 5%。各主要煤层显微煤岩组分见表 3.3。

表 3.3　内蒙古侏罗纪聚煤期主要煤层显微煤岩组分统计表

| 煤层 | 有机显微组分/% | | | 有机显微组分+矿物质/% | | | | |
|---|---|---|---|---|---|---|---|---|
| | 镜质组 | 惰质组 | 壳质组 | 有机总量 | 黏土岩 | 硫化物组 | 硫酸盐组 | 氧化物组 |
| 2-2 中 | 2.38～81.5<br>54.6 | 12.3～71.8<br>45.2 | 0.0～3.0<br>0.6 | 95 | 0.0～31.7<br>4.2 | 0.0～1.5<br>0.3 | 0.0～2.7<br>0.4 | 0.0～0.4<br>0.1 |
| 3-1 | 24.3～77.3<br>60.2 | 17.3～75.7<br>39.4 | 0.0～8.0<br>0.6 | 95.3 | 0.0～21.8<br>3.9 | 0.0～2.5<br>0.4 | 0.0～5.5<br>0.4 | 0.0～1.2<br>0 |
| 4-1 | 39.2～76.7<br>64 | 11.1～55.4<br>35.8 | 0.0～3.0<br>0.4 | 96 | 0.0～12.8<br>3.3 | 0.0～2.3<br>0.4 | 0.0～2.2<br>0.3 | 0.0～0.6<br>0 |
| 4-2 中 | 26.5～85.5<br>65.8 | 13.1～67.0<br>33 | 0.0～5.6<br>1.1 | 95.8 | 0.0～14.1<br>3.4 | 0.0～3.8<br>0.4 | 0.0～1.6<br>0.3 | 0.0～0.4<br>0.1 |
| 5-1 | 24.8～83.2<br>60.1 | 11.3～71.4<br>39.2 | 0.0～2.8<br>0.6 | 95.4 | 0.0～19.7<br>3.9 | 0.0～0.6<br>0.3 | 0.0～2.0<br>0.3 | 0.0～1.0<br>0.1 |
| 6-1 中 | 37.6～85.0<br>62.5 | 13.4～63.2<br>39.1 | 0.0～3.6<br>0.8 | 95.1 | 0.0～11.9<br>4.1 | 0.0～3.0<br>0.2(26) | 0.0～4.1<br>0.5 | 0.0～0.7<br>0.1 |
| 6-2 中 | 16.2～75.7<br>50.3 | 13.1～82.1<br>48.6 | 0.0～3.8<br>0.5 | 96.1 | 0.0～33.5<br>3.1 | 0.0～2.4<br>0.4(43) | 0.0～2.0<br>0.3 | 0.0～1.6<br>0.1 |

## 三、白垩纪聚煤期煤岩特征

白垩纪聚煤期的煤田主要分布在海拉尔赋煤构造带和二连赋煤构造带，涉及煤炭国家规划矿区有 29 个，分别是宝日希勒矿区、胡列也吐矿区、扎赉诺尔矿区、伊敏矿区、五九矿区、五一牧场矿区、诺门罕矿区、霍林河矿区、贺斯格乌拉矿区、白音华矿区、乌尼特矿区、高力罕矿区、五间房矿区、巴其北矿区、巴彦宝力格矿区、农乃庙矿区、准哈诺尔矿区、吉林郭勒矿区、查干淖尔矿区、吉日嘎郎矿区、哈日高毕矿区、道特淖尔矿区、那仁宝力格矿区、绍根矿区、巴彦胡硕矿区、胜利矿区、赛汗塔拉矿区、白音乌拉矿区、白彦花矿区（宁树正，2021）。

## （一）煤的物理性质及宏观煤岩类型

该聚煤期的煤层均具有相似或相同的宏观物理性质，均呈黑色或黑褐色，棕褐色条痕，具有弱沥青光泽，结构均一或呈似条带状，有时可见条带状结构或木质结构，具块状或层状构造。其断口平坦或呈参差状，外生裂隙发育。硬度 1～3，但韧性较强。煤的真密度为 1.47～1.63t/m$^3$，视密度为 1.15～1.49t/m$^3$。宏观煤岩类型主要为半暗型煤和半亮型煤，其中海拉尔盆地煤田主要为暗型煤，二连盆地煤田以半暗煤为主，半亮煤次之。二连赋煤构造带 5 号煤层属微镜壳煤；二连赋煤构造带 6 号煤层属微三合煤；其余各煤田（矿区、煤产地）的煤层均为微镜惰煤。

## （二）煤岩显微组分

该聚煤期的煤层显微特征是二连赋煤构造带腐殖组含量普遍高于海拉尔赋煤构造带，二连赋煤构造带腐殖组含量在 74%～98%，而海拉尔赋煤构造带腐殖组含量均在 32.2%～56.7%；惰质组含量二连赋煤构造带普遍低于海拉尔赋煤构造带，二连赋煤构造带惰质组含量在 1%～26.1%，海拉尔赋煤构造带惰质组含量均在 35.3%～61.6%；壳质组含量普遍较低，在 0%～3.7%（表 3.4，图 3.1）。

**表 3.4　内蒙古白垩纪聚煤期主要矿区显微组分含量统计表**

| 地区 | 矿区 | 煤层 | 有机组分（去矿物基）/% | | |
|---|---|---|---|---|---|
| | | | 镜质组（腐殖组） | 惰质组 | 壳质组 |
| 二连赋煤构造带 | 胜利矿区 | 5 | 93.3 | 6.7 | 0.1 |
| | | 5 下 | 74 | 26.1 | 0 |
| | | 6 | 75.9 | 23.9 | 0.3 |
| | 白音华矿区 | 1 | 91.9 | 6.9 | 1.2 |
| | | 2 | 98 | 1.9 | 0.9 |
| | | 3-1 | 96.7 | 2.1 | 1.2 |
| | | 3-2 | 97.8 | 1 | 1 |
| 海拉尔赋煤构造带 | 伊敏矿区 | 12 | 46.5 | 51.5 | 2 |
| | | 15-1 | 49 | 43.7 | 3.7 |
| | | 15-2 | 47 | 35.8 | 0.9 |
| | | 16 | 52.1 | 36.9 | 0.7 |
| | 宝日希勒矿区 | 11 | 32.2 | 61.6 | 2.6 |
| | | 21-2 | 41.15 | 50.7 | 2 |
| | | 3 | 50.7 | 39.4 | 1.3 |
| | | 5 | 52.2 | 40.2 | 2.3 |
| | 扎赉诺尔矿区 | Ⅱ | 56.7 | 35.3 | 0.35 |
| | | Ⅲ | 36.5 | 45.52 | 1.3 |

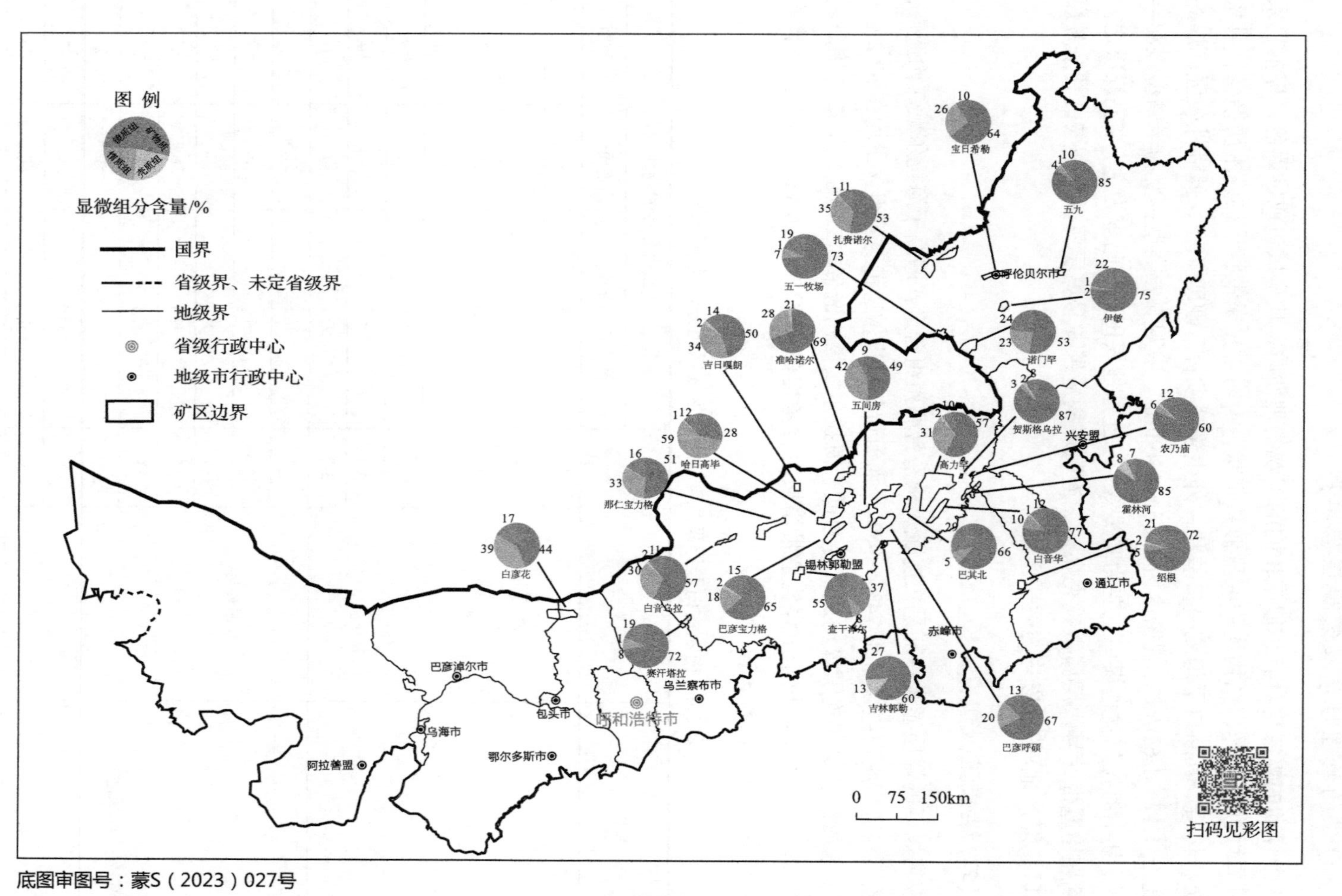


底图审图号：蒙S（2023）027号

图3.1 内蒙古白垩纪聚煤期煤岩特征变化分布图

# 第三节　煤 质 特 征

## 一、石炭纪—二叠纪聚煤期煤质特征

煤的工业分析($M_{ad}$、$A_d$、$V_{daf}$)、全硫含量、氢碳原子比及煤类可反映煤质的基本特征，习惯称为煤质一般特征。分区列表(表3.5)说明如下。

(1)水分含量($M_{ad}$)：该聚煤期乌海矿区水分含量最低，其次为上海庙矿区，准格尔矿区水分含量最高，其平均值在4%左右。

(2)灰分产率($A_d$)：该聚煤期乌海矿区9号煤层属低灰煤，其他矿区灰分产率普遍很高，均属中灰煤，但浮煤灰分多数可降至10%以下。各煤田(矿区、煤产地)灰分变化的另外一个特点是上、下煤层变化较大，一般薄煤层灰分较低，巨厚煤层变化较大。例如，准格尔矿区的6号煤层，一般20余米厚，中部主层段(6Ⅲ-Ⅳ)原煤灰分一般低于20%，而煤层上部(6Ⅰ-Ⅱ)和煤层下部(6Ⅴ)原煤灰分较高，经常夹有高灰煤和薄层碳质泥岩，这与煤层结构复杂[如准格尔矿区6号煤层上部(6Ⅰ-Ⅱ)俗称“千层饼”]有关(杨起，1987；袁三畏，1999)，灰分在平面上的变化规律不明显。

(3)挥发分产率($V_{daf}$)：煤的挥发分可反映煤的变质程度，浮煤干燥无灰基挥发分是确定煤分类的主要指标。该聚煤期特低—高挥发分煤均有，其变化是由西向东依次增高，乌海矿区9号煤为低挥发分煤，其余则为中高—高挥发分煤。

(4)全硫含量($S_{t,d}$)：该聚煤期全硫含量的一般变化规律为上部煤层全硫含量低于下部煤层，桌子山—贺兰山赋煤构造带的各矿区(煤产地)的硫分普遍高于准格尔矿区。准格尔矿区的全硫含量一般不超过1%，属低—特低硫煤，桌子山—贺兰山赋煤构造带的各矿区硫分变化大。

**表3.5　石炭纪—二叠纪聚煤期主要矿区煤岩的煤质一般特征表**

| 矿区 | 煤层 | 洗选情况 | 工业分析/% | | | $S_{t,d}$/% | $R_{o,max}$/% | 煤类 |
|---|---|---|---|---|---|---|---|---|
| | | | $M_{ad}$ | $A_d$ | $V_{daf}$ | | | |
| 乌海矿区 | 9 | 原 | 0.54 | 8.89 | 15.27 | 2.15 | 0.9～1.1 | 焦煤、气煤、肥煤 |
| | | 浮 | 0.79 | 3.80 | 13.59 | 2.02 | | |
| | 16 | 原 | 0.91 | 23.90 | 29.20 | 2.50 | | |
| | | 浮 | | | | | | |
| 上海庙矿区 | 5 | 原 | 1.78 | 27.13 | 38.17 | 1.16 | 0.6452 | 气煤 |
| | | 浮 | 1.80 | 12.11 | 37.44 | 0.88 | | |
| | 9 | 原 | 1.61 | 18.62 | 40.39 | 2.49 | 0.6498 | 气煤、气肥煤 |
| | | 浮 | 1.63 | 8.25 | 39.73 | 1.87 | | |
| 准格尔矿区 | 5 | 原 | 4.30 | 25.13 | 39.64 | 0.74 | 0.6063 | 长焰煤 |
| | | 浮 | 4.77 | 9.37 | 40.38 | 0.61 | | |

续表

| 矿区 | 煤层 | 洗选情况 | 工业分析/% | | | $S_{t,d}$/% | $R_{o,max}$/% | 煤类 |
|---|---|---|---|---|---|---|---|---|
| | | | $M_{ad}$ | $A_d$ | $V_{daf}$ | | | |
| 准格尔矿区 | 6 | 原 | 4.57 | 22.06 | 38.61 | 0.86 | 0.6131 | 长焰煤 |
| | | 浮 | 4.99 | 8.18 | 39.19 | 1.21 | | |
| | 9 | 原 | 4.06 | 24.60 | 38.91 | 1.14 | 0.6092 | 长焰煤 |
| | | 浮 | 4.53 | 8.74 | 39.25 | 0.84 | | |

注：$R_{o,max}$为镜质组最大反射率。

(5)氢碳原子比：石炭纪—二叠纪聚煤期氢碳原子比(H/C)具有明显的分带性，乌海矿区氢碳原子比较低，仅为0.55，准格尔矿区和上海庙矿区氢碳原子比较高，均大于0.75(图3.2)。

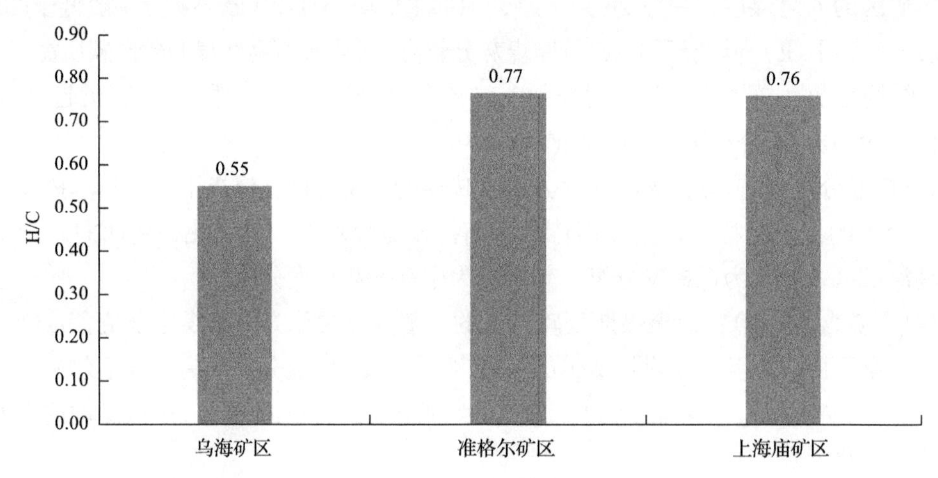


图3.2　石炭纪—二叠纪聚煤期氢碳原子比分布特征

(6)煤类：根据煤岩镜质组最大反射率，上海庙矿区以长焰煤为主；准格尔矿区主要为气煤、气肥煤；乌海矿区为较高变质烟煤，以焦煤、气煤、肥煤为主。

## 二、侏罗纪聚煤期煤质特征

该聚煤期的煤层在区内分布广泛，东起大兴安岭中部赋煤构造带，西止北山—潮水赋煤构造带。该聚煤期煤岩的煤质一般特征变化较大，见表3.6。

**表3.6　侏罗纪聚煤期主要矿区煤岩的煤质一般特征表**

| 矿区 | 煤层 | 原煤 | | | | 浮煤 | | | |
|---|---|---|---|---|---|---|---|---|---|
| | | $M_{ad}$/% | $A_d$/% | $V_{daf}$/% | $S_{t,d}$/% | $M_{ad}$/% | $A_d$/% | $V_{daf}$/% | $S_{t,d}$/% |
| 东胜矿区 | 2-2 | 7.6 | 8.64 | 33.26 | 0.56 | 6.53 | 3.97 | 40.54 | 0.25 |

续表

| 矿区 | 煤层 | 原煤 | | | | 浮煤 | | | |
|---|---|---|---|---|---|---|---|---|---|
| | | $M_{ad}$/% | $A_d$/% | $V_{daf}$/% | $S_{t,d}$/% | $M_{ad}$/% | $A_d$/% | $V_{daf}$/% | $S_{t,d}$/% |
| 准格尔中部矿区 | 4 | 14.16 | 9.19 | 36.64 | 2.22 | 10.63 | 4.20 | 40.15 | 1.24 |
| 高头窑矿区 | 3 | 17.74 | 9.46 | 35.71 | 0.22 | 13.9 | 6.23 | 36.63 | 0.14 |
| 纳林河矿区 | 3-1 | 3.54 | 8.83 | 36.94 | 1.46 | 3.19 | 4.8 | 36.44 | 0.91 |
| 纳林希里矿区 | 4-1 | 6.9 | 9.64 | 40.6 | 0.45 | 5.18 | 3.91 | 34.03 | 0.28 |
| 新街矿区 | 3-1 | 5.33 | 8.24 | 35.33 | 0.43 | 3.5 | 3.71 | 35.51 | 0.3 |
| 上海庙矿区 | 8 | 12.47 | 12.72 | 34.98 | 1.16 | 7.34 | 6.86 | 34.52 | 0.63 |
| 塔然高勒矿区 | 3-1 | 8.7 | 12.59 | 35.79 | 0.4 | 10.11 | 6.32 | 36.71 | 0.25 |
| 台格庙矿区 | 3-1 | 6.62 | 10.35 | 32.87 | 0.51 | 5.18 | 4.29 | 33.03 | 0.36 |
| 万利矿区 | 3-1 | 10.28 | 12.21 | 36.39 | 0.86 | 11.85 | 6.75 | 37.03 | 0.28 |
| 呼吉尔特矿区 | 3-1 | 4.05 | 8.3 | 35.48 | 0.88 | 3.64 | 3.93 | 35.46 | 0.6 |

(1)水分含量：侏罗纪聚煤期煤中原煤、浮煤水分整体变化不大(图 3.3)，依据《煤的全水分分级》(MT/T 850—2000)标准，该聚煤期的煤炭国家规划矿区中水分以低全水分煤为主(LM)，在高头窑矿区、准格尔中部矿区、上海庙矿区水分含量较高(12.47%～17.74%)，属中高全水分煤(MHM)。

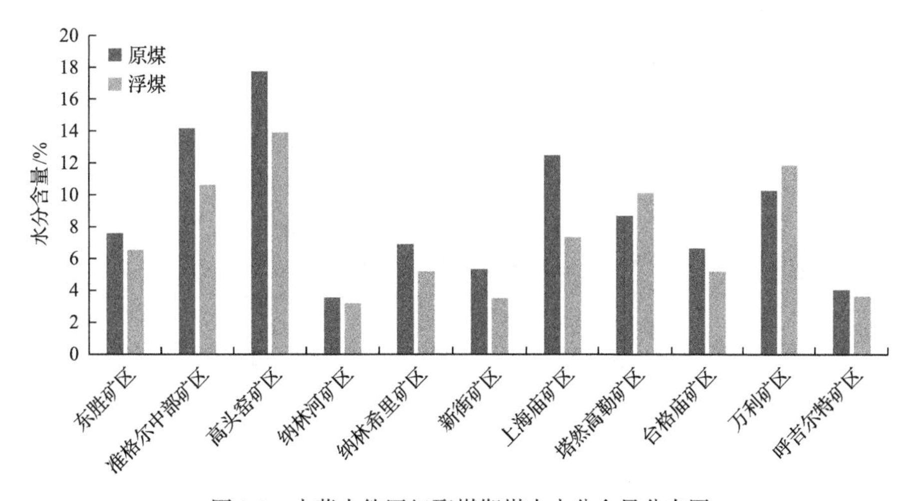


图 3.3 内蒙古侏罗纪聚煤期煤中水分含量分布图

(2)灰分产率：侏罗系延安组原煤灰分产率在平面上总体分布稳定，以特低灰煤和低灰煤为主，局部达到低中灰煤。平面上，呈现出明显北低南高的特点。各矿区原煤灰分产率较低，主要为特低灰煤，仅在上海庙矿区、塔然高勒矿区、台格庙矿区和万利矿区灰分产率略有升高，以低灰煤为主(图 3.4)，经洗选后浮煤的灰分有明显下降，基本都能达到特低灰煤(SLA)。

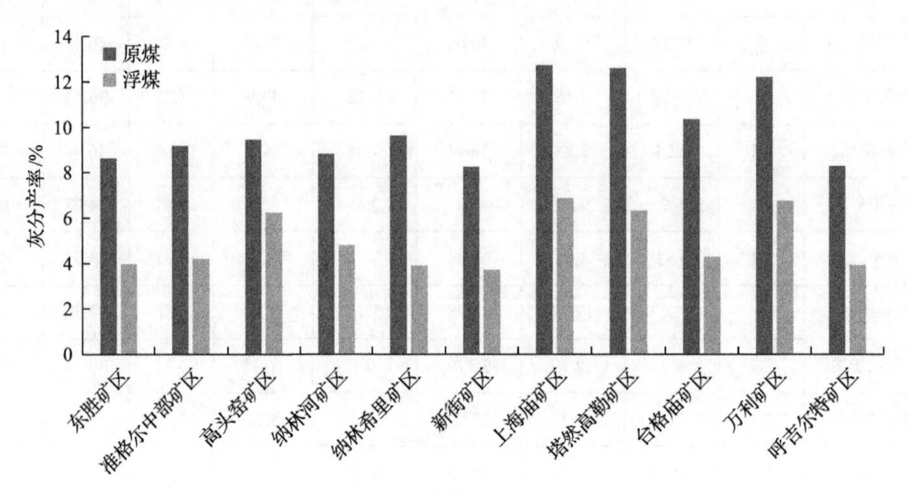


图 3.4　内蒙古侏罗纪聚煤期煤中灰分产率分布图

(3)挥发分产率：该聚煤期原煤挥发分产率变化较小，以中高挥发分煤为主，仅在纳林希里矿区原煤挥发分产率大于 37%，为高挥发分煤(HV)。平面上，呈现出由盆地边缘向盆地中心逐渐增高的趋势(图 3.5)。

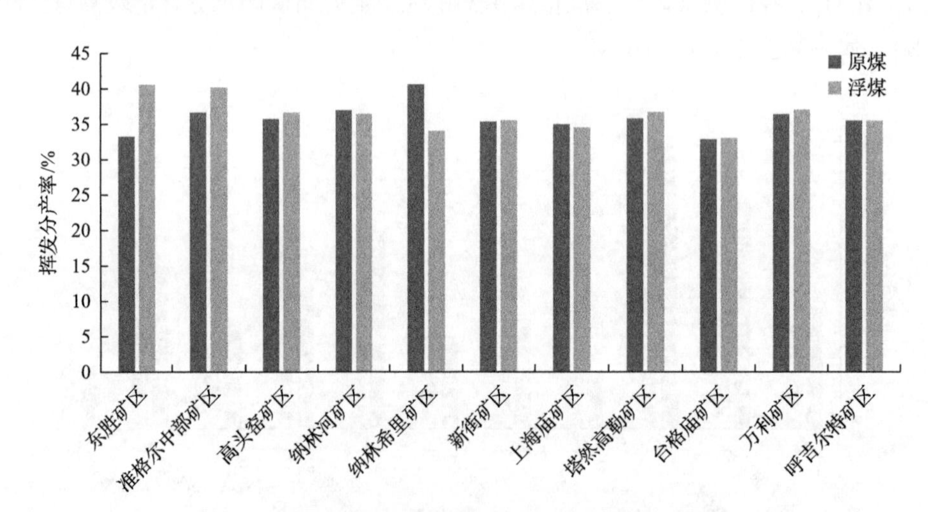


图 3.5　内蒙古侏罗纪聚煤期煤中挥发分产率分布图

(4)全硫含量：鄂尔多斯盆地延安组原煤全硫含量总体低，以特低硫煤和低硫煤为主。纳林河矿区和上海庙矿区全硫含量大于 1%，达到中硫煤，准格尔中部矿区全硫含量最高(2.2%)，达到中高硫煤。平面上分布规律不甚明显。经洗选后的浮煤硫分普遍降低，几乎都能达到特低硫煤(SLS)(图 3.6)。

(5)氢碳原子比：侏罗纪聚煤期煤中氢碳原子比普遍较低，介于 0.65～0.74，平均值为 0.69，纳林河矿区、新街矿区和呼吉尔特矿区氢碳原子比稍高，在 0.72～0.74(图 3.7)。

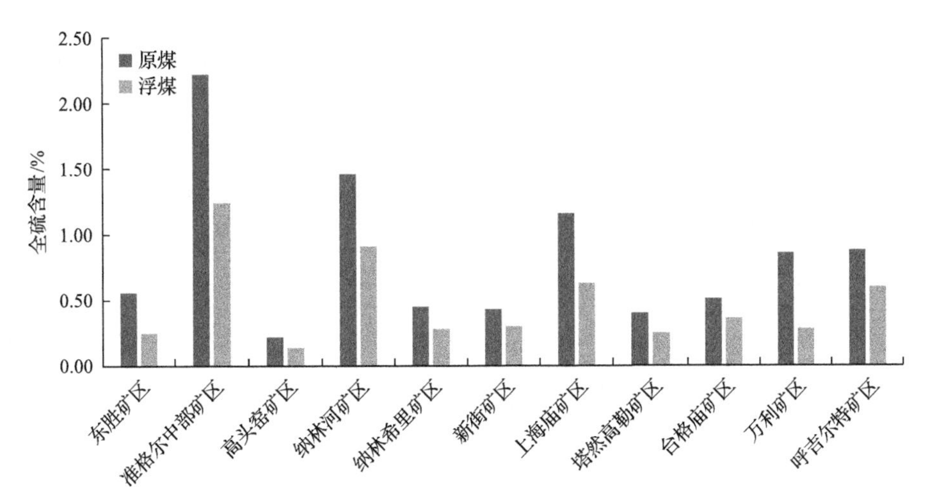


图 3.6　内蒙古侏罗纪聚煤期煤全硫含量分布图

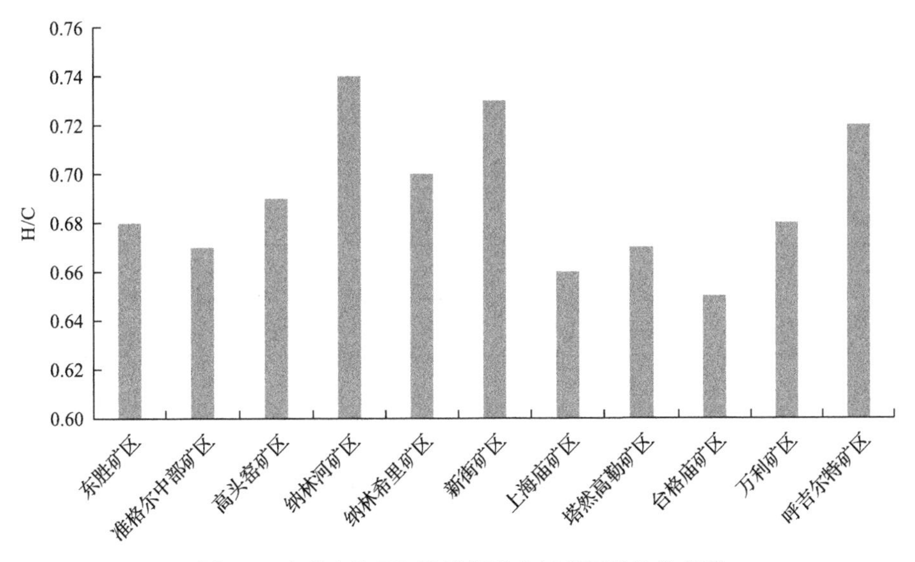


图 3.7　内蒙古侏罗纪聚煤期煤中氢碳原子比分布图

## 三、白垩纪聚煤期煤质特征

白垩纪聚煤期煤岩的煤质一般特征见表 3.7。

(1)水分含量：白垩纪聚煤期煤中原煤、浮煤水分整体变化不大，依据《煤的全水分分级》(MT/T 850—2000)标准，在该聚煤期海拉尔赋煤构造带煤层(图 3.8)主要为中等

表 3.7　白垩纪聚煤期主要矿区煤岩的煤质一般特征表

| 赋煤构造带 | 矿区 | 原煤 | | | | 浮煤 | | | |
|---|---|---|---|---|---|---|---|---|---|
| | | $M_{ad}$/% | $A_d$/% | $V_{daf}$/% | $S_{t,d}$/% | $M_{ad}$/% | $A_d$/% | $V_{daf}$/% | $S_{t,d}$/% |
| 二连赋煤构造带 | 胜利矿区 | 13.1 | 18.82 | 44.48 | 1.61 | 15.02 | 10.3 | 43.16 | 1.29 |
| | 白音华矿区 | 12.7 | 22.79 | 46.05 | 0.77 | 12.72 | 10.52 | 43.82 | 0.73 |
| | 霍林河矿区 | 16.51 | 16.51 | 44.88 | 0.4 | 12.97 | 8.95 | 43.55 | 0.3 |
| | 贺斯格乌拉矿区 | 10.74 | 24.33 | 46.84 | 0.72 | 12.35 | 12.78 | 44.85 | 0.62 |
| | 高力罕矿区 | 15.29 | 14.46 | 41.95 | 0.3 | 12.15 | 7.67 | 42.52 | 0.33 |
| | 巴其北矿区 | 12.71 | 21.86 | 47.01 | 0.54 | 13.07 | 10.72 | 45.02 | 0.55 |
| | 道特淖尔矿区 | 12.21 | 22.51 | 43.78 | 0.3 | 14.91 | 13.31 | 41.85 | 0.37 |
| | 乌尼特矿区 | 13.82 | 19.66 | 45.71 | 0.72 | 11.97 | 9.41 | 44.14 | 0.42 |
| | 五间房矿区 | 9.98 | 21.44 | 42.96 | 0.5 | 9.69 | 9.02 | 42.64 | 0.52 |
| | 巴彦胡硕矿区 | 14.42 | 20.16 | 44.98 | 0.68 | 13.74 | 10.37 | 43.12 | 0.67 |
| | 巴彦宝力格矿区 | 10.25 | 22.55 | 40.96 | 0.85 | 10.66 | 10.37 | 40.4 | 0.65 |
| | 白音乌拉矿区 | 14.64 | 14.64 | 48.34 | 2.15 | 14.18 | 9.69 | 46.94 | 1.81 |
| 海拉尔赋煤构造带 | 胡列也吐矿区 | 6.28 | 19.31 | 46.77 | 0.6 | 7.61 | 9.38 | 45.38 | 0.62 |
| | 扎赉诺尔矿区 | 9.75 | 13.04 | 43.6 | 0.43 | | | | |
| | 宝日希勒矿区 | 11.16 | 17.17 | 42.85 | 0.25 | 10.32 | 10.32 | 44.85 | 0.36 |
| | 伊敏矿区 | 9.08 | 19.2 | 45.42 | 0.27 | 11.27 | 11.39 | 44 | 0.27 |

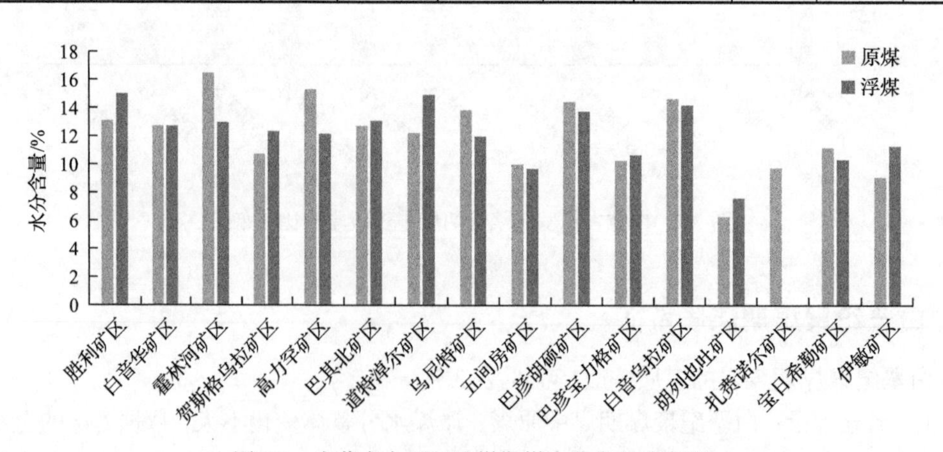


图 3.8　内蒙古白垩纪聚煤期煤水分含量分布图

全水分煤(MM)，二连赋煤构造带煤层主要为中高全水分煤(MHM)。

(2)灰分产率：海拉尔赋煤构造带原煤灰分产率平均值为 17.18%，为低灰煤(LA)；二连赋煤构造带原煤灰分产率平均值为 19.97%，在胜利矿区、霍林河矿区、高力罕矿区、乌尼特矿区和白音乌拉矿区为低灰煤，其他矿区均为中灰煤(MA)(图 3.9、图 3.10)，经洗选后浮煤灰分产率都有大幅降低。

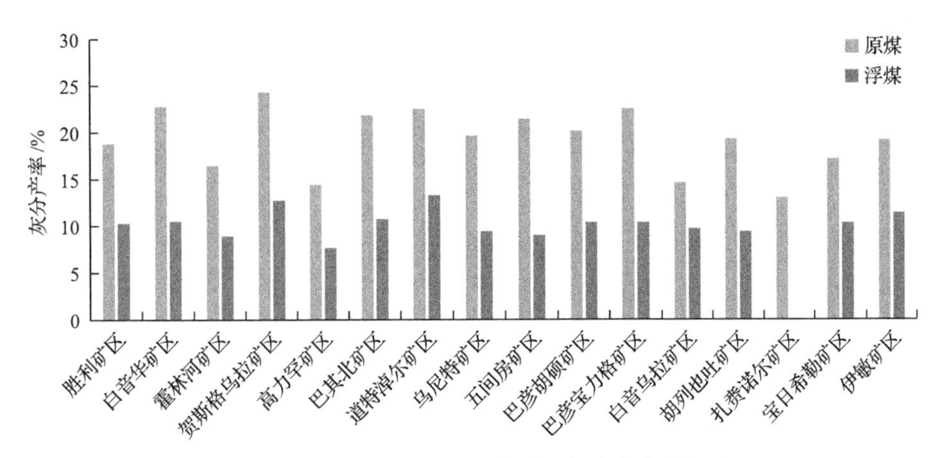


图 3.9　内蒙古白垩纪聚煤期煤中灰分产率分布图

(3)挥发分产率：海拉尔赋煤构造带各矿区挥发分产率平均值在 42%以上，均为高挥发分煤；二连赋煤构造带煤挥发分产率与海拉尔赋煤构造带煤挥发分产率相当，挥发分产率平均值为 44.68%，各矿区煤挥发分产率平均值普遍大于 40%，均以高挥发分煤为主(图 3.10)。

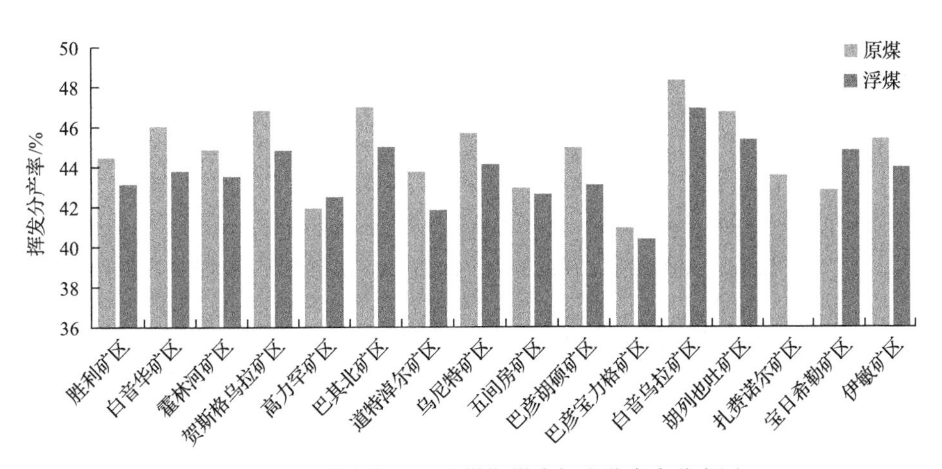


图 3.10　内蒙古白垩纪聚煤期煤中挥发分产率分布图

(4)全硫含量：海拉尔赋煤构造带以特低硫—低硫煤为主，全硫含量平均值为 0.38%，属特低硫煤；二连赋煤构造带全硫含量总体上呈北低南高的变化趋势，平均值为 0.79%，总体属于低硫煤，其中霍林河矿区、高力罕矿区、道特淖尔矿区属于特低硫煤，胜利矿区为中硫煤，白音乌拉矿区的硫含量最高(2.15%)属于中高硫煤(图 3.11)。

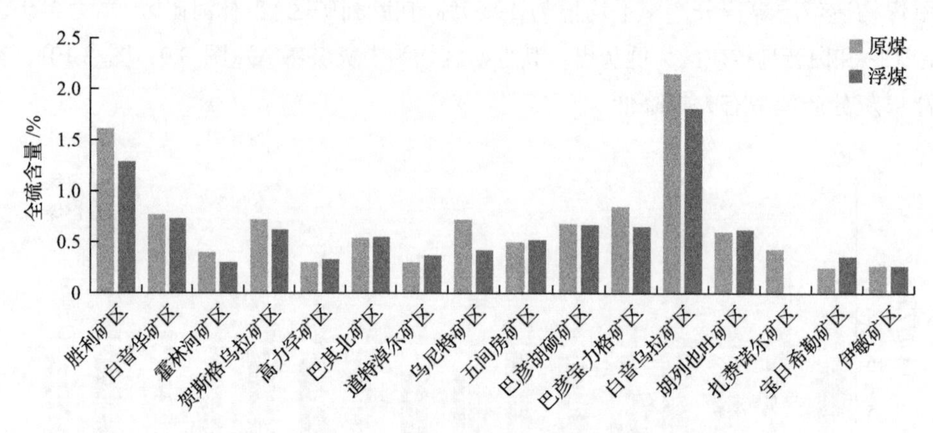


图 3.11　内蒙古白垩纪聚煤期煤中全硫含量分布图

(5)氢碳原子比值：海拉尔赋煤构造带煤氢碳原子比总体较高，平均值超过 0.75，属于优质直接液化用煤，其中宝日希勒矿区和胡列也吐矿区氢碳原子比最高。总体趋势为东北部高于西南部；二连赋煤构造带煤变质程度基本一致，但镜质组含量差异较大，部分矿区镜质组含量低，氢碳原子比平均值为 0.74，总体低于海拉尔赋煤构造带煤氢碳原子比，也是我国优质直接液化用煤的主要分布区(图 3.12)。

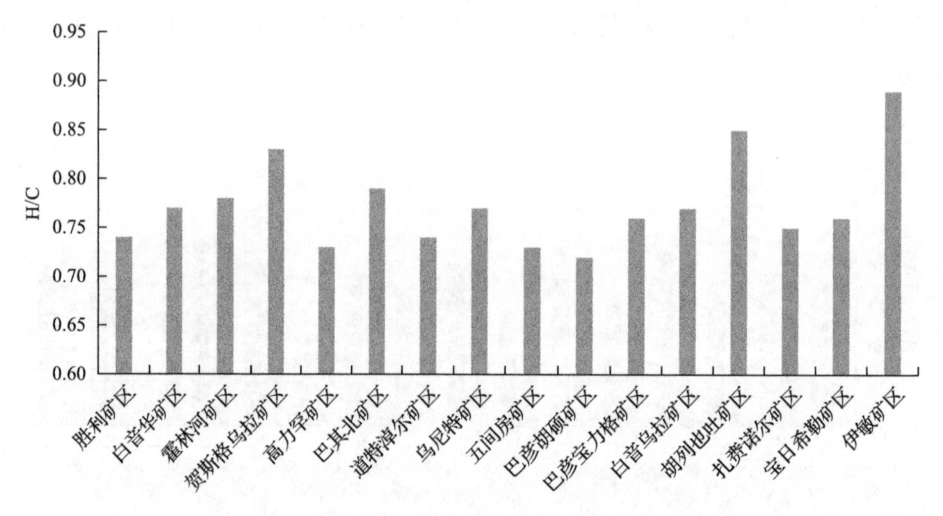


图 3.12　内蒙古白垩纪聚煤期煤中氢碳原子比分布图

内蒙古白垩纪聚煤期煤岩煤质特征分布图如图 3.13 所示。

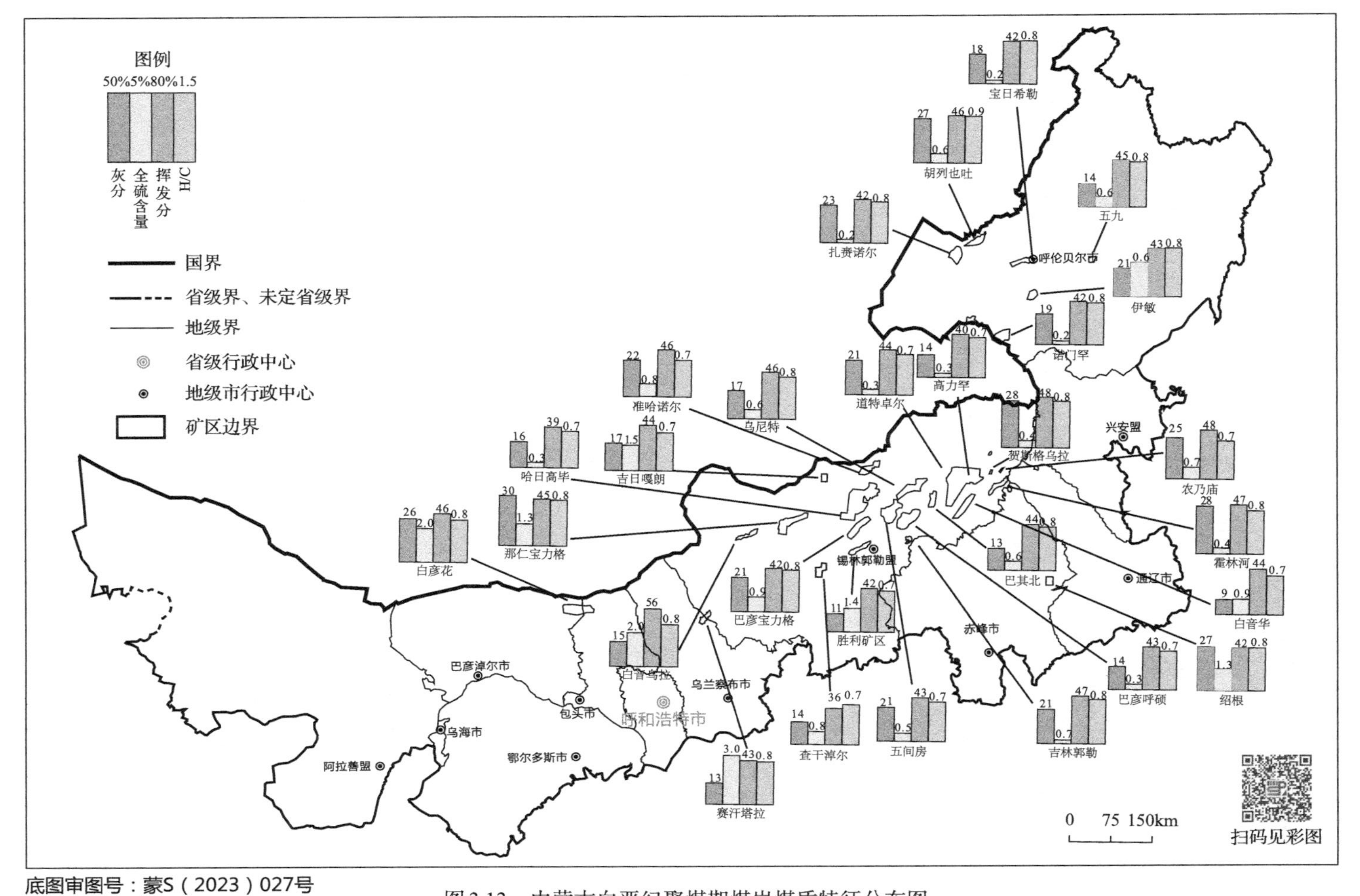


底图审图号：蒙S（2023）027号

图3.13　内蒙古白垩纪聚煤期煤岩煤质特征分布图

# 第四节 煤类特征

## 一、石炭纪—二叠纪聚煤期煤类特征

石炭纪—二叠纪聚煤期煤类以中变质炼焦煤为主，此外还有长焰煤和无烟煤，主要分布在华北赋煤构造区的桌子山—贺兰山赋煤构造带、鄂尔多斯盆地北缘赋煤构造带(图 3.14)。

(1)桌子山—贺兰山赋煤构造带，主要分布于乌海矿区和上海庙矿区。乌海矿区 9 号煤层为山西组主要可采煤层，煤类以焦煤、1/3 焦煤和肥煤为主；上海庙矿区 5 号煤层为山西组主要可采煤层，煤类以气煤、气肥煤为主。

(2)鄂尔多斯盆地北缘赋煤构造带，主要分布于准格尔矿区。准格尔矿区位于鄂尔多斯盆地东缘，5 号煤层为山西组主要可采煤层，煤的变质程度较低，煤类属长焰煤。矿区南部变质程度略高于北部，下部煤层变质程度略高于上部煤层，深部(西部预测区)变质程度有增高的趋势。

## 二、侏罗纪聚煤期煤类特征

侏罗纪聚煤期以不黏煤、长焰煤为主，有少量的焦煤和无烟煤(图 3.15)。

(1)桌子山—贺兰山赋煤构造带(上海庙矿区)，主要可采煤层为 2、4、8 号煤层，煤类为不黏煤，变化规律不明显。

(2)鄂尔多斯盆地北缘赋煤构造带(东胜矿区)，主要可采煤层为 2-2、4-1 和 5-1 号煤层，煤类以不黏煤和长焰煤为主，该区上部煤层与下部煤层的变质程度变化不大，从平面上看，特别是煤的物理性质、煤的变质程度南部略高于北部，西部的东胜矿区、西部预测区也有增高的趋势。

## 三、白垩纪聚煤期煤类特征

白垩纪聚煤期煤炭资源主要分布在海拉尔赋煤构造带、二连赋煤构造带。大兴安岭中部赋煤构造带、大兴安岭南部赋煤构造带、松辽盆地西部赋煤构造带、阴山赋煤构造带亦有分布，但较为零散(图 3.16)。

(1)海拉尔赋煤构造带，主要位于海拉尔河以南，主要煤田有扎赉诺尔、巴彦山、呼和诺尔等，煤类均以褐煤为主，局部矿区深部有长焰煤。另外伊敏矿区东北部的五牧场井田因受火成岩体热变质影响，出现多煤类现象，褐煤—贫煤均有分布。

(2)二连赋煤构造带，西起包头的白彦花矿区，东至通辽的霍林河矿区，该区域煤类以褐煤为主，极少数矿区出现长焰煤。

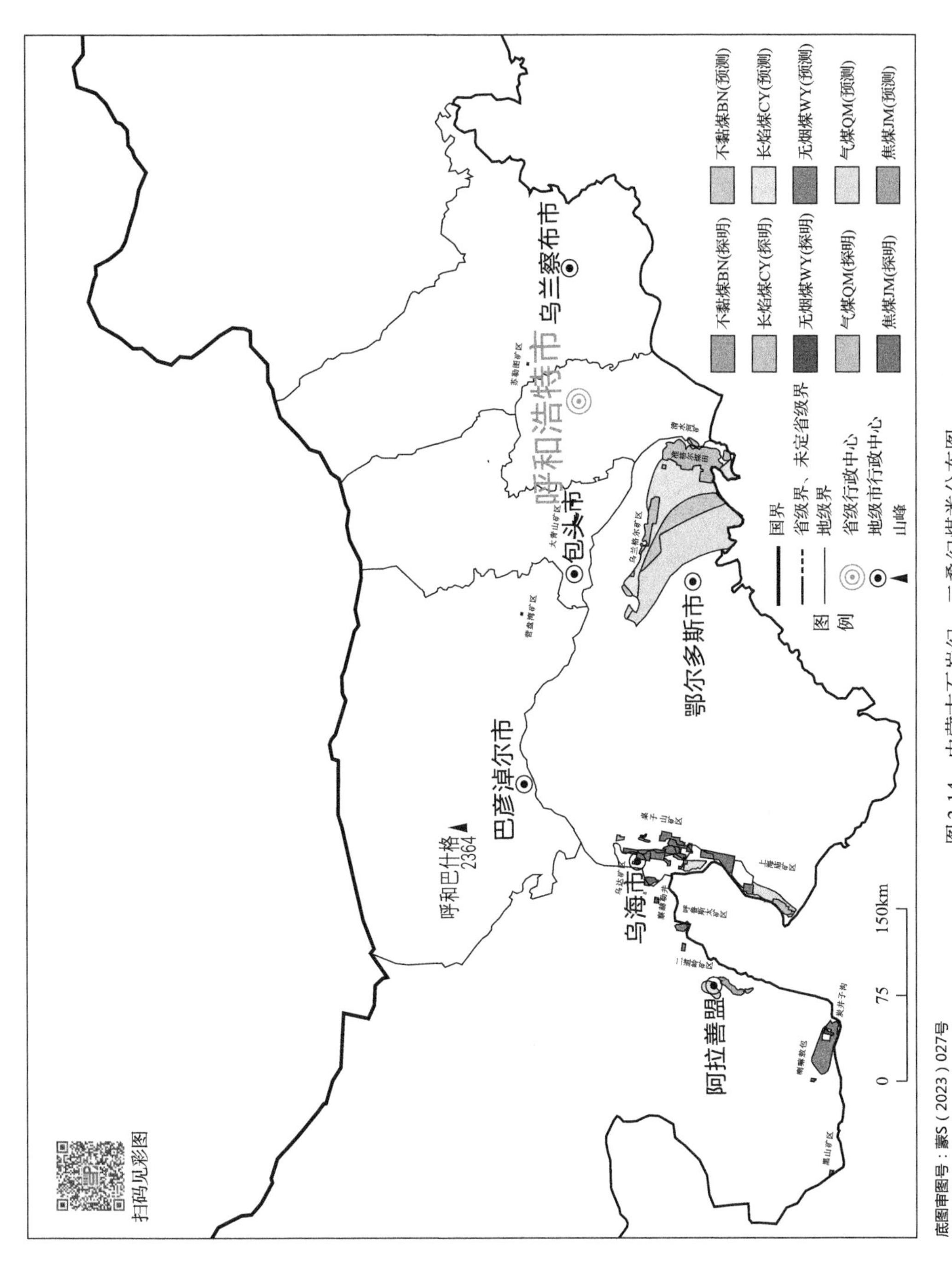


底图审图号：蒙S（2023）027号

图 3.14　内蒙古石炭纪—二叠纪煤类分布图

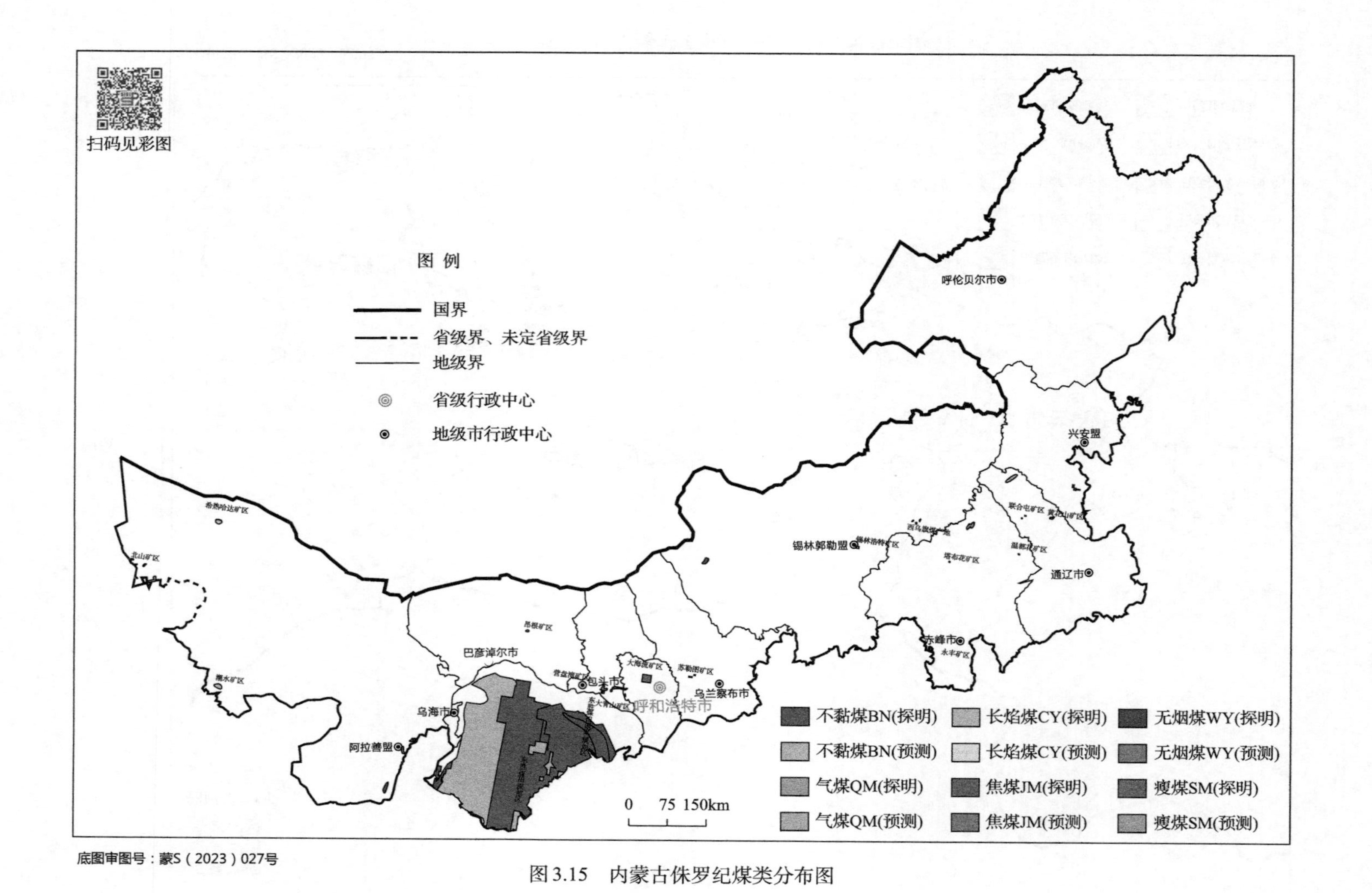


底图审图号：蒙S（2023）027号

图 3.15 内蒙古侏罗纪煤类分布图

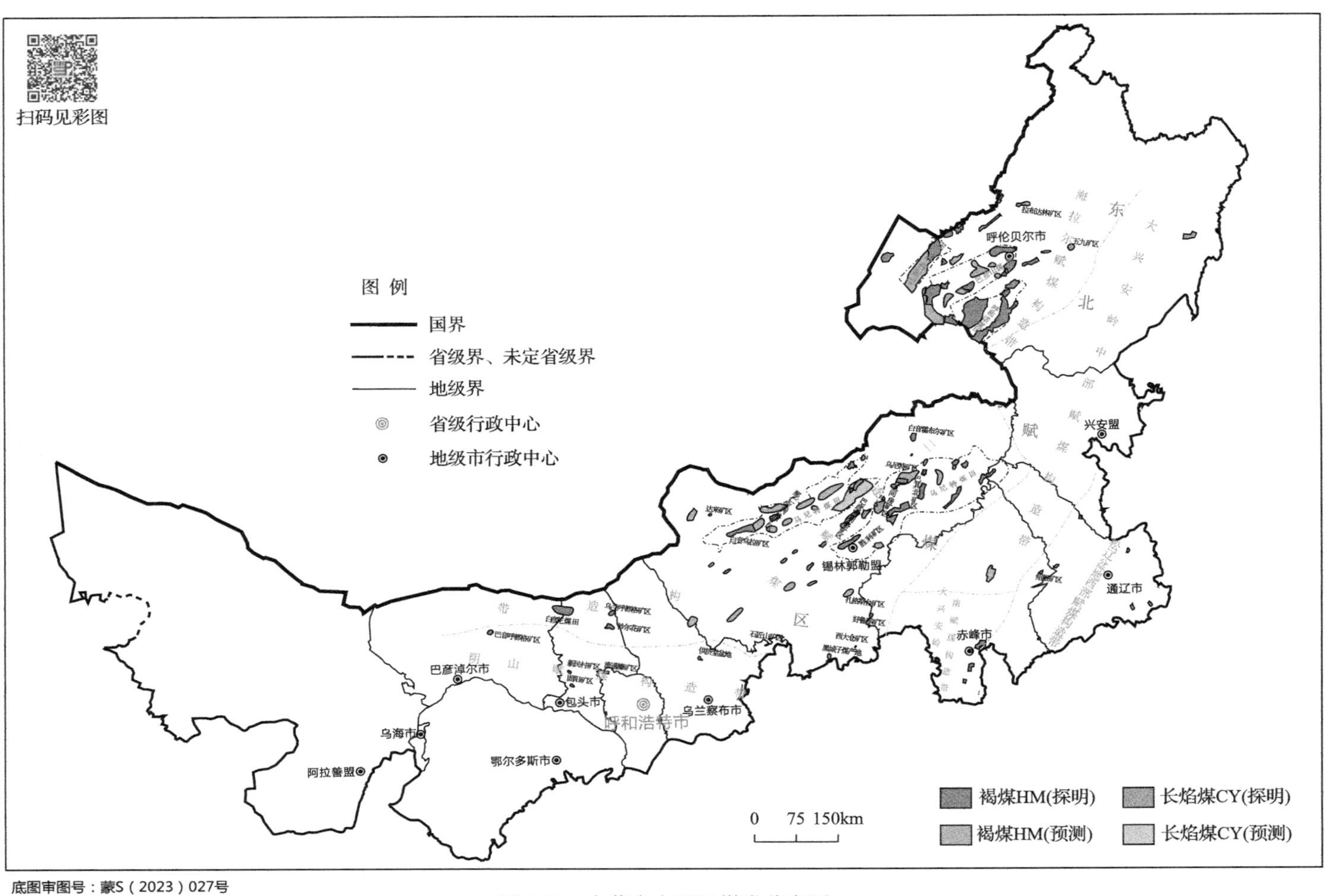


图3.16 内蒙古白垩纪煤类分布图

第四章

# 清洁用煤评价指标

本书从我国煤炭资源及清洁利用的角度出发，制定了一套完整的清洁用煤评价指标体系，用于评价我国现有煤炭资源中可用于焦化、直接液化、气化和动力等不同工业用途的优质煤炭资源，实现我国煤炭资源的分质分级及清洁高效利用。本书的资源评价方法主要针对各勘查阶段的煤炭资源和原煤。

## 第一节　评价指标体系建立原则

### (一)体系建立原则

评价指标体系从煤炭资源角度出发，可为煤炭资源分质分级评价、编图提供依据，在考虑煤炭最佳利用的前提下建立评价指标体系(宁树正，2021；唐书恒等，2006；舒歌平等，2003)。

(1)在满足煤炭焦化、直接液化、气化、动力等工业用途的前提下建立评价指标体系，对适宜的煤炭资源优先考虑作为焦化用煤。

(2)对焦化、直接液化、气化、动力等工业煤类有严格限制的，应建立基本指标，在基本指标基础上考虑技术指标。

(3)分级指标力求简单、有效、实用，为煤炭资源评价服务。

### (二)指标确定原则

(1)根据焦化、直接液化、气化、动力等工业用途对煤质指标的要求，分析探讨各煤质指标对工艺的影响，通过综合分析确定主要评价指标。

(2)参考国家标准中煤质项目指标值，根据收集的成果资料、调研和测试数据，对部分指标值进行调整优化后确定主要评价指标值。

(3)分级的目的是在主要评价指标满足清洁用煤对煤质的要求上，再划分出优质煤炭资源，为充分合理利用资源提供基础依据。

## 第二节　评价指标体系

### （一）焦化用煤

影响焦化用煤质量的因素较多，首先是合适的煤类选择，主要有 1/3 焦煤、肥煤、焦煤、瘦煤，气煤和气肥煤可作为配煤。挥发分和黏结指数是划分煤类的主要参数（乔军伟等，2019；秦云虎等，2017；陈亚飞，2006），由于已经确定了焦化用煤的煤类，因此不再考虑挥发分和黏结指数这两个指标。水分在焦化用煤中影响较小，不作为评价指标。因此焦化用煤主要考虑灰分产率（$A_d$）、全硫含量（$S_{t,d}$）、磷分（$P_d$）三个煤质指标，其中灰分产率、全硫含量为浮煤指标，适合焦化用煤评价指标体系，见表 4.1。

**表 4.1　焦化用煤评价指标体系**

| 煤类 | 指标等级 | $A_d$/% | $S_{t,d}$/% | $P_d$/% |
|---|---|---|---|---|
| 气煤 | 一级指标 | ≤8.00 | ≤0.50 | <0.05 |
| | 二级指标 | >8.00～10.00 | >0.50～1.00 | |
| 气肥煤 | 一级指标 | ≤10.00 | ≤0.75 | |
| | 二级指标 | >10.00～12.50 | >0.75～1.25 | |
| 1/3 焦煤 | 一级指标 | ≤8.00 | ≤0.50 | |
| | 二级指标 | >8.00～10.00 | >0.50～1.00 | |
| 肥煤 | 一级指标 | ≤10.00 | ≤0.75 | |
| | 二级指标 | >10.00～12.50 | >0.75～1.25 | |
| 焦煤 | 一级指标 | ≤10.00 | ≤0.75 | |
| | 二级指标 | >10.00～12.50 | >0.75～1.25 | |
| 瘦煤 | 一级指标 | ≤10.00 | ≤0.75 | |
| | 二级指标 | >10.00～12.50 | >0.75～1.25 | |

注：灰分产率、全硫含量为浮煤指标，原煤经过浮沉试验后，比重≤1.4g/cm$^3$，浮煤回收率≥40%。

### （二）直接液化用煤

影响直接液化用煤质量的因素较多，首先是合适的煤类选择，可选择年老褐煤、长焰煤、不黏煤、弱黏煤、部分气煤等低变质烟煤（张玉卓，2006；朱晓苏，1997）。

从有关资料来看，神华煤的可磨性多在 45～65，本次项目测试结果哈氏可磨性指数（HGI）平均值大于 55，并且收集的文献资料中直接液化用煤哈氏可磨性指数平均值大于 50；煤中矿物质（硫）对液化有催化作用，本次未将其列入评价指标（邓基芹等，2011；陈鹏，2007；曹征彦，1998；戴和武和马治邦，1988）。

镜质组反射率直接反映了煤级，煤中镜质组和壳质组的含量直接影响了煤的氢碳原子比和挥发分产率，煤岩指标较工业分析和元素分析指标更能准确地表征和预测煤的液化性能(宁树正等，2019；韩克明，2014；晋香兰等，2010；谢崇禹，2007；李小彦等，2005；贾明生等，2003；吴春来和舒歌平，1996)。选择具有良好液化性能的煤不仅可以得到高的转化率和油收率，使反应在较温和的条件下进行，还可以降低操作费用。

这里主要考虑挥发分产率($V_{daf}$)、镜质组最大反射率($R_{o,max}$)、氢碳原子比(H/C)、惰质组含量($I$)、灰分产率($A_d$)五个技术指标，提出直接液化用煤评价指标体系(表 4.2)。

**表 4.2　直接液化用煤评价指标体系**

| 指标分级 | 评价指标 | | | | |
|---|---|---|---|---|---|
| | $V_{daf}$/% | $R_{o,max}$/% | H/C | $I$/% | $A_d$/% |
| 一级指标 | ＞35.00 | ＜0.65 | ＞0.75 | ≤15.00 | ≤12.00 |
| 二级指标 | | | ≥0.70～0.75 | ＞15.00～35.00 | ＞12.00～25.00 |

注：H/C 以干燥无灰基表示；$I$ 为去矿物基。

## (三)固定床气化用煤

水分含量对固定床气化用煤影响较小，这里不作为主要评价指标。因此主要考虑黏结指数($G$)、煤灰熔融性温度(软化温度 ST、流动温度 FT)、块煤热稳定性($TS_{+6}$)、灰分产率($A_d$)等指标，固定床气化用煤评价指标体系见表 4.3。

**表 4.3　固定床气化用煤评价指标体系**

| 指标分级 | $G$ | 煤灰熔融性温度 | | $TS_{+6}$/% | | $A_d$/% |
|---|---|---|---|---|---|---|
| | | ST/℃ | FT/℃ | 常压 | 加压 | |
| 一级指标 | ≤20 | ≥1250 | ≤1250 | ＞60 | ＞80 | ＜25 |
| 二级指标 | ＞20～50 | ≥1050～1250 | ＞1250～1450 | | | |

## (四)流化床气化用煤

由于流化床气化用煤为含灰 30%～50%的高灰煤，含水煤无需干燥，对全硫含量要求较低，因此灰分产率、水分含量、全硫含量不作为评价指标。流化床气化用煤主要考虑950℃下煤对$CO_2$反应性($\alpha$)、煤灰熔融性软化温度(ST)、黏结指数($G$)三个煤质指标。流化床气化用煤评价指标体系见表 4.4。

**表 4.4　流化床气化用煤评价指标体系**

| 指标分级 | $\alpha$/% | ST/℃ | $G$ |
|---|---|---|---|
| 一级指标 | ≥80 | ≥1050 | ≤20 |
| 二级指标 | ＞60～80 | | ＞20～35 |

（五）水煤浆气流床气化用煤

对于水煤浆气化而言，水煤浆气化过程中硫可通过脱硫工艺制硫黄，气化工艺对硫分要求较低；成浆浓度可通过内水和哈氏可磨性指数进行表征，因此本次全硫含量、成浆浓度不作为评价指标。水煤浆气流床气化用煤评价指标主要考虑煤灰熔融性流动温度(FT)、水分含量($M_{ad}$)、哈氏可磨性指数(HGI)、灰分产率($A_d$)四项评价指标(表 4.5)。

**表 4.5　水煤浆气流床气化用煤评价指标体系**

| 指标分级 | FT/℃ | $M_{ad}$/% | HGI | $A_d$/% |
|---|---|---|---|---|
| 一级指标 | ≤1350 | ≤10 | ＞60 | ≤10 |
| 二级指标 | | | ≥50～60 | ＞10～25 |

（六）干煤粉气流床气化用煤

对于干煤粉气化而言，干煤粉气化工艺不但适宜低水分的烟煤，而且高水分的褐煤也可作为气化用煤，工艺对煤中水分要求范围较宽松；干煤粉气化过程中硫可通过脱硫工艺制硫黄，气化工艺对硫分要求较低；哈氏可磨性对于干煤粉气化的影响主要为增加磨煤机运行负荷，降低磨煤机产量，因此这里水分含量、全硫含量、哈氏可磨性指数不作为评价指标。干煤粉气流床气化用煤评价指标主要考虑煤灰熔融性流动温度(FT)、灰分产率($A_d$)两项评价指标(表 4.6)。

**表 4.6　干煤粉气流床气化用煤评价指标体系**

| 指标分级 | FT/℃ | $A_d$/% |
|---|---|---|
| 一级指标 | ≤1450 | ≤20 |
| 二级指标 | | ＞20～35 |

## 第三节　清洁用煤资源评价方法

在系统收集煤田地质勘查报告、煤矿储量核实报告等资料的基础上，采用地质调查、采样测试、综合编图等技术方法，以煤岩煤质特征为基础研究清洁用煤技术要求，厘定焦化、直接液化、气化用煤分级标准，从资源特征角度评价其开发利用潜力，分类统计清洁用煤资源量，摸清全国清洁用煤资源家底，为促进生态文明建设及清洁用煤资源高效合理利用提供科学依据。

### 一、煤质基本数据统计

将井田或勘查区作为基本评价单元，采用加权平均方法，分别统计所有参评基本单元的计算参数。基本数据包括挥发分产率($V_{daf}$)、镜质组最大反射率($R_{o,max}$)、氢碳原子比(H/C)、全硫含量($S_{t,d}$)、灰分产率($A_d$)等煤岩煤质参数，如果缺乏实测数据，则可采用地质类比法获得相关数据，划分焦化、直接液化和气化用煤的类型与级别。

## 二、煤质基础图件编制

在清洁用煤专项地质调查的基础上，充分整理以往地质勘查资料，以煤类分布作底图，完成重点矿区各个井田煤层对比，并挑选具有代表性的煤质化验成果开展主要煤质特征分布图编制。基础图件包括清洁用煤资源潜力评价图、挥发分产率等值线图、氢碳原子比等值线图、灰分产率等值线图、全硫含量等值线图等。根据各重点矿区的不同成图范围，在1∶25万～1∶5万范围内选用合适的成图比例尺，局部重点区如有必要可制作局部放大图。等值线图基础数据选择原则是：1∶25 万等值线图编制的原始数据密度不少于4点/100km$^2$。

挥发分产率等值线图：专题要素包括挥发分产率(浮煤)等值线、调查矿区主要挥发分产率范围及基本特征。以挥发分产率35%为界(直接液化用煤对挥发分的要求)，按照1%或2%等的间距(以反映变化趋势为原则)，对主要等值线的数值进行标注。

氢碳原子比等值线图：专题要素包括氢碳原子比等值线(干燥无灰基)、主采煤层氢碳原子比、最大镜质组反射率基本情况简介。氢碳原子比等值线(干燥无灰基)按照0.01、0.02或0.05等的间距编制等值线，并对主要等值线的数值进行标注。

灰分产率等值线图：专题要素包括原煤灰分产率等值线、主采煤层灰分产率范围及基本特征简介。灰分产率等值线按照2%或5%的间距编制等值线，并对主要等值线的数值进行标注。

全硫含量等值线图：专题要素包括全硫含量等值线、主采煤层全硫含量分布范围及基本情况简介。全硫含量按照0.25%或0.5%的间距(以图面美观为原则)编制等值线，并对主要等值线的数值进行标注。

## 三、清洁用煤资源评价

依据煤炭国家规划矿区范围及边界，按照煤质主要指标分布特征及清洁用煤评价指标体系划定清洁用煤的分布范围及特殊用途，以煤炭国家规划矿区为单元，根据国家规划矿区内所有的井田(勘查区)主采煤层资源量估算图编制国家规划矿区清洁用煤资源评价图，有多层主采煤层的要分别编制(宁树正，2021)。专题要素包括清洁用煤资源分布范围及资源量、主采煤层清洁用煤划分及资源量分布情况。

### (一)煤炭资源勘查现状

对不同井田的勘查程度进行划分，划分出已利用井田、达到可利用程度井田、未达到可利用程度井田三种。其中已利用井田包括生产矿井、在建矿井；达到可利用程度井田包括勘查程度为勘探、详终、普终的井田；未达到可利用程度井田包括勘查程度为预查、普查、详查的井田。已利用井田、达到可利用程度井田合称为可供开发利用井田，其资源量称为可供开发利用资源量。

## (二)清洁用煤资源量估算

按照有所侧重、突出重点的原则，对焦化、直接液化、气化用煤的分级与资源量进行统计。根据清洁用煤分类指标，在划分基本评价单元(主采煤层)的清洁用煤类型及级别的基础上，系统收集最新批复矿区内各个井田(勘查区)的最新地质报告，以井田为单位分级分类统计清洁用煤资源量。国家规划矿区的焦化、直接液化、气化用煤资源/储量由矿区内各井田(勘查区)焦化、直接液化、气化用煤资源量累加。

各井田(勘查区)根据焦化、直接液化、气化用煤评价指标确定其基本评价单元(主采煤层)归属的清洁用煤类型，即各类清洁用煤资源量不进行重复计算。对于已关闭或停产的矿井收集该矿井的最新地质报告，按照技术要求统计相关数据；对个别难以收集较全面资料的矿井，可参照全国煤炭潜力评价、全国矿产资源量核查相关数据或根据地质资料结合生产情况对其剩余资源进行估算。

资源量估算从三个属性进行分级，每一个属性都有 2～3 个分级，具体框架见图 4.1。*X* 轴为清洁用煤(焦化用煤、直接液化用煤、气化用煤)煤质评价分级(一级指标、二级指标)，具体分级指标见本章第二节；*Y* 轴为勘查开发利用程度(已利用、达到可利用、未达到可利用)；*Z* 轴为矿(井)田规模(大型、中型、小型)。

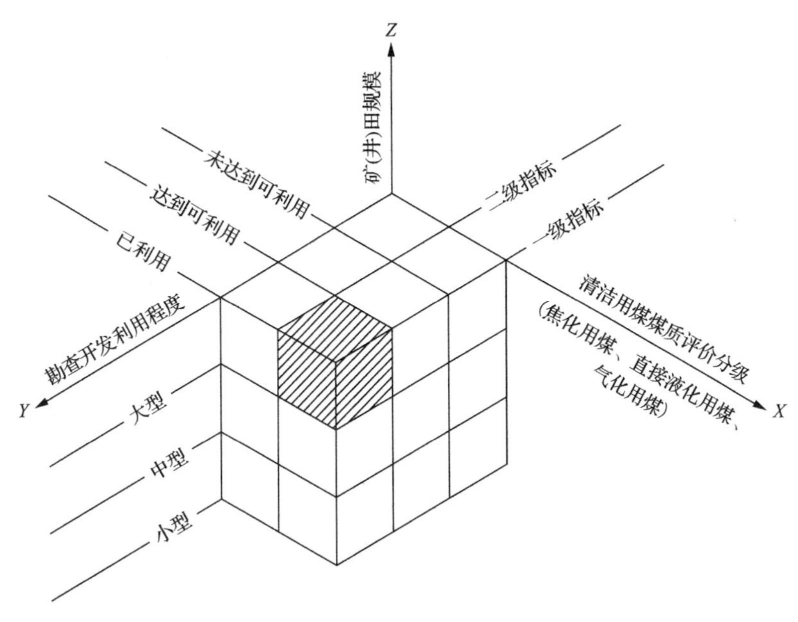


图 4.1　清洁用煤资源分类分级评价框架图

“已利用清洁用煤资源量”简称“已利用”；“可供开发的清洁用煤资源量”简称“达到可利用”；“未达到可利用的清洁用煤资源量”简称“未达到可利用”；大型指大于 10000 万 t；中型指 5000 万～10000 万 t；小型指小于 5000 万 t

第五章

# 重点矿区煤炭资源清洁利用评价

## 第一节 准格尔矿区

### 一、矿区概述

准格尔矿区位于内蒙古自治区鄂尔多斯市东部，北起东孔兑乡，南至榆树湾镇，东临黄河，西以煤田预测垂深600m为界。南北长65km，东西宽21km，面积为1365km$^2$。截至2015年底，准格尔矿区核定生产能力18065万t，从北向南分布有孔兑沟、不连沟、唐家会、玻璃沟、唐公塔(一号、二号)、龙王沟、黑岱沟、哈尔乌素、酸刺沟、黄玉川、石岩沟、青春塔、长滩、罐子沟、榆树湾和红树梁16个主要煤矿区，局部零星分布官板乌素井田、兴隆黑岱沟井田、金正泰露天矿、大饭铺井田、蒙祥露天矿等一些规模较小的煤矿区，将分布在黄河西岸的多个规模较小的井田整体划归为小型煤矿整合区。准格尔矿区总的构造轮廓为一东部隆起、西部拗陷，走向近南北，向西倾斜的单斜构造。北端地层走向转为北西向，倾向南西，南端地层走向转为南西—东西向，倾向北西或北，倾角一般小于 10°，构造形态简单。准格尔矿区属华北石炭纪—二叠纪煤田，该区主要含煤地层为上石炭统太原组和下二叠统山西组(张建强等，2022a；霍超等，2020)。其中以太原组含煤性最好，含煤4层，其中6、9号煤层为主要开采煤层。

### 二、煤岩煤质特征

该区主要含煤地层为上石炭统太原组和下二叠统山西组，山西组含煤3层，为3、4、5号煤层，不稳定—极不稳定，其中4、5号煤层局部可采；太原组含煤4层，为6、8、9、10号煤层，较稳定—极不稳定，其中6、9号煤层为该区主要可采煤层。6号煤层平均厚20m，其表现为中部厚、南北薄，北部平均厚18.85m，中部黑岱沟区最为发育，平均厚26m，至南部变薄并明显分叉，平均厚16.84m(图5.1)。

#### (一)煤质特征

(1)水分含量：准格尔矿区6号煤层原煤水分含量为1.20%～23.3%，平均4.86%；

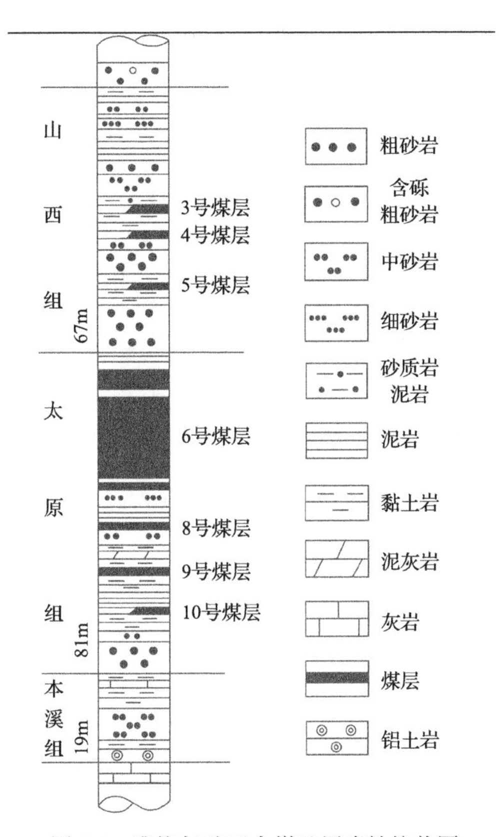


图 5.1　准格尔矿区含煤地层岩性柱状图

浮煤水分含量为 1.37%～15.94%，平均 5.03%。

(2)灰分产率：灰分产率的高低会影响油的产率，灰分过高会造成煤化工工艺管道系统堵塞和设备磨损，从而影响气化炉的安全运行(杜芳鹏等，2018；高聚忠，2013)。准格尔矿区 6 号煤层原煤灰分产率为 6.23%～39.9%，平均 21.72%，经洗选后灰分产率大幅降低。

按《煤炭质量分级 第 1 部分：灰分》(GB/T 15224.1—2018)中煤炭资源评价灰分分级，准格尔矿区 6 号煤层主要为低灰煤，其次为中灰煤，含少量特低灰煤和中高灰煤，洗选后，大部分灰分产率小于 10%，以特低灰煤为主，其次为低灰煤，极少数为中灰煤(图 5.2)。平面上，全区原煤灰分以低灰煤和中灰煤占大面积，仅矿区南部长滩露天矿田和魏家峁露天矿零星区域为中高灰煤；总体上，原煤灰分展布特征表现为由矿区中部向南部、北部增大，由低灰煤渐变至中灰煤(图 5.3)。浮煤灰分产率与原煤灰分产率具有高度正相关性，因而其总体分布规律与原煤相近，但灰分产率总体下降明显。

(3)挥发分产率：煤的挥发分产率与液化性能呈良好的线性关系，挥发分产率越高，越适合液化(李聪聪等，2020，2017)。准格尔矿区 6 号煤层原煤挥发分产率为 27.12%～55.2%，平均 38.54%，洗选后挥发分产率无明显变化。

按《煤的挥发分产率分级》(MT/T 849—2000)，准格尔矿区 6 号煤层原煤挥发分产

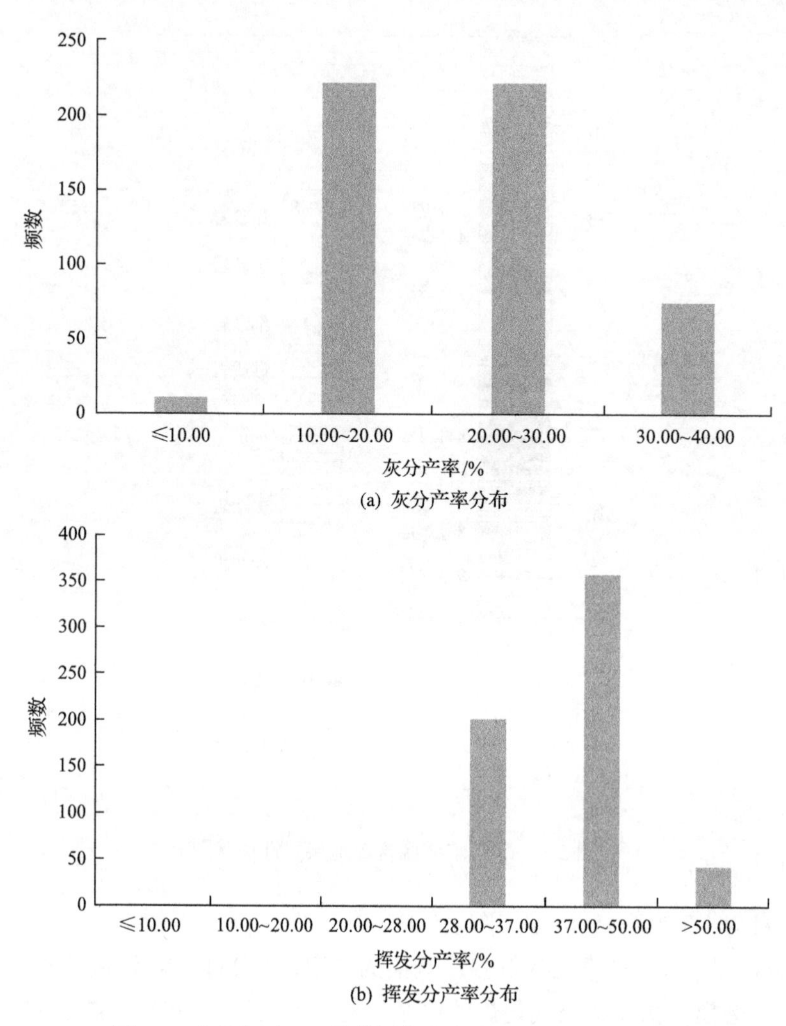

(a) 灰分产率分布

(b) 挥发分产率分布

图 5.2 准格尔矿区 6 号煤层灰分产率和挥发分产率分布

率集中在 35.0%～39.0%，为中高挥发分煤和高挥发分煤，仅小部分为中挥发分煤；洗选后，浮煤挥发分产率变化较小，分布范围与原煤近一致。平面上，矿区大部分区域原煤的挥发分产率大于 37%，仅酸刺沟井田和魏家峁露天矿部分区域低于 37%。

(4) 全硫含量：硫分在煤炭液化转化过程中具有催化作用。准格尔矿区 6 号煤层原煤全硫含量为 0.01%～2.82%，平均 0.72%(图 5.4)。按《煤炭质量分级 第 2 部分：硫分》(GB/T 15224.2—2021) 中煤炭资源评价硫分分级，准格尔矿区 6 号煤层原煤主要为特低硫煤—低硫煤，少部分为中硫煤；洗选后，浮煤绝大部分为特低硫煤—低硫煤，极少数为中硫煤。平面上，大部分区域全硫含量小于 1.0%，在矿区北部的唐公塔一号井田、中部的酸刺沟井田、南部的红树梁井田部分区域大于 1.0%，甚至大于 2.0%，达到中硫煤。总体上，由北向南，中硫煤区域呈间隔分布。

(5) 氢碳原子比：氢碳原子比是评价煤炭液化性能的关键指标，煤中氢碳原子比与煤的转化率存在较好的正相关性，煤的转化率随氢碳原子比增大而增大。准格尔矿区 6

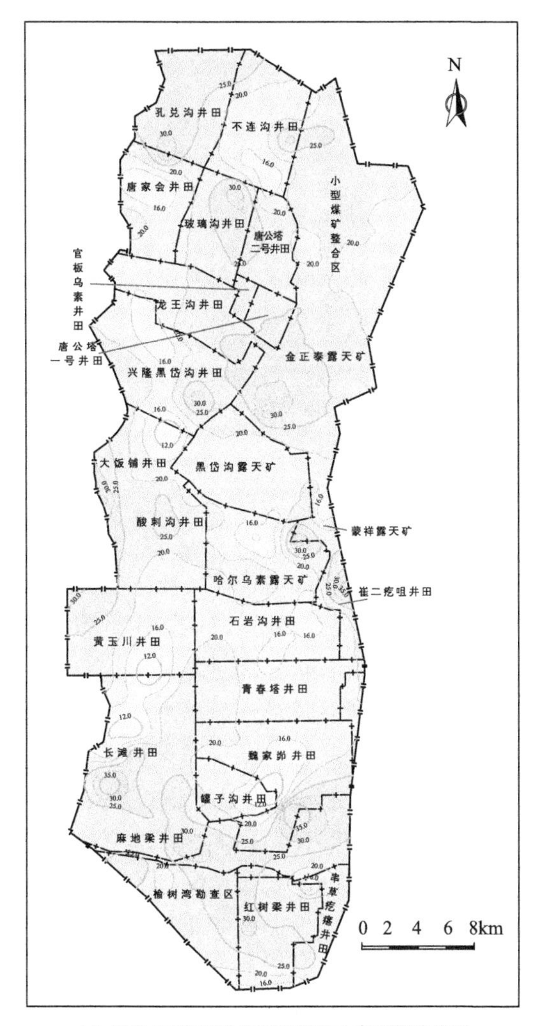

(a) 准格尔矿区6号煤层原煤灰分产率等值线图

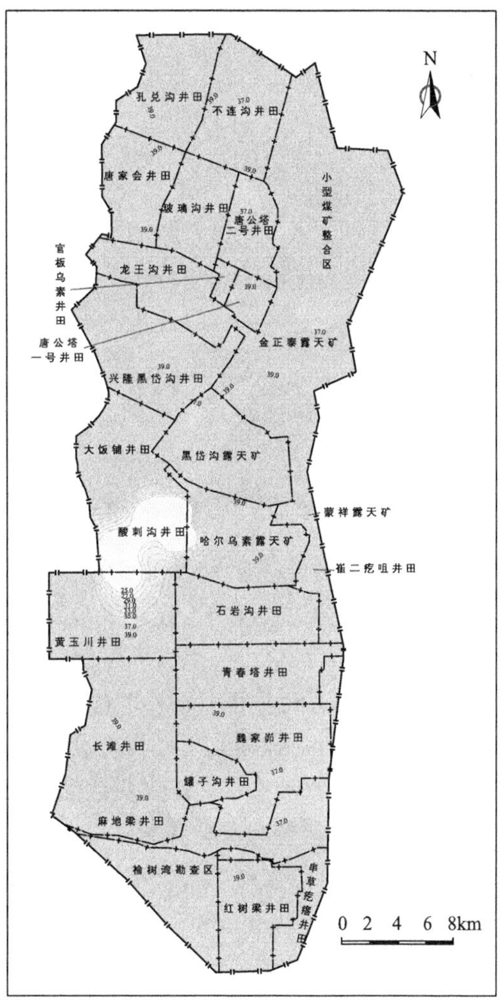

(b) 准格尔矿区6号煤层原煤挥发分产率等值线图

图 5.3　准格尔矿区 6 号煤层原煤灰分产率和挥发分产率等值线图(单位：%)

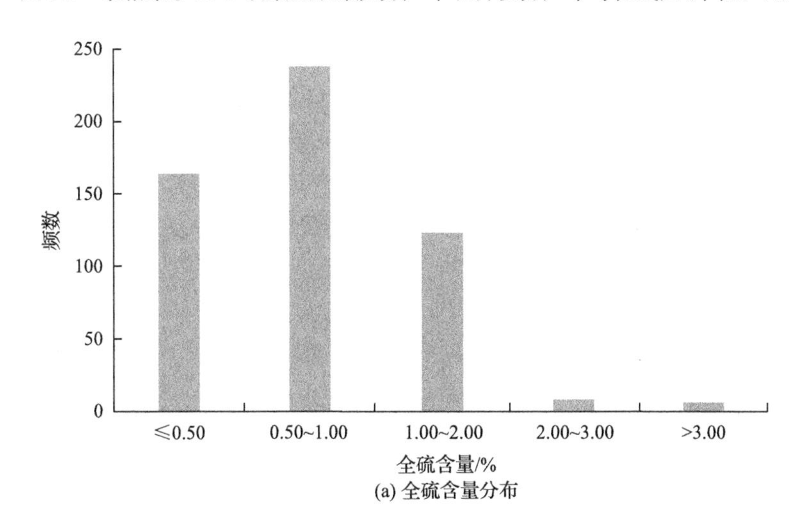


(a) 全硫含量分布

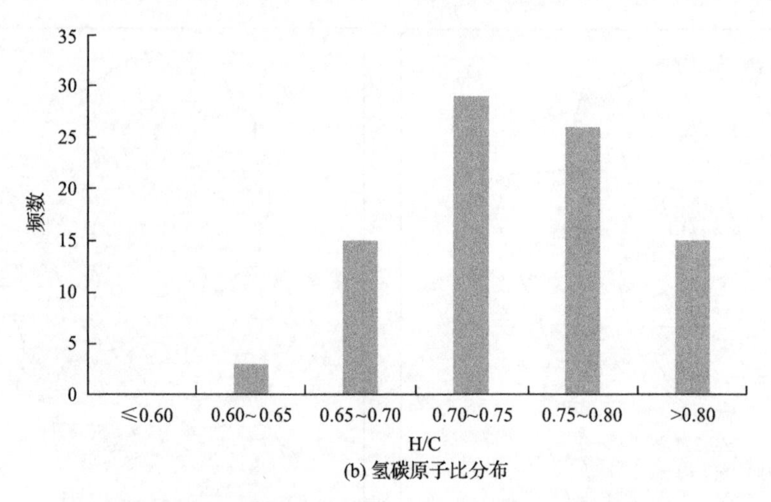

(b) 氢碳原子比分布

图 5.4　准格尔矿区 6 号煤层全硫含量和氢碳原子比分布

号煤层原煤氢碳原子比为 0.61～0.96，平均 0.75（图 5.4）。平面上，矿区绝大部分区域氢碳原子比为 0.70～0.75，仅矿区中部龙王沟井田、兴隆黑岱沟井田及矿区南部青春塔井田相对较低；总体上，氢碳原子比由北向南有所增大，局部亦有特别情况（图 5.5）。

（6）煤灰熔融性温度：煤灰熔融性是影响煤炭气化的重要因素之一，煤灰熔融性软化温度或流动温度对碳转化率、排渣量和气化效率有影响，同时也是煤炭气化炉工艺设计的重要指标。根据准格尔矿区煤质数据统计，6 号煤层煤灰熔融性软化温度（ST）在 1240～1500℃（图 5.6），绝大部分井田 6 号煤层煤灰熔融性软化温度小于 1500℃。参考煤灰熔融性温度范围划分为易熔灰分（ST＜1160℃）、中等熔融灰分（ST 为 1160～1350℃）、难熔灰分（ST 为 1350～1500℃），可确定准格尔矿区煤灰熔融性绝大部分属于难熔灰分，其次为中等熔融灰分。

（7）煤的黏结指数：煤的黏结指数是评价煤的黏结性能的一个指标。原煤黏结指数较高时，气化过程中会在干馏层产生胶质结焦，使得气流在料层中分布不均，进而导致气固接触不良，最终影响气化产物质量和产量，严重时还会影响气化工艺正常运行。根据准格尔矿区煤质数据统计，6 号煤层的黏结指数为 0～16，因此判断其为不黏结煤或弱黏结煤。

（8）热稳定性：热稳定性过低的煤易在气化工程中产生细粒和煤末，妨碍气流流动，进而影响气化过程的正常运行。根据准格尔矿区煤质数据统计，6 号煤层的热稳定性为 68.60%～99.10%（图 5.6），平均为 90.67%。按照《煤的热稳定性分级》（MT/T 560—2007），准格尔矿区绝大多数属于高热稳定性煤（HTS），其次为较高热稳定性煤（RHTS）。

## （二）煤岩特征

煤岩学就是用岩石学的观点和方法来研究煤的组成、成分、类型、性质等，主要研究领域是煤的显微镜学。煤的煤岩学特征包括宏观煤岩特征和显微煤岩特征。准格尔矿区 6 号煤层在勘探过程中取得了较多煤岩特征资料，这里在前人基础上，针对性地补充了部分显微煤岩特征工作。

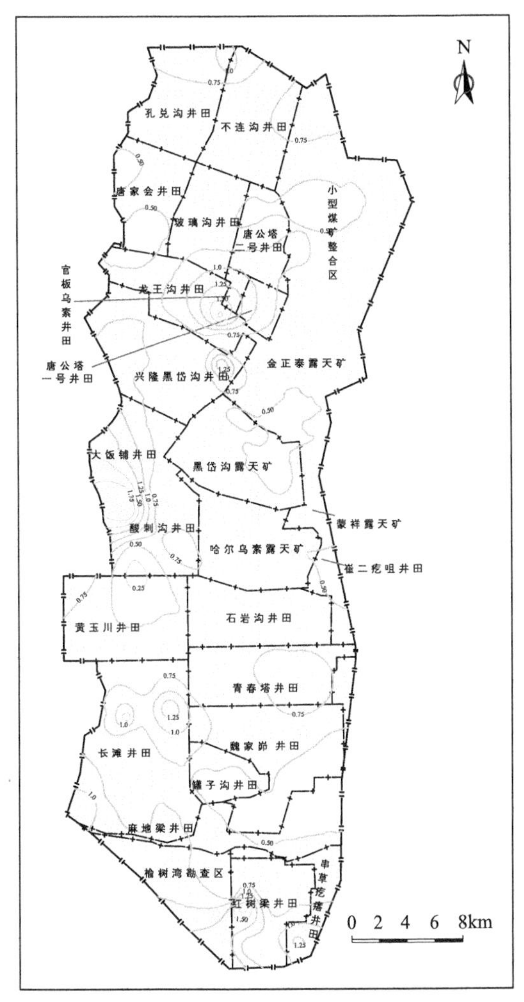


(a) 准格尔矿区6号煤层原煤全硫含量等值线图

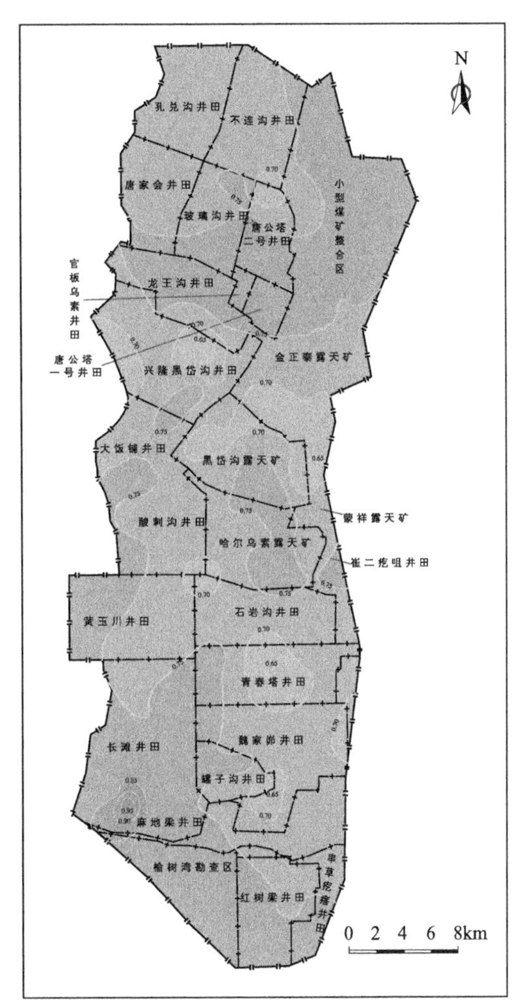


(b) 准格尔矿区6号煤层原煤氢碳原子比等值线图

图 5.5 准格尔矿区 6 号煤层原煤全硫含量和氢碳原子比等值线图(单位：%)

### 1. 宏观煤岩特征

准格尔矿区内煤呈黑色，条痕褐黑—黑褐色，弱沥青—沥青光泽，层面具丝绢光泽。内、外生裂隙不发育，脆性差，断口一般为阶梯状、参差状及贝壳状。条带状、均一状结构，层状、块状构造。6 号煤层宏观煤岩组分以暗煤、亮煤为主，含镜煤条带及丝炭线理，为半暗型—半亮型煤。

### 2. 显微煤岩特征

准格尔矿区各煤层有机质含量高，平均在 87.77%，显微煤岩组分以镜质组和惰质组为主，含少量壳质组，6 号煤层显微组分含量见表 5.1。

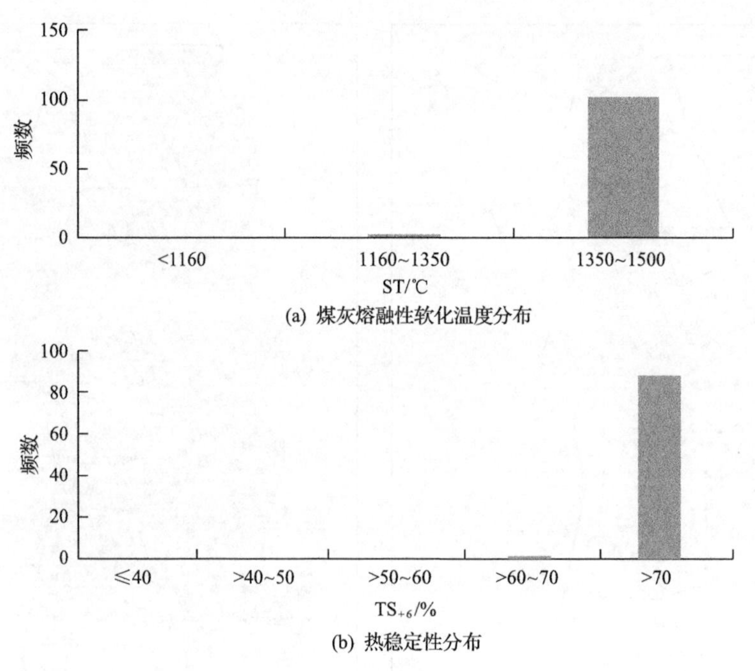


(a) 煤灰熔融性软化温度分布

(b) 热稳定性分布

图 5.6 准格尔矿区 6 号煤层煤灰熔融性软化温度与热稳定性分布

**表 5.1 准格尔矿区 6 号煤层显微组分含量统计表** （单位：%）

| 序号 | 井田 | 去矿物基 | | | $R_{o,max}$ |
|---|---|---|---|---|---|
| | | 镜质组 | 惰质组 | 壳质组 | |
| 1 | 哈尔乌素露天矿 | 46.88 | 50.03 | 3.09 | 0.61 |
| 2 | 黑岱沟露天矿 | 43.89 | 51.48 | 4.63 | 0.61 |
| 3 | 黄玉川井田 | 40.43 | 52.48 | 7.09 | 0.65 |
| 4 | 大饭铺井田 | 45.11 | 45.87 | 9.02 | 0.67 |
| 5 | 小型煤矿整合区(孙家壕煤矿) | 43.45 | 52.88 | 3.66 | 0.63 |
| 6 | 兴隆黑岱沟井田 | 46.39 | 46.90 | 6.71 | 0.60 |
| 7 | 官板乌素井田 | 50.00 | 44.74 | 5.26 | 0.67 |
| 8 | 金正泰露天矿 | 47.82 | 44.10 | 8.08 | 0.59 |
| 9 | 蒙祥露天矿 | 48.65 | 43.92 | 7.43 | 0.67 |
| 10 | 崔二疙咀井田 | 42.31 | 54.49 | 3.20 | 0.60 |
| 11 | 龙王沟井田 | 39.33 | 50.00 | 10.67 | 0.64 |
| 12 | 长滩露天矿田 | 52.47 | 32.10 | 15.43 | 0.64 |
| 13 | 麻地梁井田 | 60.63 | 29.14 | 10.23 | 0.70 |
| 14 | 魏家峁露天矿 | 56.33 | 35.44 | 8.23 | 0.61 |
| 15 | 罐子沟井田 | 46.5 | 47.13 | 6.37 | 0.65 |

续表

| 序号 | 井田 | 去矿物基 | | | $R_{o,max}$ |
|---|---|---|---|---|---|
| | | 镜质组 | 惰质组 | 壳质组 | |
| 16 | 酸刺沟井田 | 44.52 | 44.52 | 10.96 | 0.64 |
| 17 | 串草圪瘩井田 | 51.28 | 39.10 | 9.62 | 0.66 |
| 18 | 不连沟井田 | 33.96 | 58.49 | 7.55 | 0.54 |
| 19 | 唐公塔二号井田 | 36.30 | 56.17 | 7.53 | 0.64 |
| 20 | 唐家会井田 | 49.24 | 45.37 | 5.39 | 0.59 |
| 21 | 小型煤矿整合区(扶贫煤矿) | 48.84 | 43.03 | 8.13 | 0.56 |

镜质组：以基质镜质体为主，少量为均质镜质体、团块镜质体、碎屑镜质体。镜质组含量在 33.96%～60.63%，平均值为 46.39%。

惰质组：以半丝质体为主，其次碎屑惰质体和粗粒体。惰质组含量在 29.14%～58.49%，平均值为 46.06%。

壳质组：以小孢子体和树脂体为主，少量树皮体。壳质组含量在 3.09%～15.43%，平均值为 7.53%。

矿物：准格尔矿区 6 号煤层煤样样品无机矿物以黏土矿物为主，呈条带状、充填胞腔状。部分样品有块状硫化物黄铁矿填充，占煤岩矿物总量的 11.60%。

煤的镜质组反射率：6 号煤层镜质组反射率为 0.54%～0.70%，反映在煤类上为长焰煤。

## 三、煤炭清洁利用评价

由上述煤岩煤质特征描述可知，准格尔矿区主采煤层 6 号煤层为低变质程度(CY)，因而重点评价其直接液化和气化方面的用途。通过上述煤岩、煤质特征可知，准格尔矿区 6 号煤层显微煤岩组分中惰质组含量在 29.14%～58.49%，平均值在 46.06%，大多数井田惰质组含量偏高，不符合直接液化用煤。对照各项指标，该矿区主要可以作为固定床气化用煤和干煤粉气流床气化用煤(图 5.7，表 5.2 和表 5.3)。

**表 5.2　准格尔矿区 6 号煤层固定床气化用煤评价指标对照表**

| 指标分级 | $G$ | 煤灰熔融性温度 | | $TS_{+6}$/% | | $A_d$/% |
|---|---|---|---|---|---|---|
| | | ST/℃ | FT/℃ | 常压 | 加压 | |
| 一级指标 | ≤20 | ≥1250 | ≤1250 | ＞60 | ＞80 | ＜25 |
| 二级指标 | ＞20～50 | ≥1050～1250 | ＞1250～1450 | | | |
| 准格尔矿区 6 号煤层 | 0～16 | 1240～1500 | | 68.60～99.10 (90.67) | | 6.23～39.9 (21.72) |

**表 5.3　准格尔矿区 6 号煤层干煤粉气流床气化用煤评价指标对照表**

| 指标分级 | FT/℃ | $A_d$/% |
|---|---|---|
| 一级指标 | ≤1450 | ≤20 |
| 二级指标 | | ＞20～35 |
| 准格尔矿区 6 号煤层 | | 6.23～39.9(21.72) |

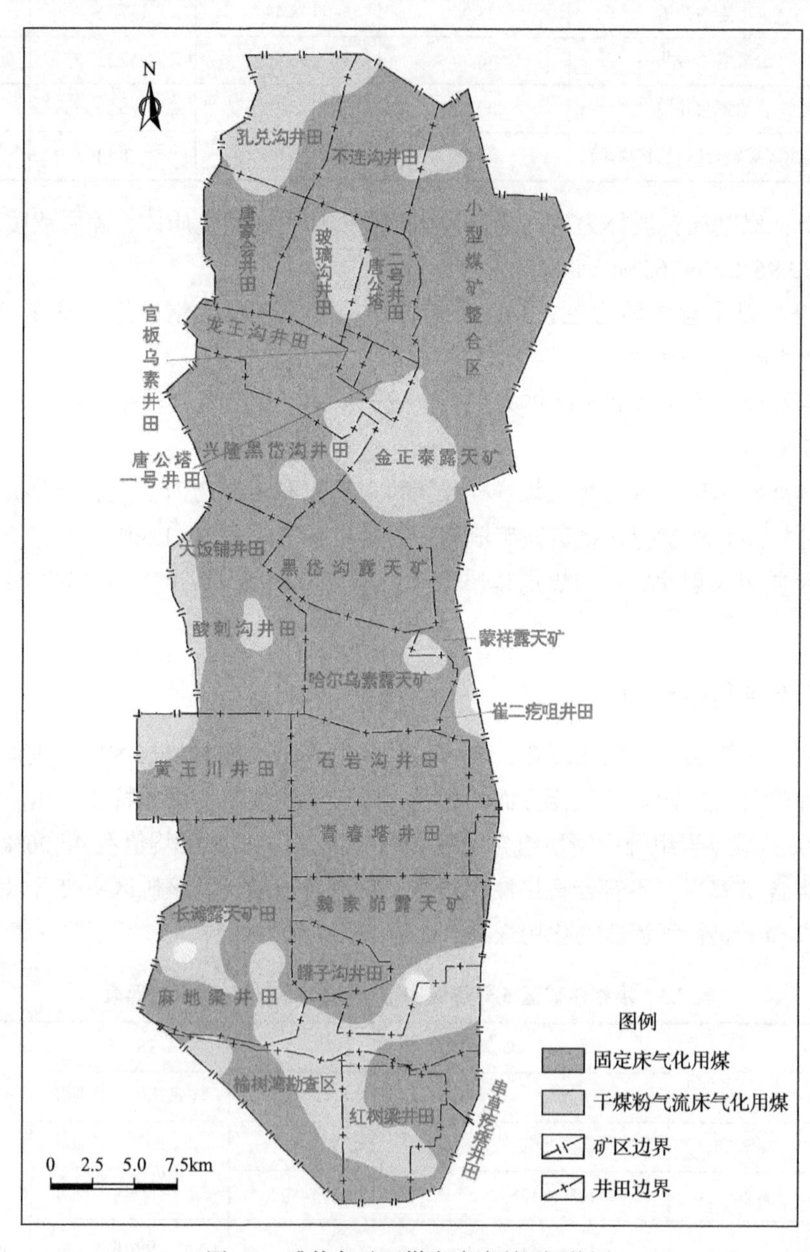


图 5.7　准格尔矿区煤炭清洁利用评价图

截至 2015 年底，准格尔矿区保有资源量为 246.47 亿 t，主要为气化用煤，其中固定床一级气化用煤 187.18 亿 t，干煤粉气流床二级气化用煤 58.74 亿 t；其他用煤保有资源量为 0.55 亿 t(图 5.8)。

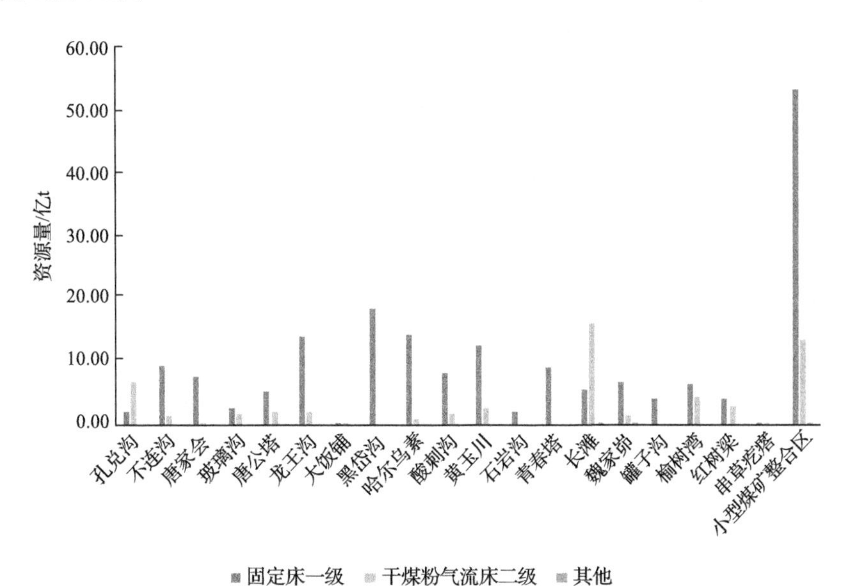


图 5.8　准格尔矿区煤炭资源清洁利用分布图

# 第二节　东胜矿区

## 一、矿区概述

东胜矿区位于内蒙古自治区鄂尔多斯市，东胜矿区煤炭资源丰富，地下主要埋藏有侏罗系煤田。通过以往不同程度的勘查工作，共获得煤炭资源量 266.3 亿 t。截至 2015 年底，东胜矿区划分井(矿)17 座和 1 处小煤矿整合开采区，生产建设总规模 8840 万 t(表 5.4)。

**表 5.4　东胜矿区各井田产能**

| 序号 | 井田 | 成煤时代 | 煤类 | 产能/(万 t/a) |
|---|---|---|---|---|
| 1 | 转龙湾井田 | 侏罗纪 | BN | 500 |
| 2 | 乌兰木伦井田 | 侏罗纪 | BN | 300 |
| 3 | 柳塔井田 | 侏罗纪 | BN | 300 |
| 4 | 朝石井田 | 侏罗纪 | BN | 90 |
| 5 | 湾图沟井田 | 侏罗纪 | BN | 300 |
| 6 | 寸草塔井田(一矿) | 侏罗纪 | BN | 240 |

续表

| 序号 | 井田 | 成煤时代 | 煤类 | 产能/(万 t/a) |
|---|---|---|---|---|
| 7 | 寸草塔井田(二矿) | 侏罗纪 | BN | 300 |
| 8 | 淖尔壕井田 | 侏罗纪 | BN | 180 |
| 9 | 霍洛湾井田 | 侏罗纪 | BN | 300 |
| 10 | 布尔台井田 | 侏罗纪 | BN | 2000 |
| 11 | 满来梁井田 | 侏罗纪 | BN | 180 |
| 12 | 补连塔井田 | 侏罗纪 | BN | 2000 |
| 13 | 温家塔井田 | 侏罗纪 | BN | 400 |
| 14 | 上湾井田 | 侏罗纪 | BN | 1000 |
| 15 | 李家塔井田 | 侏罗纪 | BN | 300 |
| 16 | 赛蒙特尔井田 | 侏罗纪 | BN | 150 |
| 17 | 武家塔露天矿 | 侏罗纪 | BN | 300 |
| 合计 | | | | 8840 |

注：BN 为不黏煤。

东胜矿区由北至南分别有转龙湾井田、乌兰木伦井田、柳塔井田、朝石井田、湾图沟井田、寸草塔井田(一矿)、寸草塔井田(二矿)、淖尔壕井田、霍洛湾井田、布尔台井田、满来梁井田、补连塔井田、温家塔井田、上湾井田、李家塔井田、赛蒙特尔井田、武家塔露天矿等 17 个主要煤矿区，在矿区中部还分布有规模较小的小柳塔井田，矿区西部主要分布小型煤矿，统一划归为新庙小煤矿整合开采区。

## 二、煤岩煤质特征

东胜矿区主要含煤地层为中下侏罗统延安组(李小彦等，2005；何建国等，2018；魏云迅等，2018；李思田等，1992)，含煤地层总厚度为 176.49～291.28m，平均 242.51m，其中区内煤层赋存深度 459.32～942.50m。煤层总厚度在 7.75～31.89m，平均 16.98m，含煤系数 3.2%～11.4%，平均 7.0%。含可采煤层 10 层，可采煤层总厚度 6.60～27.62m，平均 15.22m，一般在 9m 以上，可采含煤系数 2.7%～10.6%，平均 6.2%。主要含有 2、3、4、5、6 五个煤组，共有煤层 17 层(张静等，2018)。其中 2-2 号煤层为主要可采煤层，全区可采。

### (一)煤质特征

(1)水分含量：东胜矿区 2-2 号煤层原煤水分含量为 1.96%～13.37%，平均 7.67%，主要为特低全水分煤(SLM)和低全水分煤(LM)。

(2)灰分产率：东胜矿区 2-2 号煤层原煤灰分产率在 2.56%～34.87%，平均 9.01%，经洗选后，灰分产率有较大幅度降低。

东胜矿区2-2号煤层主要为特低灰煤，其次为低灰煤，少量为中高灰煤，洗选后，大部分灰分产率小于10.00%，以特低灰煤为主，其次为低灰煤(图5.9)。2-2号煤层在平面分布上，特低灰煤主要分布在乌兰木伦井田、布尔台井田和补连塔井田(图5.10)。

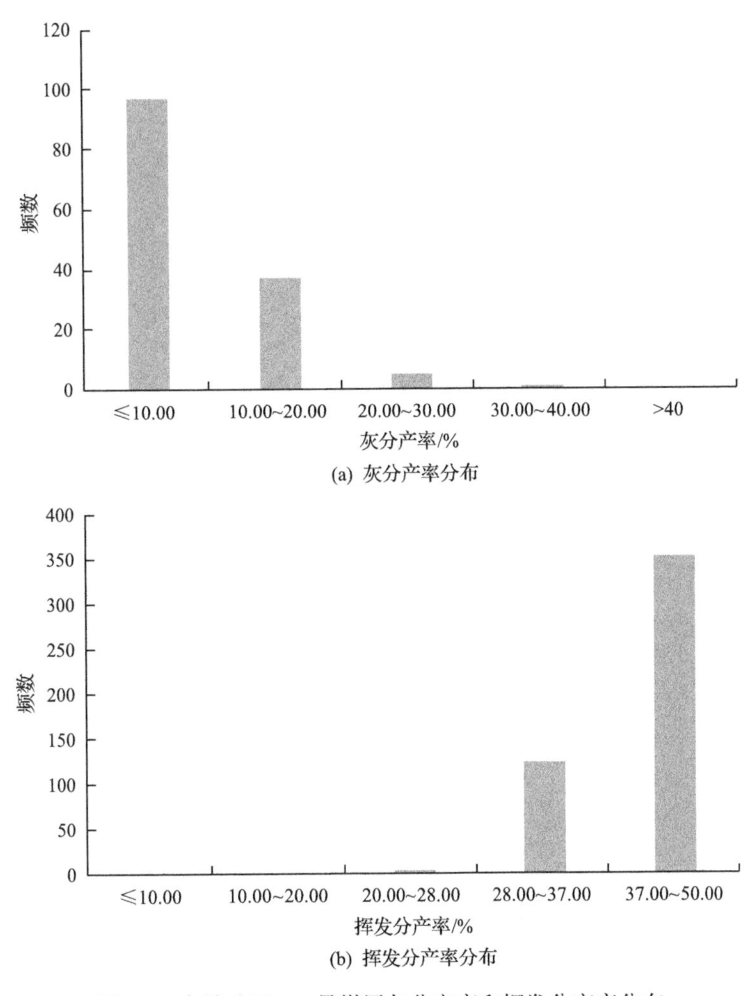

(a) 灰分产率分布

(b) 挥发分产率分布

图5.9　东胜矿区2-2号煤层灰分产率和挥发分产率分布

(3)挥发分产率：东胜矿区2-2号煤层原煤挥发分产率在27.16%～49.46%，平均33.01%，为高挥发分煤，洗选后挥发分产率变化不明显，分布范围与原煤近一致。平面上，矿区内原煤的挥发分产率变化不大，全区均为高挥发分煤(图5.11)。

(4)全硫含量：东胜矿区2-2号煤层全硫含量在0.12%～2.24%，平均0.56%主要为特低硫煤，少部分为低硫煤，极少部分为中高硫煤；洗选后，特低硫煤占比明显增高(图5.12)。平面上，大部分区域全硫含量小于1.00%，主要分布在矿区西南部的布尔台井田、寸草塔井田(二矿)、柳塔井田和乌兰木伦井田。

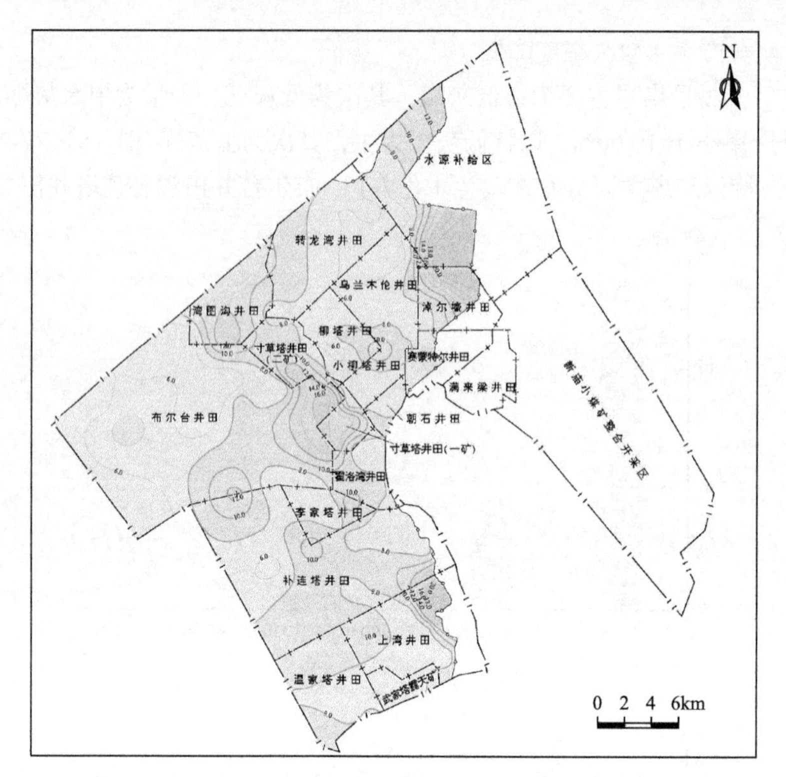


图 5.10　东胜矿区 2-2 号煤层原煤灰分产率等值线图(单位：%)

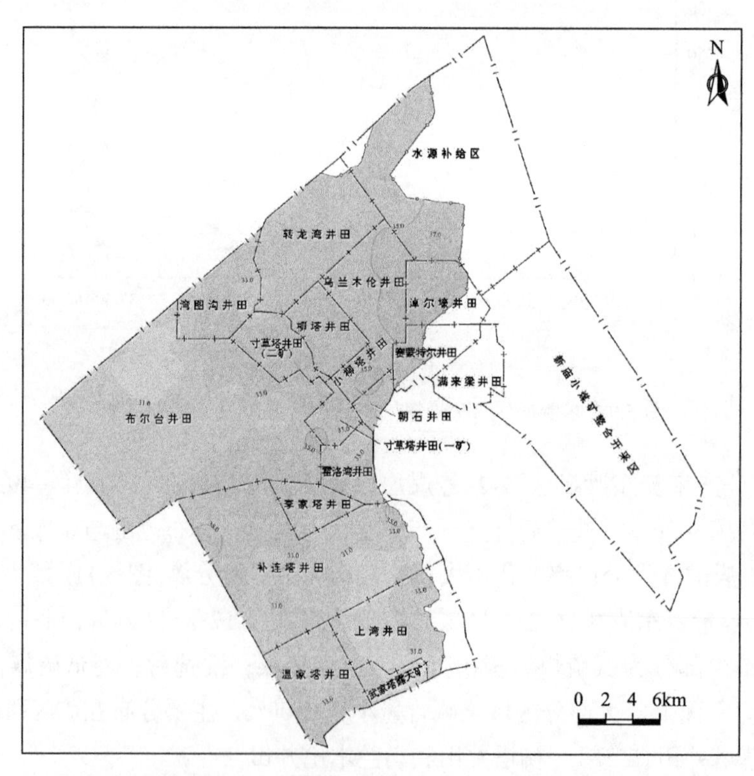


图 5.11　东胜矿区 2-2 号煤层原煤挥发分产率等值线图(单位：%)

(5)氢碳原子比：东胜矿区 2-2 号煤层原煤氢碳原子比为 0.58～0.70，平均值为 0.66(图 5.12)。平面上，矿区内氢碳原子比由北向南有升高趋势，绝大部分区域氢碳原子比大于 0.70，主要分布在淖尔壕井田、柳塔井田、寸草塔井田(一矿)和补连塔井田(图 5.13)。

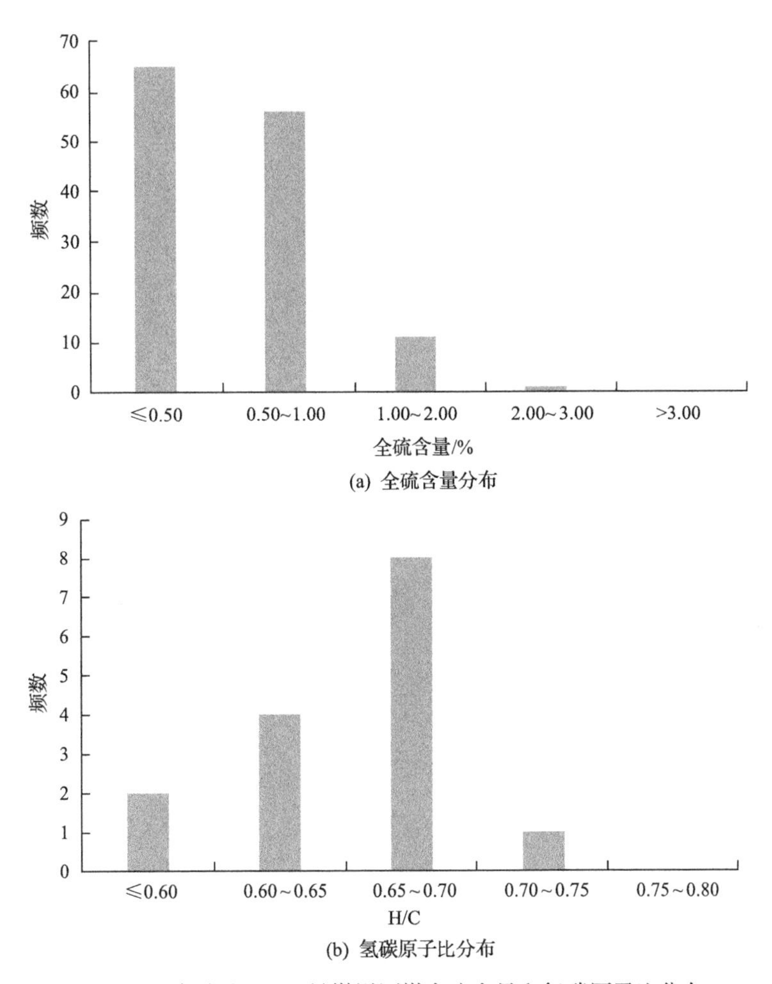


(a) 全硫含量分布



(b) 氢碳原子比分布

图 5.12　东胜矿区 2-2 号煤层原煤全硫含量和氢碳原子比分布

(6)煤灰熔融性温度：根据东胜矿区煤质数据统计，2-2 号煤层煤灰熔融性软化温度(ST)在 1120～1350℃，平均为 1237℃。东胜矿区 2-2 号煤层煤灰熔融性软化温度大部分属于中等熔融灰分，其次为易熔灰分。

(7)煤的黏结指数：根据东胜矿区煤质数据统计，2-2 号煤层的黏结指数为 0，因此判断其为无黏结煤或微黏结煤。

(8)热稳定性：根据东胜矿区煤质数据统计，2-2 号煤层的热稳定性为 74.2%～88.7%，平均 80.65%。按照《煤的热稳定性分级》(MT/T 560—2007)，东胜矿区 2-2 号煤层热稳定性等级均为高热稳定性煤(HTS)。

图 5.13 东胜矿区 2-2 号煤层氢碳原子比等值线图

## （二）煤岩特征

东胜矿区 2-2 煤层在勘探过程中取得了较多煤岩特征资料（黄文辉等，2010；李文华等，2000；吴传荣等，1995），这里在前人基础上，针对性地补充了部分显微煤岩特征工作。

### 1. 宏观煤岩特征

东胜矿区内煤呈黑色，条痕为褐黑色，弱沥青—强沥青光泽，沿层面丝炭富集部位呈丝绢光泽，参差及阶梯状断口，在镜煤中可见贝壳状断口，性脆。宏观煤岩组分以暗煤、亮煤为主，见丝炭，属半暗型煤。

### 2. 显微煤岩特征

东胜矿区内各煤层显微煤岩组分以镜质组为主，平均为 53.7%～65.7%；其次为丝质组（惰质组），平均为 25.5%～33.3%；半镜质组含量为 8.2%～11.6%，三者之和在 95%以上。稳定组(壳质组)一般在5%以下(表5.5)。根据国际显微煤岩类型分类原则，矿区内煤为微镜惰煤。各煤层丝炭组分含量较高，反映了该区成煤过程中泥炭沼泽的沉降速度较小，潜水面低，干燥，氧充分而不稳定的沉积环境。煤中无机显微组分以黏土为主，一般在10%以下，硫化物、碳酸盐、氧化物组分含量甚少。

**表5.5　东胜矿区煤层显微煤岩组分统计表**　　　　(单位：%)

| 煤层号 | 有机显微组分 | | | | $R_{o,max}$ |
|---|---|---|---|---|---|
| | 镜质组 | 半镜质组 | 丝质组 | 稳定组 | |
| 2-2 | 53.7 | 11.6 | 33.3 | 1.4 | 0.4243 |
| 3-1 | 57.2 | 11.0 | 30.7 | 1.0 | 0.3867 |
| 5-1 | 65.7 | 8.2 | 25.5 | 0.8 | 0.4260 |

东胜矿区内煤的变质程度低，镜质组最大反射率($R_{o,max}$)在0.3867%～0.4260%，变质阶段为烟煤Ⅰ阶段。结合挥发分产率、煤的黏结指数、透光率指标，东胜矿区煤类确定为以不黏煤为主，有零星分布的长焰煤。

## 三、煤炭清洁利用评价

由上述煤岩煤质特征描述可知，东胜矿区主采煤层2-2号煤层以不黏煤为主，因而重点评价其直接液化和气化方面的用途。东胜矿区为暗淡型—半暗型煤，显微组分以镜质组为主，含量在53.7%～65.7%，丝质组(惰质组)含量在25.5%～33.3%；挥发分产率集中在27.16%～49.46%，氢碳原子比集中在0.58～0.70，大部分煤质数据达到气化用煤指标要求，因此以2-2号煤层为代表的东胜矿区煤适合作为固定床气化用煤(表5.6)。

**表5.6　东胜矿区2-2号煤层固定床气化用煤评价指标对照表**

| 指标分级 | $G$ | 煤灰熔融性温度 | | $TS_{+6}$/% | | $A_d$/% |
|---|---|---|---|---|---|---|
| | | ST/℃ | FT/℃ | 常压 | 加压 | |
| 一级指标 | ≤20 | ≥1250 | ≤1250 | ＞60 | ＞80 | ＜25 |
| 二级指标 | ＞20～50 | ≥1050～1250 | ＞1250～1450 | | | |
| 东胜矿区2-2号煤层 | 0 | 1120～1350<br>(1237) | | 74.2～88.7<br>(80.65) | | 2.56～34.87<br>(9.01) |

截至2015年底，东胜矿区保有资源量为84.02亿t(不含新庙小煤矿整合开采区)，依据煤岩煤质分析和特殊用煤技术要求，气化用煤保有资源量为67.82亿t(固定床二级)，主要分布在转龙湾井田、湾图沟井田、布尔台井田、补连塔井田、上湾井田等；直接液化用煤资源量15.09亿t(直接液化二级)，主要分布在布尔台井田，其他用煤保有资源量1.11亿t(图5.14、图5.15)。

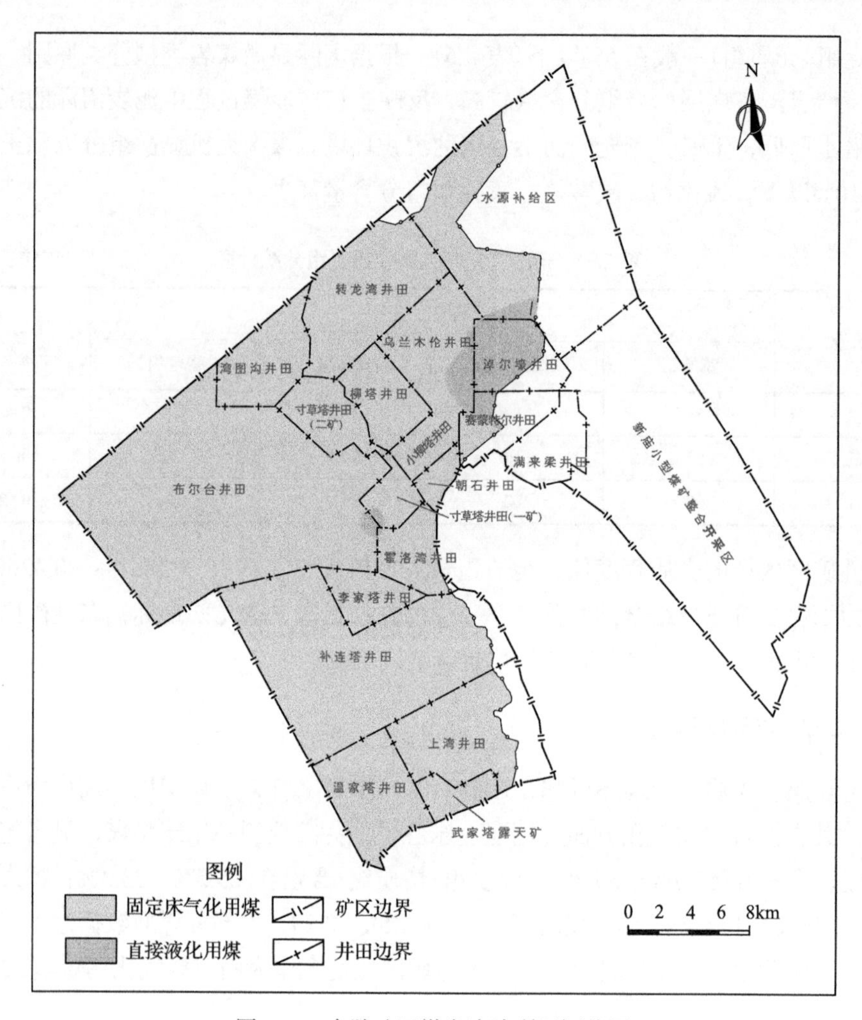


图 5.14　东胜矿区煤炭清洁利用评价图

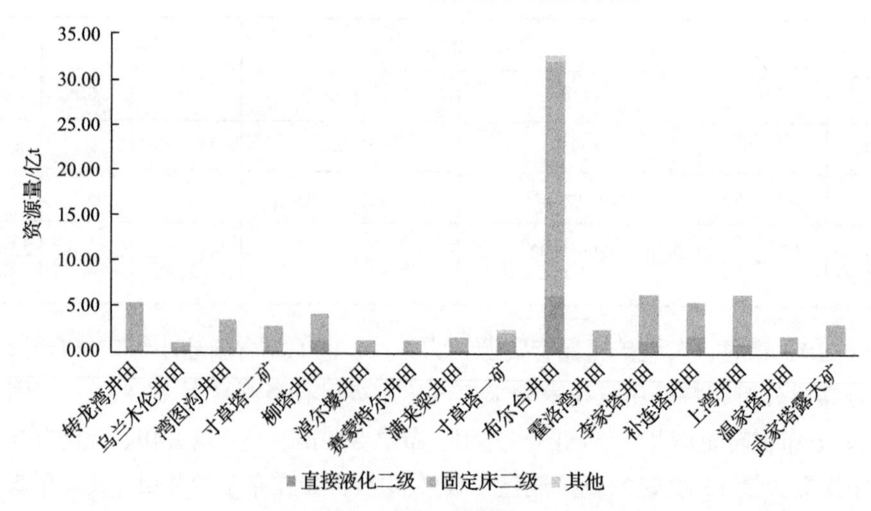


图 5.15　东胜矿区煤炭资源清洁利用分布图

# 第三节 胜利矿区

## 一、矿区概况

按照《国家发展改革委关于内蒙古胜利矿区总体规划（修编）的批复》（发改能源〔2013〕1780 号），胜利矿区由胜利和巴彦温都尔两个煤田组成，胜利矿区是大兴安岭以西最主要的煤盆地之一，位于锡林浩特市西北 2～5km，矿区呈北东、南西向长条状展布。东西长约 50km，南北宽约 9km，面积约 351km$^2$。富煤带展布方向与盆地长轴方向基本一致。矿区划分为 11 个井（矿）田，规划生产建设总规模 16890 万 t/a（表 5.7）。其中：规划改扩建煤矿 4 处，生产建设规模 9270 万 t/a；规划新建煤矿 7 处，设计产能 7620 万 t/a。本次胜利矿区特殊用煤调查仅针对胜利煤田开展相关工作，不包括巴彦温都尔煤田（表 5.7）。

**表 5.7 胜利矿区各矿（井）田信息一览表**

| 矿（井）田 | 含煤地层 | 产能/（万 t/a） | 煤类 | 备注 |
|---|---|---|---|---|
| 胜利一号露天矿田 | 下白垩统 | 3000 | HM | 改扩建矿井 |
| 胜利东二号露天矿田 | 下白垩统 | 6000 | HM | 改扩建矿井 |
| 露天锗矿田 | 下白垩统 | 120 | HM | 改扩建矿井 |
| 锡凌矿井 | 下白垩统 | 150 | HM | 改扩建矿井 |
| 胜利西二号露天矿田 | 下白垩统 | 1000 | HM | 规划矿井 |
| 胜利西三号露天矿田 | 下白垩统 | 600 | HM | 规划矿井 |
| 胜利东一号露天矿田 | 下白垩统 | 3000 | HM | 规划矿井 |
| 胜利东三号露天矿田 | 下白垩统 | 2000 | HM | 规划矿井 |
| 胜利东一号井田 | 下白垩统 | 600 | HM | 规划矿井 |
| 胜利西一号井田 | 下白垩统 | 180 | HM | 规划矿井 |
| 巴彦温都尔矿井 | 下白垩统 | 240 | HM | 规划矿井 |
| 合计 | | 16890 | | |

注：HM 为褐煤。

胜利煤田为一隐伏煤田，地层由老至新有：志留系—泥盆系、下二叠统、上侏罗统兴安岭群、下白垩统、古近系及第四系。胜利煤田基地由志留系—泥盆系和二叠系组成，外围有侏罗系、白垩系出露。

胜利矿区是早白垩世断陷盆地，盆地内沉积了大磨拐河组含煤地层。胜利煤田内部为一宽缓的向斜构造，向斜轴向总体方向为北东—南西向，因受后期构造影响，向斜轴方向略有摆动，中东部向东西摆动，而到东部又呈北北东向，地层平缓，起伏不大。

## 二、煤岩煤质特征

该区含煤地层主要集中在下白垩统大磨拐河组。胜利组 6 号煤层是该区主采煤层（张建强，2020；张建强等，2020；李小强等，2015）。

本书研究过程中，收集了胜利矿区 8 个井田的钻孔煤质资料和勘探地质报告，现场对胜利矿区 5 个井田的 5 号、6 号主要可采煤层进行采样，共采集样品 44 件。对采集样品进行了工业分析、全硫含量、氢碳原子比、煤灰熔融性、哈氏可磨性指数、黏结指数、热稳定性、微量元素等煤质测试分析及煤岩显微组分鉴定。

## (一)煤质特征

(1)水分含量：胜利矿区各煤层原煤水分含量一般在 3.26%～23.14%，平均 10.44%；浮煤水分含量一般在 3.47%～28.15%，平均 15.02%。浮煤水分较原煤水分普遍增高。胜利矿区 6 号煤层原煤水分含量在 4.14%～27.4%，平均 12%。6 号煤层浮煤水分含量在 3.73%～26.75%，平均 14.30%。

(2)灰分产率：胜利矿区内各煤层原煤灰分产率在 8.60%～39.02%，垂向上，上部煤层灰分产率较高，下部煤层较低，其中 6 号煤层原煤灰分产率在 5.01%～34.35%，平均 16.75%，6 号煤层浮煤灰分产率在 6.22%～24.6%，平均 10.15%。

胜利矿区 6 号煤层主要为低灰煤，其次为中灰煤，少量为特低灰煤，经洗选后，大部分灰分产率小于 10.00%，以特低灰煤为主，其次为中灰煤(图 5.16)。6 号煤层在平面

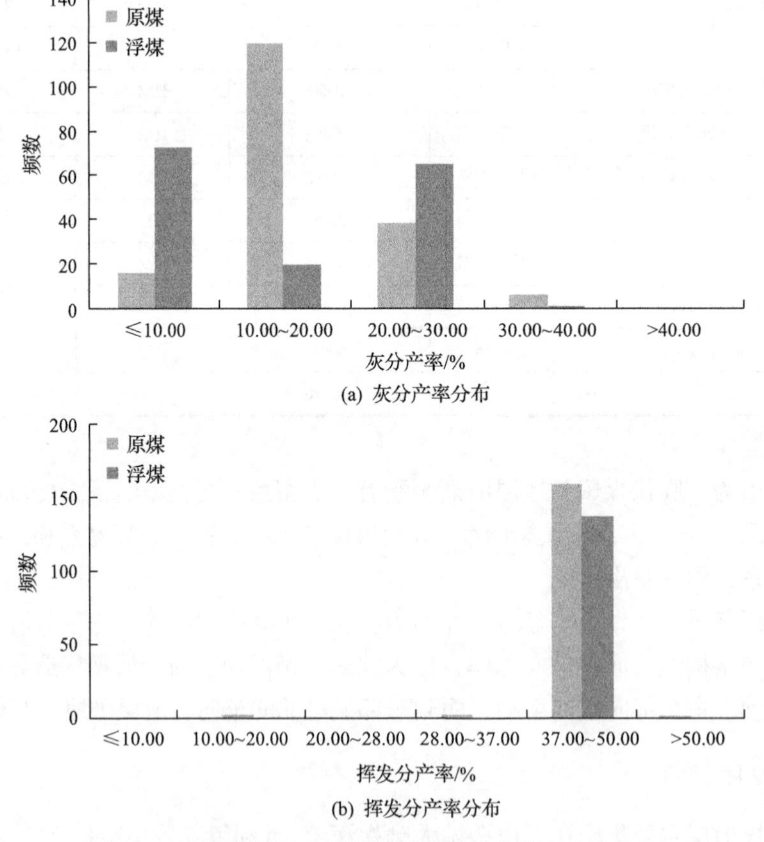


图 5.16 胜利矿区 6 号煤层灰分产率和挥发分产率分布

分布上，低灰煤全区分布，特低灰煤主要分布于中部胜利东一号露天矿田、胜利东二号露天矿田、胜利东三号露天矿田(图 5.17)。

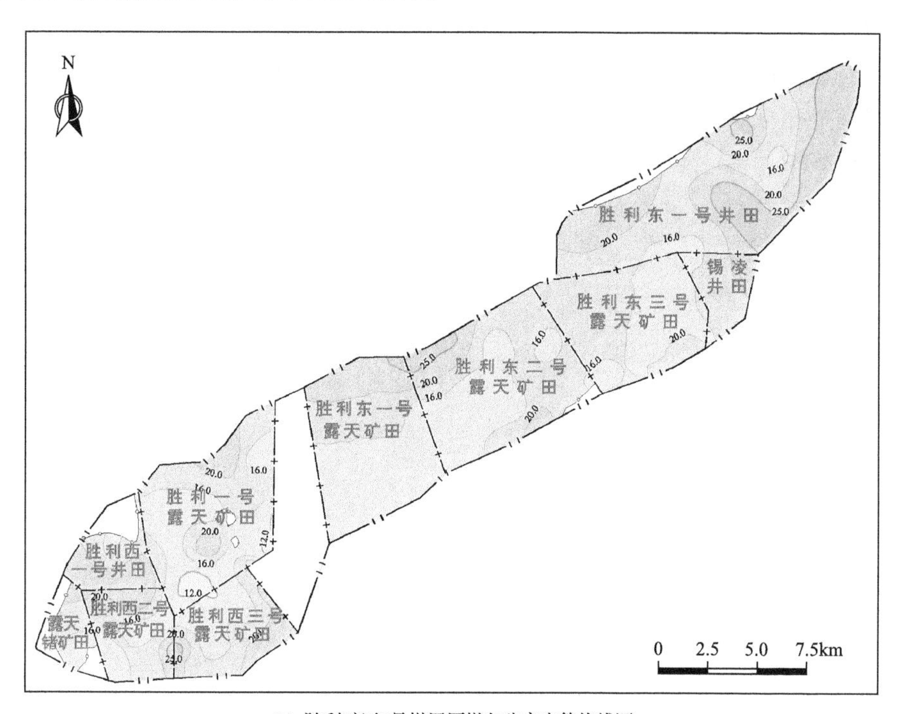


(a) 胜利矿区6号煤层原煤灰分产率等值线图

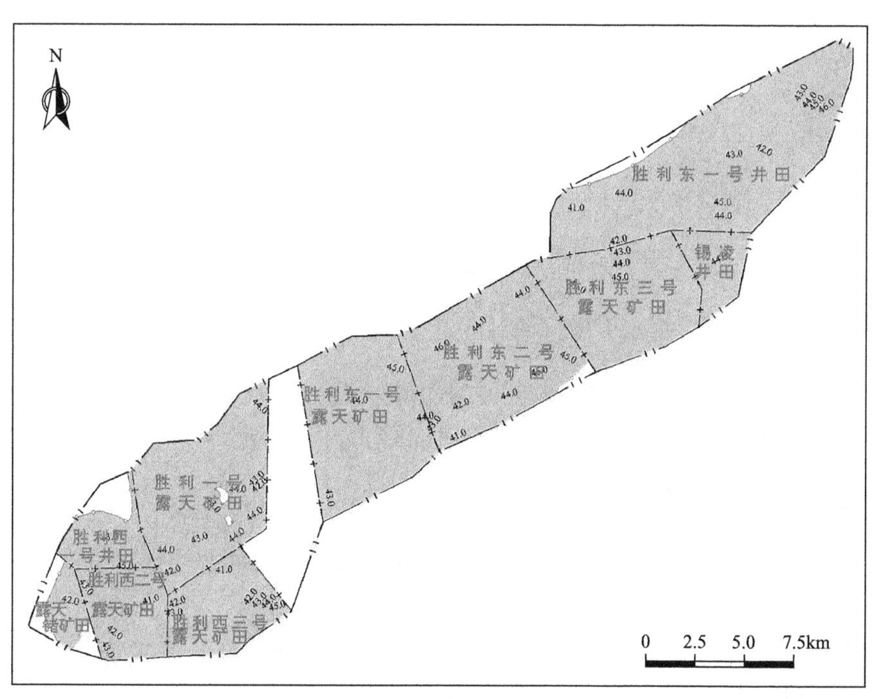


(b) 胜利矿区6号煤层原煤挥发分产率等值线图

图 5.17　胜利矿区 6 号煤层原煤灰分产率和挥发分产率等值线图(单位：%)

(3)挥发分产率：胜利矿区 6 号煤层原煤挥发分产率集中在 38.0%～46.0%，为高挥发分煤，洗选后浮煤挥发分产率变化较小，分布范围与原煤近一致(图 5.16)。平面上，矿区内原煤的挥发分产率变化不大，全区均为高挥发分煤(图 5.17)。

(4)全硫含量：胜利矿区 6 号煤层原煤全硫含量在 0.18%～2.68%，平均 1.14%，6 号煤层浮煤全硫含量在 0.20%～2.54%，平均为 1.11%(图 5.18)。原煤全硫含量主要集中在 0.50%～2.00%，主要为低硫—中高硫煤。

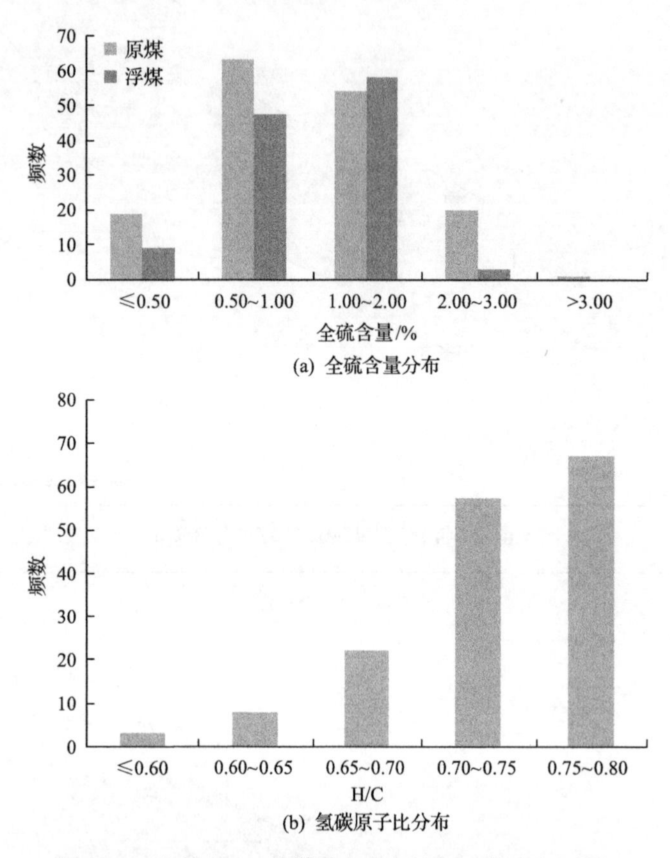


图 5.18 胜利矿区 6 号煤层全硫含量和氢碳原子比分布

(5)氢碳原子比：胜利矿区 6 号煤层原煤氢碳原子比为 0.56～0.92，主要分布在 0.61～0.85，平均 0.74(图 5.18)；平面上，矿区内绝大部分区域氢碳原子比为 0.70，没有明显的集中分布趋势(图 5.19)。

(6)煤灰熔融性温度：根据胜利矿区煤质数据统计，6 号煤层煤灰熔融性软化温度在 1120～1340℃，平均 1180℃，可确定胜利矿区 6 号煤层大部分属于中等熔融灰分，其次为易熔灰分(图 5.20)。

(7)煤的黏结指数：根据胜利矿区煤质数据统计，6 号煤层的黏结指数为 0，因此判断其为无黏结煤或微黏结煤。

(8)热稳定性：根据胜利矿区煤质数据统计，6 号煤层热稳定性为 42.3%～72.8%，

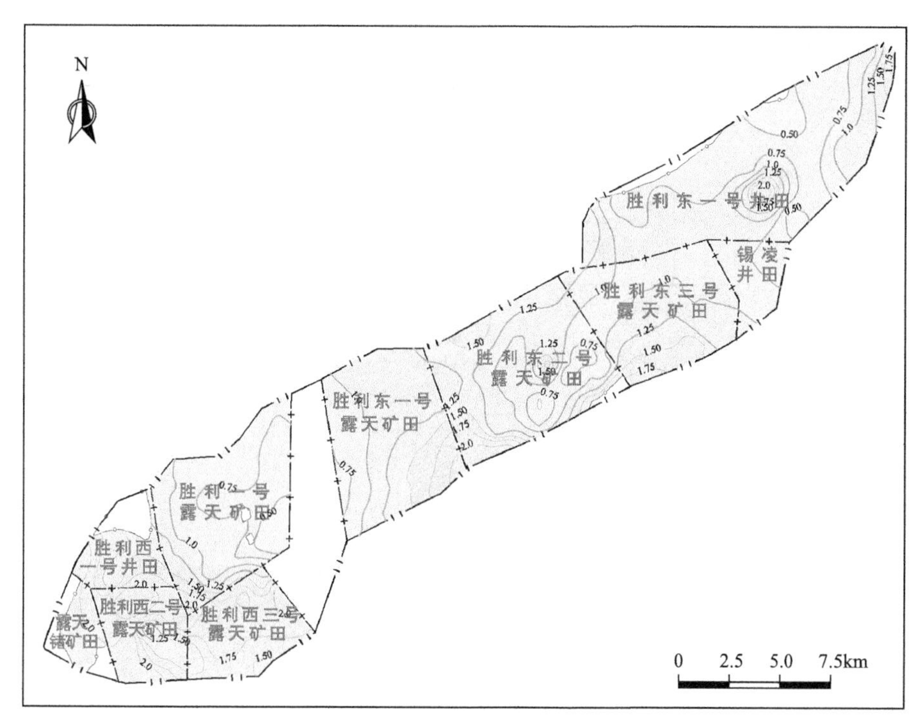


(a) 胜利矿区6号煤层原煤全硫含量等值线图

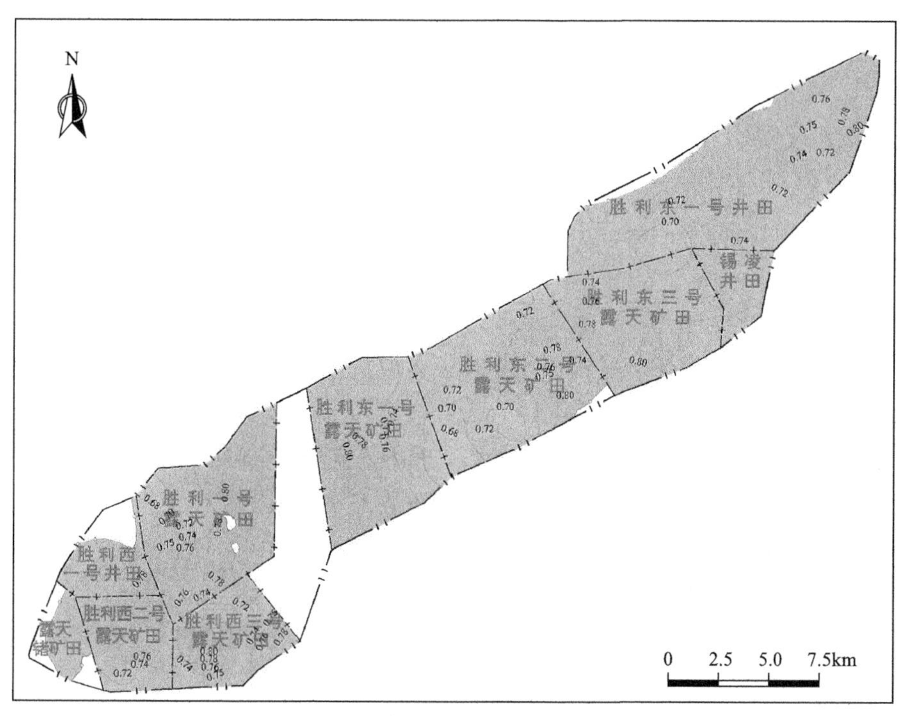


(b) 胜利矿区6号煤层原煤氢碳原子比等值线图

图 5.19　胜利矿区 6 号煤层原煤全硫含量和氢碳原子比等值线图(单位：%)

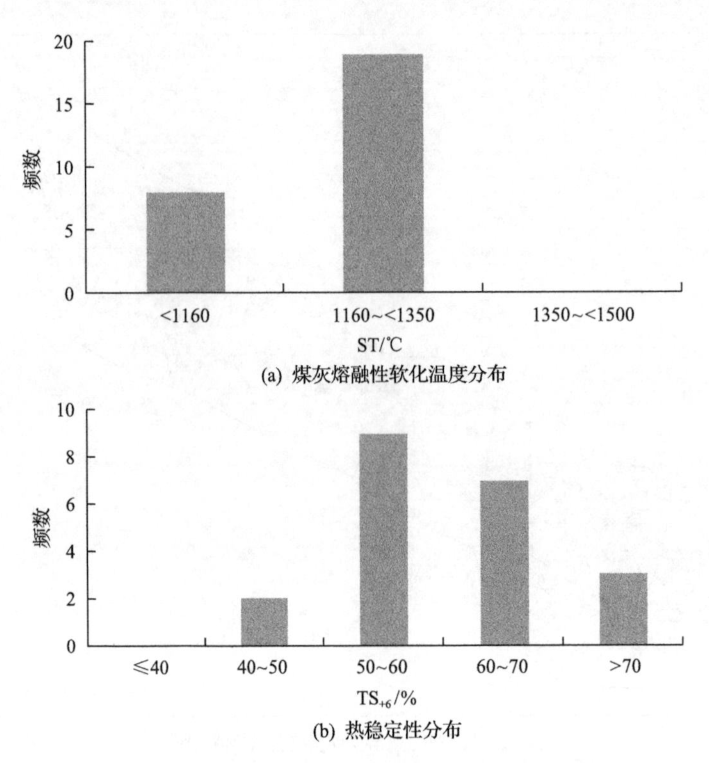


(a) 煤灰熔融性软化温度分布

(b) 热稳定性分布

图 5.20　胜利矿区 6 号煤层煤灰熔融性软化温度与热稳定性分布

平均 60.26%（图 5.20），胜利矿区绝大多数煤层属中等热稳定性煤（MTS），其次为较高热稳定性煤。

## （二）煤岩特征

胜利矿区 6 号煤层在勘探过程中取得了较多煤岩特征资料。

### 1. 宏观煤岩特征

煤的颜色一般为深褐色、黑褐色、褐色，条痕呈浅褐色或棕褐色，光泽多为弱沥青光泽，其次为暗淡光泽，风化后无光泽。光亮型煤和半亮型煤常具贝壳状断口及阶梯状断口，半暗型煤多为不平坦状断口，暗淡型煤多具参差状断口及纤维状断口，镜煤内裂隙发育，裂隙比较平坦，有时见钙质及黄铁矿薄膜充填，敲击易碎成棱角小块，暗煤具有一定的韧性。煤的吸水性强，易风化，风化后呈团块状及鳞片状，易自然发火。层理为连续的水平层理，偶见不连续的缓波状层理。

该区煤宏观煤岩特征为各种煤岩类型交替出现，多为亮煤和暗煤，镜煤和丝炭以透镜状或均匀的线理状夹在亮煤和暗煤中。

### 2. 显微煤岩特征

胜利矿区各煤层去矿物基含量以镜质组和惰质组为主，壳质组次之（吴秀章等，2015；

吴春来，2005；王永刚等，2009），镜质组含量为 74.0%～93.3%，平均 81.1%，惰质组含量为 6.7%～26.1%，平均 18.9%，壳质组含量为 0.0%～0.3%，平均 0.1%（表 5.8）。

**表 5.8　胜利矿区煤层显微煤岩组分统计表**　　　　（单位：%）

| 煤层号 | 去矿物基 | | | 含矿物基 | | | | | $R_{o,max}$ |
|---|---|---|---|---|---|---|---|---|---|
| | 镜质组（$V$） | 惰质组（$I$） | 壳质组（$E$） | 显微组分组总量 | 黏土矿物 | 硫化物矿物 | 碳酸盐矿物 | 氧化物矿物 | |
| 5 | 93.3 | 6.7 | 0.1 | 84.2 | 15.1 | 0.7 | 0.1 | 0 | 0.3505 |
| 5 下 | 74.0 | 26.1 | 0.0 | 67.5 | 32.2 | 0.4 | 0 | 0 | 0.3481 |
| 6 | 75.9 | 23.9 | 0.3 | 67 | 32.3 | 0.2 | 0.5 | 0.1 | 0.3528 |

胜利矿区内各煤层的镜质组最大反射率在 0.3481%～0.3528%，平均为 0.3558%，结合该区各煤层挥发分产率、黏结指数、透光率（37%～41%）、焦渣特征等，依据《中国煤炭分类》（GB/T 5751—2009）确定胜利矿区煤类为褐煤二号（表 5.8）。

## 三、煤炭清洁利用评价

由上述煤岩煤质特征描述可知，胜利矿区主采煤层 6 号煤层为低变质程度褐煤，因而重点评价其为直接液化和气化方面的用途（李小强等，2015；贾明生等，2003）。胜利矿区多为亮煤和暗煤，显微组分以镜质组为主，含量在 61.3%～95.9%，挥发分产率为高挥发分煤，氢碳原子比集中在 0.61～0.85，大部分煤质数据达到直接液化用煤指标要求，因此认为以 6 号煤层为代表的胜利矿区煤适合作为直接液化用煤（表 5.9）。

**表 5.9　胜利矿区 6 号煤层直接液化用煤评价指标对照表**

| 指标分级 | 评价指标 | | | | |
|---|---|---|---|---|---|
| | $V_{daf}$/% | $R_{o,max}$/% | H/C | $I$/% | $A_d$/% |
| 一级指标 | ＞35.00 | ＜0.65 | ＞0.75 | ≤15.00 | ≤12.00 |
| 二级指标 | | | ≥0.70～0.75 | ＞15.00～35.00 | ＞12.00～25.00 |
| 胜利矿区 6 号煤层 | 15.83～55.36（40.091） | 0.33～0.38（0.35） | 0.61～0.85（0.74） | 2.2～40.3（18.9） | 5.01～34.35（16.75） |

注：括号中为平均值。

截至 2015 年底，胜利矿区保有资源储量为 157.96 亿 t，适合直接液化用煤保有资源量为 135.59 亿 t（直接液化一级用煤 0.95 亿 t，直接液化二级用煤 134.64 亿 t），主要分布在胜利东三号露天矿田、胜利东一号露天矿田、胜利一号露天矿田、胜利西一号井田等；气化用煤保有资源量 22.37 亿 t（流化床一级用煤 1.38 亿 t，流化床二级用煤 20.99 亿 t），零星分布（图 5.21、图 5.22）。

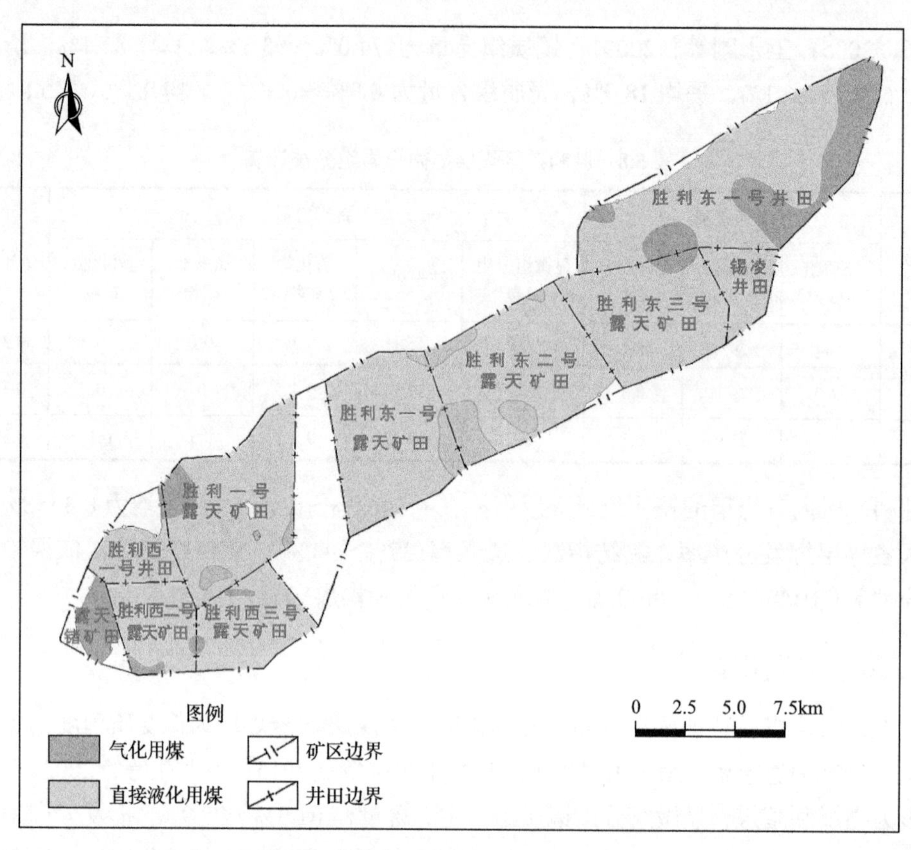


图 5.21 胜利矿区煤炭清洁利用评价图

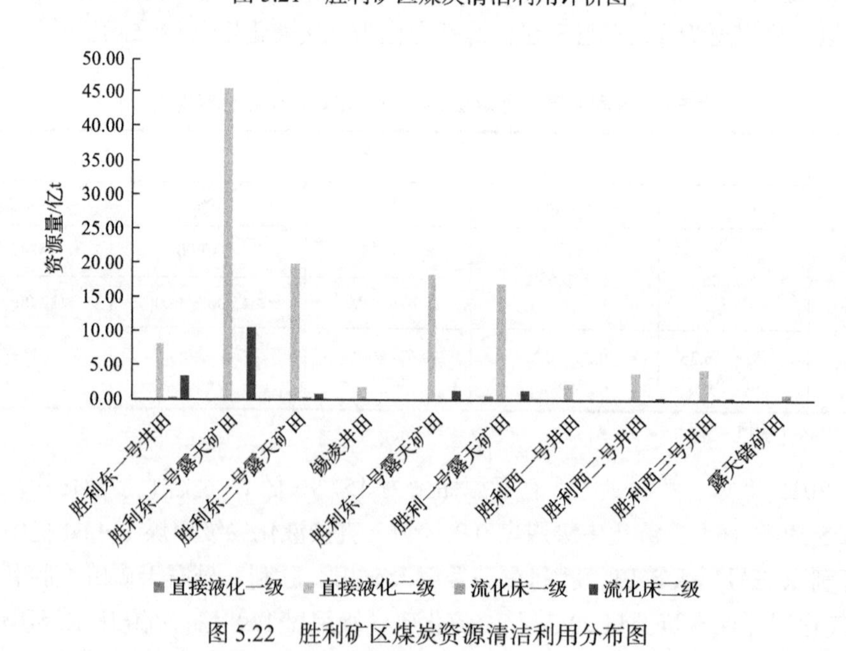


图 5.22 胜利矿区煤炭资源清洁利用分布图

# 第四节 白音华矿区

## 一、矿区概况

白音华矿区地处内蒙古中东部，大兴安岭西坡南段北侧，行政区属锡林郭勒盟，地理坐标为东经 118°22′12″～118°52′30″，北纬 44°45′～45°15′。矿区长约 60km，平均宽 8.5km，面积约 510km$^2$。矿区划分为四个露天矿和一个后备区，建设总规模暂定为 6000 万 t/a（表 5.10）。其中，一号露天矿 700 万 t/a，二号露天矿 1500 万 t/a，三号露天矿 1400 万 t/a，四号露天矿 2400 万 t/a。

表 5.10 白音华矿区各矿井信息一览表

| 矿井 | 含煤地层 | 设计产能/(万 t/a) | 煤类 | 备注 |
| --- | --- | --- | --- | --- |
| 一号露天矿 | 下白垩统 | 700 | HM | 生产矿井 |
| 二号露天矿 | 下白垩统 | 1500 | HM | 生产矿井 |
| 三号露天矿 | 下白垩统 | 1400 | HM | 生产矿井 |
| 四号露天矿 | 下白垩统 | 2400 | HM | 生产矿井 |
| 合计 | | 6000 | | |

白音华矿区是大兴安岭以西煤盆地之一，位于二连拗陷（亦称二连盆地群）东端乌尼特断陷带中。白音华矿区为全掩盖煤田（霍超等，2017；张建强等，2016）。外围有石炭系浅变质岩和大面积的侏罗纪火山岩出露，其地层分区属天山兴安地层区—兴安分区—西乌旗小区。地层由老至新有：上侏罗统兴安岭群、下白垩统大磨拐河组、古近系、第四系。

## 二、煤岩煤质特征

白音华矿区含煤地层为下白垩统大磨拐河组，为一套细碎屑岩含煤岩系，厚度 8.00～412.14m，平均 188.44m。含煤地层厚度变化与含煤盆地构造形态相一致。

按其沉积特征划分为含 1、2、3 煤组，11 个煤层；煤层赋存深度 18.20～450.86m，一般在 100.00～213.00m；含煤总厚 1.00～82.40m，平均 35.18m，含煤系数 0.00%～40.11%，平均 18.67%；含可采煤层总厚 1.57～77.77m，平均 30.47m，可采含煤系数 0.50%～35.56%，平均 16.17%。含煤系数的变化趋势与煤层总厚的变化趋势基本相同。

可采煤层 10 层，其中基本全区可采两层（3-1、3-3），大部可采 1 层（2-1 中），局部可采煤层 3 层（2-1 上、2-1 下、3-2），零星可采煤层 4 层（1-1、1-2、1 上、1 中）。不可采煤层 1 层（1 下）。

### （一）煤质特征

（1）水分含量：白音华矿区各煤层原煤水分含量在 3.83%～24.19%，平均 16.54%，其中 3 号煤层原煤水分含量为 3.59%～21.01%，平均 12.38%；浮煤水分含量为 4.78%～25.47%，平均 13.57%。

(2)灰分产率：白音华矿区各煤层原煤灰分产率为 8.15%～39.98%，平均 21.79%。其中 3 号煤层原煤灰分产率为 7.76%～47.17%，平均 19.72%，浮煤灰分产率为 6.91%～14.83%，平均 9.90%(图 5.23)。

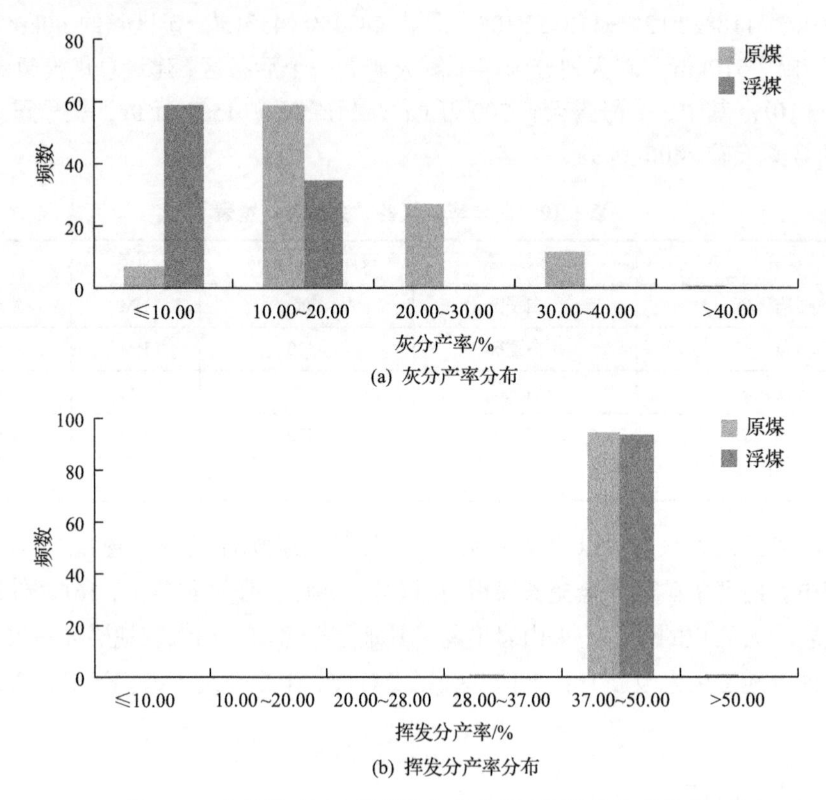


图 5.23　白音华矿区 3 号煤层灰分产率、挥发分产率分布

白音华矿区 3 号煤层主要为低灰煤，其次为中灰煤，少量为中高灰煤和特低灰煤，洗选后，大部分浮煤灰分产率小于 10.00%，以特低灰煤为主，其次为低灰煤(图 5.23)。3 号煤层在平面分布上,低灰煤全区分布,特低灰煤主要分布于中部的三号露天矿(图 5.24)。从垂向上来看，原煤灰分显示出上部较高下部较低的规律。

(3)挥发分产率：白音华矿区各煤层原煤挥发分产率在 45.78%～48.05%，各煤层浮煤挥发分产率在 44.89%～45.69%，其中 3 号煤层原煤挥发分产率为 36.23%～51.10%，平均 45.88%，浮煤挥发分产率为 38.7%～49.61%，平均 43.82%(图 5.23)。浮煤挥发分产率一般略低于原煤。

白音华矿区 3 号煤层原煤挥发分产率集中在 44.0%～47.0%，为高挥发分煤，洗选后浮煤挥发分产率变化较小，分布范围与原煤近一致。平面上，矿区内原煤的挥发分产率变化不大，全区均为高挥发分煤(图 5.24)。

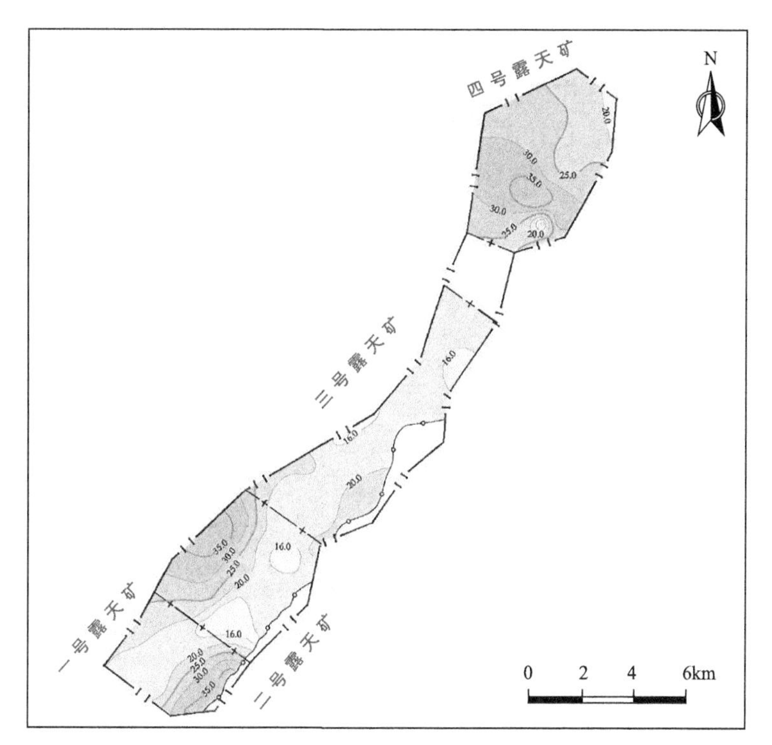


(a) 白音华矿区3号煤层原煤灰分产率等值线图

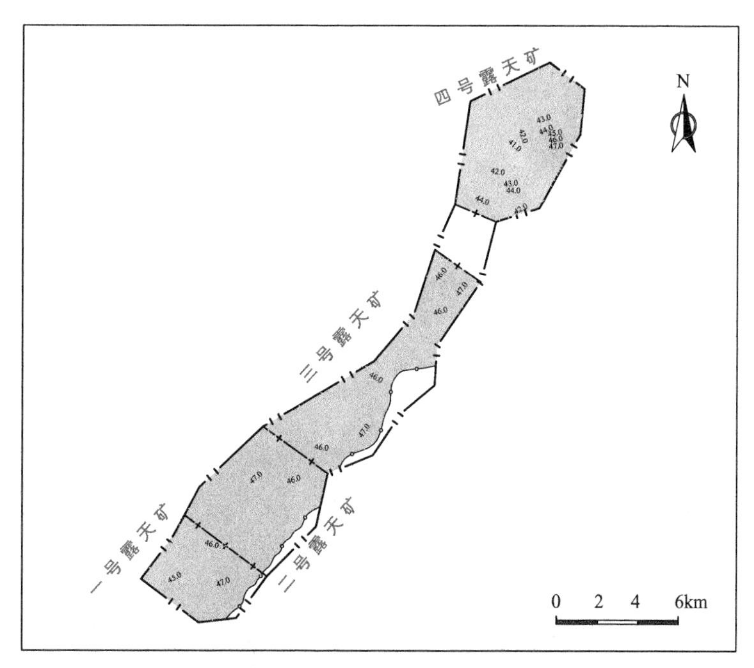


(b) 白音华矿区3号煤层原煤挥发分产率等值线图

图 5.24　白音华矿区 3 号煤层原煤灰分产率和挥发分产率等值线图(单位：%)

(4)全硫含量：3 号煤层原煤全硫含量为 0.08%～3.61%，平均 0.77%，原煤主要为低硫煤，少部分为特低硫煤和中高硫煤，极少部分为高硫煤；洗选后，低硫煤所占比例基本没有发生变化，特低硫煤和中高硫煤经洗选后比例有所下降(图 5.25)。平面上，大部分区域全硫含量小于 1.00%，仅在矿区南部的一号露天矿西南角有小部分区域大于 1.00%(图 5.26)。

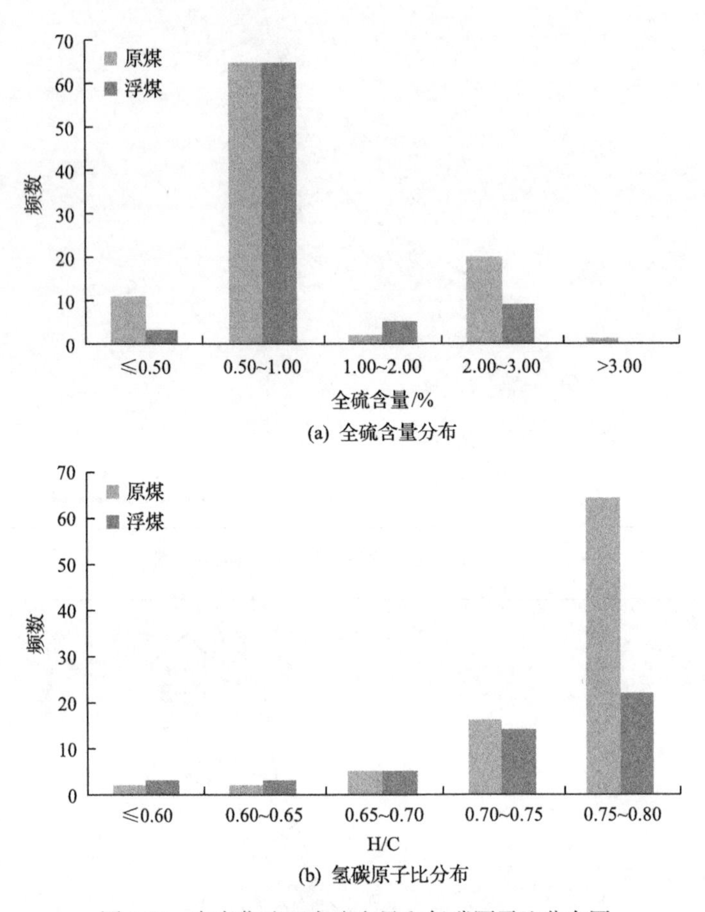


图 5.25　白音华矿区全硫含量和氢碳原子比分布图

(5)氢碳原子比：白音华矿区 3 号煤层原煤氢碳原子比为 0.55～0.96，主要分布在 0.72～0.88，平均 0.79，浮煤氢碳原子比为 0.56～0.86，平均 0.75；总体上以 0.75～0.80 为中心正态分布(图 5.25)。平面上，矿区内绝大部分区域氢碳原子比为 0.75～0.80，在北部的四号露天矿氢碳原子比呈中心向四周升高趋势(图 5.26)。

(6)煤灰熔融性温度：根据白音华矿区煤质数据统计，各煤层煤灰熔融性软化温度在 1195～1250℃，各煤层煤灰熔融性软化温度分级均为较低软化温度灰。3 号煤层煤灰熔融性软化温度在 1170～1280℃，平均 1212℃，可确定白音华矿区 3 号煤层煤灰熔融点较高，全部属中等熔融灰分。

(7)煤的黏结指数：根据白音华矿区煤质数据统计，区内煤焦渣类型为 1～2，可以初步确定区内的煤无黏结性。

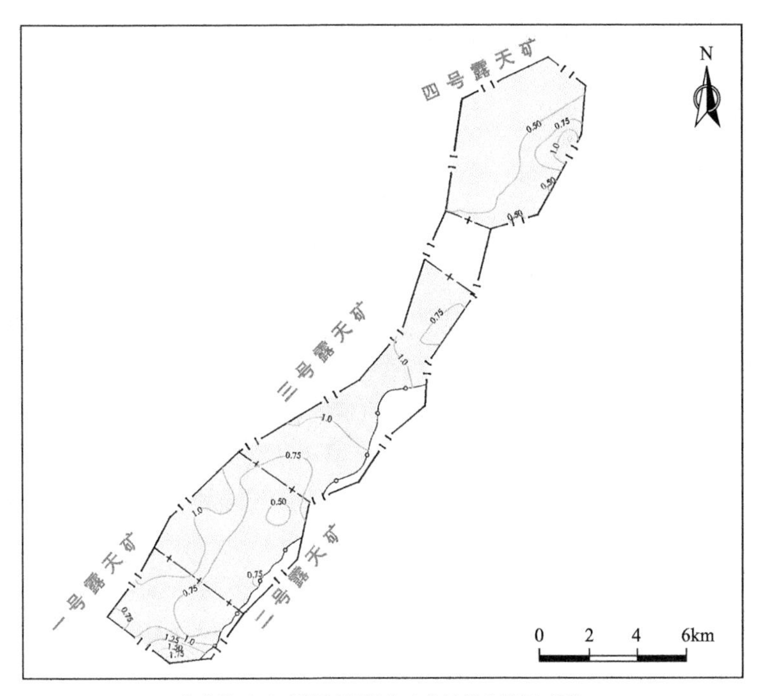


(a) 白音华矿区3号煤层原煤全硫含量等值线图(单位：%)

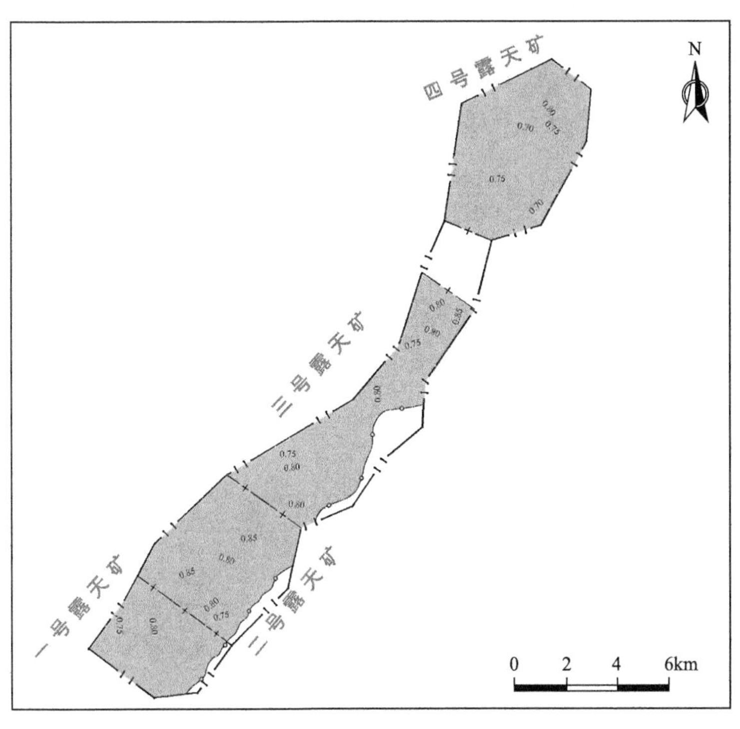


(b) 白音华矿区3号煤层原煤氢碳原子比等值线图

图 5.26　白音华矿区 3 号煤层原煤全硫含量和氢碳原子比分等值线图

(8)煤的热稳定性：根据白音华矿区煤质数据统计，3 号煤层的热稳定性为 33.4%～

76.2%，平均 61%，属于较高热稳定性煤(RHTS)。

## （二）煤岩特征

### 1. 宏观煤岩特征

通过对煤样的地质鉴定及描述，各煤层在物理性质上没有显著差别。煤的颜色一般为黑色、黑褐色、褐色，条痕呈浅褐色、棕褐色，光泽多为弱沥青光泽，其次为暗淡光泽，风化后无光泽。断口各种类型不同：亮煤较脆，常具贝壳状断口；暗煤较硬，密度稍大，多为参差状断口。镜煤内生裂隙发育，裂隙比较平坦，有时见有钙质及黄铁矿薄膜充填，敲击易碎成棱角小块，暗煤则具有一定的韧性。煤的吸水性强，易风化，风化后呈团块状及鳞片状，易自然发火，层理为水平层理及缓波状层理。煤层呈条带状结构，层理状构造。暗煤常具块状及宽条带状，具水平层理，偶见微波状层理，易风化，风化后呈碎块状。

白音华矿区宏观煤岩特征为各煤岩组分交替出现，多为亮煤和暗煤，镜煤和丝炭以透镜状或均匀的线理状夹在亮煤和暗煤中，宏观煤岩类型属半暗煤。1 煤组以暗煤为主，夹亮煤条带，为半暗型煤；2 煤组以亮煤为主，夹暗煤条带，为半亮型煤；3 煤组以亮煤为主，夹暗煤条带及线理状或透镜状镜煤条带，为半亮型煤。

### 2. 显微煤岩特征

由各煤层显微煤岩组分含量反映出：区内煤的有机显微组分变化不大，各煤层镜质组(腐殖组)含量在 63.5%～83.17%，惰质组含量总体偏低(0.00%～8.60%)；稳定组含量在 0.60%～2.20%(表 5.11)。

**表 5.11　白音华矿区各煤层显微组分统计表**　　(单位：%)

| 煤层号 | 有机显微组分+矿物杂质 | | | | | | | $R_{o,max}$ |
|---|---|---|---|---|---|---|---|---|
| | 腐殖组 | 惰质组 | 稳定组 | 黏土组 | 硫化物组 | 碳酸盐组 | 氧化物组 | |
| 1-1 | 68.58 | 8.60 | 2.20 | 14.6 | 0.3 | 1.0 | 1.6 | 0.369 |
| 2-1 | 79.30 | 1.80 | 1.00 | 17.4 | 0.1 | 0.2 | 0.1 | 0.375 |
| 2-2 | 63.50 | 0.00 | 0.90 | 21.3 | 0 | 0.3 | 0 | 0.398 |
| 3-1 | 72.73 | 1.10 | 1.20 | 14.9 | 0 | 0.1 | 0.2 | 0.383 |
| 3-2 | 77.50 | 1.27 | 0.93 | 10.67 | 0.23 | 0.3 | 0.23 | 0.398 |
| 3-3 | 83.17 | 2.10 | 0.60 | 12.5 | 0.7 | 0.7 | 0.7 | 0.393 |

煤的镜质组最大反射率，由浅到深略有增高趋势，范围在 0.369%～0.398%，变质阶段为 0～Ⅱ，属于二号褐煤。

## 三、煤炭清洁利用评价

由上述煤岩煤质特征描述可知，白音华矿区主采煤层 3 号煤层为低变质程度褐煤，因而重点评价其为直接液化和气化方面的用途。白音华矿区以亮煤—半亮煤为主，显微组分以镜质组为主，范围在 96.3%～97.4%，挥发分产率集中在 36.23%～51.1%，氢碳原子比集中在 0.72～0.88，大部分煤质数据达到直接液化用煤指标要求，因此认为以 3 号煤层为代表的白音华矿区煤适合作为直接液化用煤(表 5.12)。

**表 5.12　白音华矿区 3 号煤层直接液化用煤评价指标对照表**

| 指标分级 | 评价指标 | | | | |
|---|---|---|---|---|---|
| | $V_{daf}$/% | $R_{max}$/% | H/C | $I$/% | $A_d$/% |
| 一级指标 | ＞35.00 | ＜0.65 | ＞0.75 | ≤15.00 | ≤12.00 |
| 二级指标 | | | ≥0.70～0.75 | ＞15.00～35.00 | ＞12.00～25.00 |
| 白音华矿区 3 号煤层 | 36.23～51.10 (45.88) | ＜0.39 | 0.55～0.96 (0.79) | ＞9 | 7.76～47.17 (19.72) |

截至 2015 年底，白音华矿区保有资源量为 144.21 亿 t，直接液化用煤保有资源量为 77.88 亿 t(全部为二级液化)，主要分布在二号露天矿、三号露天矿；气化用煤保有资源量 61.64 亿 t，其中流化床二级用煤 54.73 亿 t，主要分布在二号露天矿和四号露天矿，干煤粉气流床一级用煤 3.18 亿 t、干煤粉气流床二级用煤 3.73 亿 t，主要分布在一号露天矿，其他用煤保有资源量 4.69 亿 t(图 5.27)。

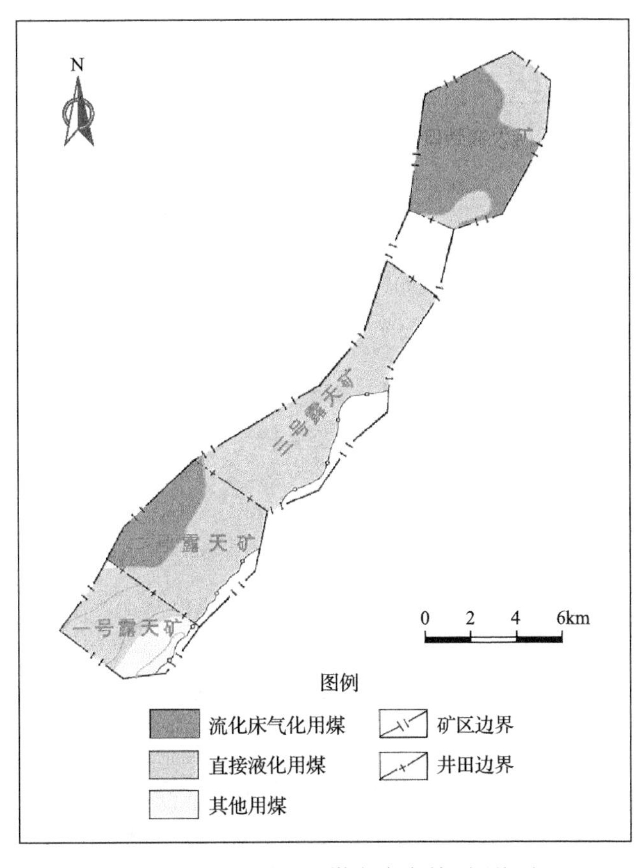


图 5.27　白音华矿区煤炭清洁利用评价图

# 第五节 伊敏矿区

## 一、矿区概况

伊敏矿区位于内蒙古呼伦贝尔盆地群海拉尔盆地北缘，地理坐标为东经 119°39′02″～119°45′05″，北纬 48°32′19″～48°38′43″，伊敏矿区长约 55km，宽 2～18km，控制面积约 $145km^2$。伊敏矿区的主要含煤地层为下白垩统大磨拐河组，其中伊敏组 15、16 号煤层是全矿区最主要的可采煤层(霍超等，2017)。矿区划分为 3 个露天矿田和 5 个井田，生产建设总规模 4930 万 t/a(表 5.13)。其中初期建设煤矿一号露天矿由 500 万 t/a 分期扩建到 2500 万 t/a，五牧场矿井 300 万 t/a；后期建设接续煤矿北露天矿 240 万 t/a，南露天矿 500 万 t/a，伊敏一井 500 万 t/a，伊敏二井 500 万 t/a，伊敏三井 90 万 t/a，伊敏四井 300 万 t/a。

表 5.13 伊敏矿区各井田产能

| 序号 | 矿(井)田 | 含煤地层 | 产能/(万 t/a) |
|---|---|---|---|
| 1 | 一号露天矿 | 大磨拐河组 | 2500 |
| 2 | 五牧场矿井 | 大磨拐河组 | 300 |
| 3 | 北露天矿 | 大磨拐河组 | 240 |
| 4 | 南露天矿 | 大磨拐河组 | 500 |
| 5 | 伊敏一井 | 大磨拐河组 | 500 |
| 6 | 伊敏二井 | 大磨拐河组 | 500 |
| 7 | 伊敏三井 | 大磨拐河组 | 90 |
| 8 | 伊敏四井 | 大磨拐河组 | 300 |
| 合计 | | | 4930 |

## 二、煤岩煤质特征

伊敏矿区含煤地层为下白垩统大磨拐河组及伊敏组。伊敏组含煤地层厚度 33.60～591.40m，平均 334.28m；发育 16 个煤层，煤层总厚 1.60～121.90m，平均 37.05m；含煤系数 11.08%；含煤性较好，伊敏组 16 号煤层为矿区主采煤层。

### (一)煤质特征

(1)水分含量：伊敏矿区 16 号煤层原煤水分含量为 1.9%～19.53%，平均 10.89%。16 号煤层浮煤水分含量为 2.63%～20.08%，平均 9.39%。

(2)灰分产率：伊敏矿区各煤层原煤灰分产率平均值在 11.90%～18.25%。其中 16 号煤层原煤灰分产率为 5.49%～37.77%，平均 13.96%，16 号煤层浮煤灰分产率为 2.99%～22.24%，平均 7.496%。煤经洗选后，灰分有较大幅度的降低。

伊敏矿区 16 号煤层主要为低灰煤，其次为特低灰煤，少量为中高灰煤和特低灰煤，洗选后，大部分灰分产率小于 10.00%，以特低灰煤为主，其次为特低灰煤。16 号煤层在平面分布上，低灰分煤全区分布，中高灰煤主要分布于中部一号露天矿和东部伊敏二井(图 5.28、图 5.29)。

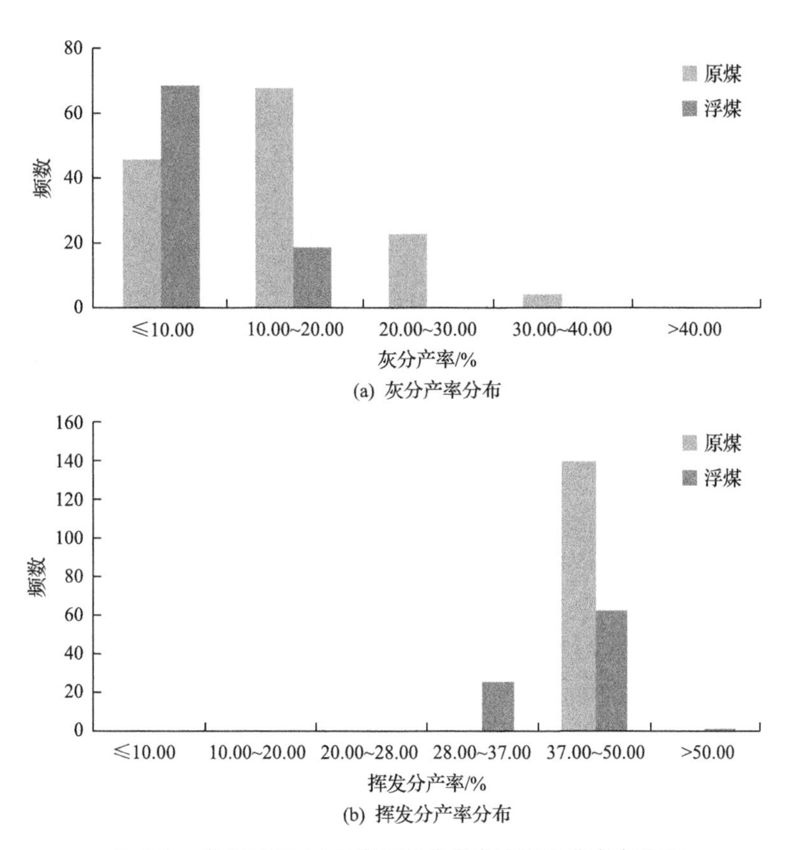


(a) 灰分产率分布

(b) 挥发分产率分布

图 5.28　伊敏矿区 16 号煤层灰分产率和挥发分产率分布

(3)挥发分产率：伊敏矿区各煤层原煤挥发分产率平均值为 43.60%～48.46%，其中 16 号煤层原煤挥发分产率为 39.22%～49.97%，平均 43.17%。各煤层浮煤挥发分产率平均值为43.70%～49.64%，其中 16 号煤层浮煤挥发分产率为 32.87%～55.17%，平均 40.55%。

伊敏矿区 16 号煤层原煤挥发分产率集中在 42.0%～47.0%，为高挥发分煤，浮选后挥发分产率变化较小，分布范围与原煤近一致。平面上，矿区内 16 号煤层原煤的挥发分产率变化不大，全区均为高挥发分煤。

(4)全硫含量：伊敏矿区各煤层原煤全硫含量为 0.03%～0.37%，其中 16 号煤层全硫含量为 0.03%～0.87%，平均 0.30%(图 5.30)。各煤层浮煤全硫含量平均值为 0.22%～0.33%，其中 16 号煤层浮煤全硫含量为 0.05%～0.73%，平均 0.26%。伊敏矿区 16 号煤层原煤主要为特低硫煤，少部分为低硫煤，极少部分为中高硫煤；洗选后，低硫煤所占比例明显下降，特低硫煤和中高硫煤经洗选后比例有所下降。平面上，大部分区域全硫含量小于 1.00%，仅在矿区南部的一号露天矿西南角有小部分区域大于 1%(图 5.31)。

(5)氢碳原子比：伊敏矿区 16 号煤层原煤氢碳原子比为 0.58～0.89，主要分布在 0.66～0.84，平均 0.77；16 号煤层浮煤氢碳原子比为 0.61～0.85，平均 0.70(图 5.30)。平面上，矿区内绝大部分区域氢碳原子比为 0.70 左右，由北向南有升高趋势(图 5.31)。

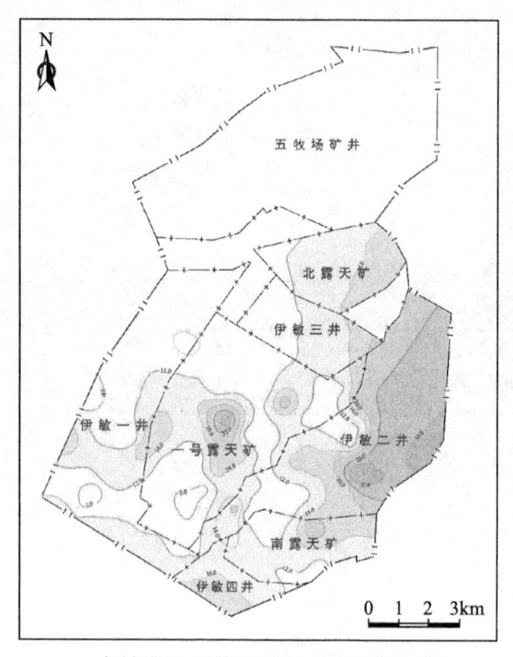


(a) 伊敏矿区16号煤层原煤灰分产率等值线图

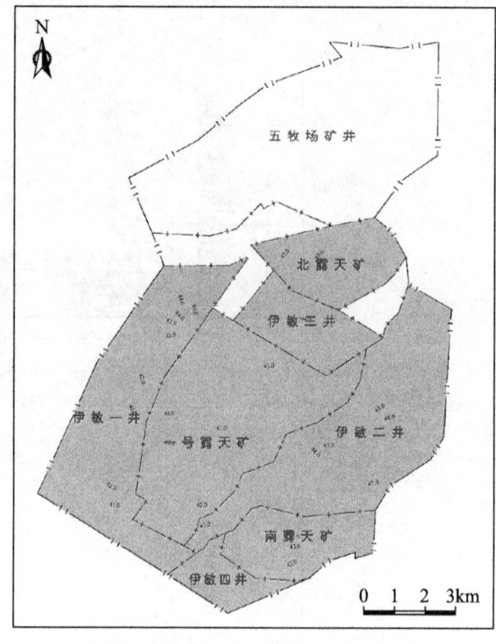


(b) 伊敏矿区16号煤层原煤挥发分产率等值线图

图 5.29　伊敏矿区 16 号煤层原煤灰分产率和挥发分产率等值线图(单位：%)

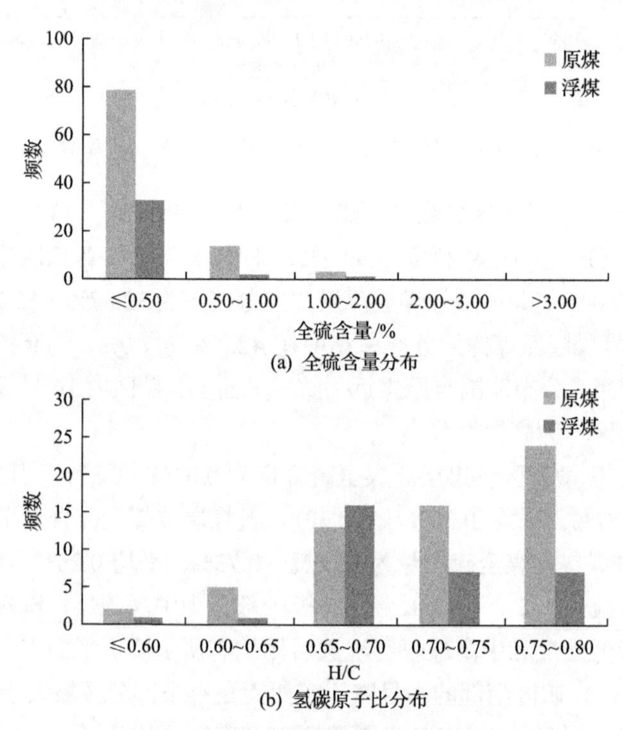


(a) 全硫含量分布

(b) 氢碳原子比分布

图 5.30　伊敏矿区 16 号煤层全硫含量和氢碳原子比分布

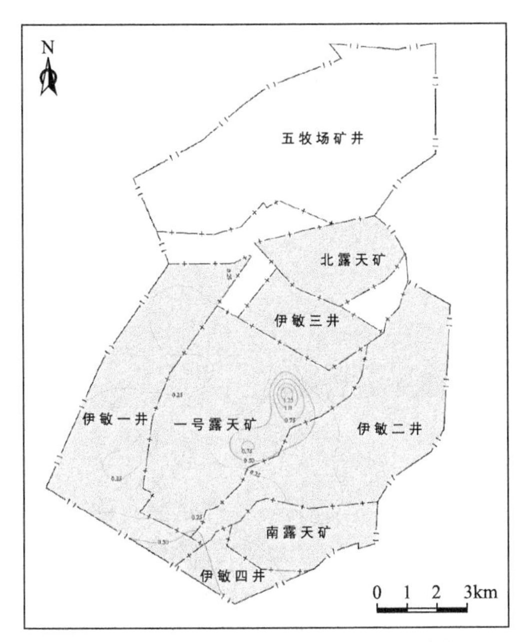


(a) 伊敏矿区16号煤层原煤全硫含量等值线图(单位：%)

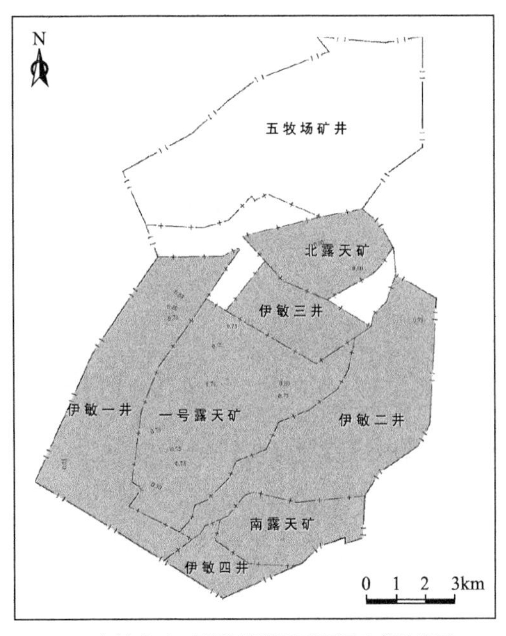


(b) 伊敏矿区16号煤层原煤氢碳原子比等值线图

图 5.31　伊敏矿区 16 号煤层原煤全硫含量和氢碳原子比等值线图

(6)煤灰熔融性温度：根据伊敏矿区煤质数据统计，16 号煤层煤灰熔融性软化温度为1160～1500℃，平均1274℃(图5.32)。可确定伊敏矿区煤层大部分属于中等熔融灰分，

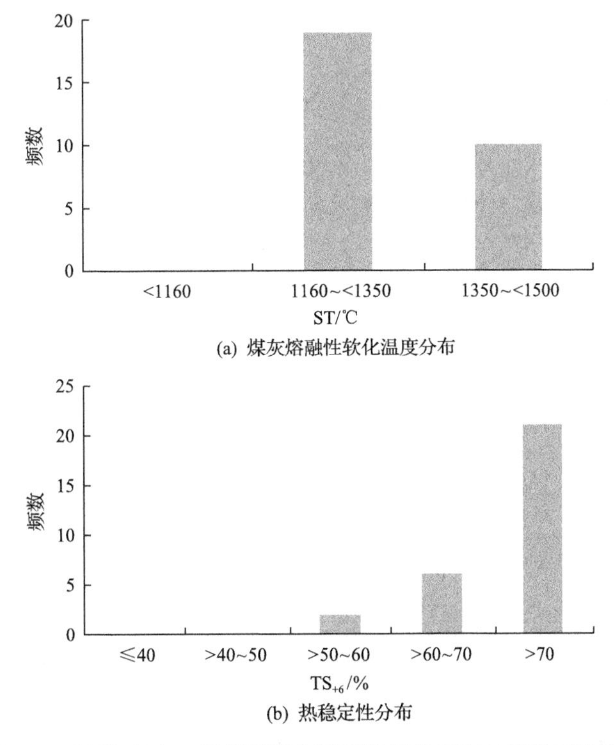


(a) 煤灰熔融性软化温度分布

(b) 热稳定性分布

图 5.32　伊敏矿区 16 号煤层煤灰熔融性软化温度与热稳定性分布

其次为难熔灰分。

(7)煤的黏结指数：根据伊敏矿区煤质数据统计，16号煤层的黏结指数为0，因此判断其为无黏结煤或微黏结煤。

(8)热稳定性：根据伊敏矿区煤质数据统计，16号煤层的热稳定性为57.3%～96%，平均74.14%(图5.32)，伊敏矿区绝大多数属于高热稳定性煤(HTS)，其次为较高热稳定性煤(RHTS)，少量为中等热稳定性煤(MTS)。

## (二)煤岩特征

伊敏矿区16号煤层在勘探过程中取得了较多煤岩特征资料。

### 1. 宏观煤岩特征

伊敏矿区各煤层的颜色为深褐—黑褐色，条痕为棕—深褐色，光泽暗淡，断口不规则或参差状，裂隙不发育。真密度平均值在1.47～1.65g/cm$^3$，视密度平均值在1.16～1.28g/cm$^3$。其中16号煤层真密度在1.43～1.65g/cm$^3$，视密度在1.02～1.45g/cm$^3$。

16号煤层煤的成分以暗煤为主，丝炭次之，含少量镜煤和亮煤，层状或块状构造，条带状或均一状结构，宏观煤岩特征为暗淡型—半暗型煤。

### 2. 显微煤岩特征

伊敏矿区各煤层显微煤岩组分有机质含量高，其中以惰质组为主，少量的腐殖组、壳质组及矿物质。16号煤层的镜质组含量在47.2%～57.0%，惰性组含量在31.7%～42.0%，壳质组含量在0.0%～1.4%，矿物质含量在0.0%～19.1%。显微煤岩组分以镜质组、惰性组为主，少量壳质组、矿物质。各煤层的显微煤岩类型均为微亮暗煤。各煤组显微组分含量见表5.14和表5.15。

表5.14　各煤层显微煤岩含量统计表(据伊敏煤田外围煤炭普查报告)

| 煤层 | 镜质组/% | 惰性组/% | 壳质组/% | 矿物质/% | $R_{o,max}$/% |
|---|---|---|---|---|---|
| 12 | 46.5 | 51.5 | 2.0 | 0.0 | 0.347 |
| 15-1 | 49.0 | 43.7 | 3.7 | 3.0 | 0.351 |
| 15-2 | 47.0 | 35.8 | 0.9 | 16.4 | 0.385 |
| 16 | 52.1 | 36.9 | 0.7 | 9.6 | 0.394 |

表5.15　各煤层显微煤岩含量统计表(据伊敏露天矿煤炭资源储量核实报告)

| 煤层 | 镜质组/% | 惰性组/% | 壳质组/% | 矿物质/% | $R_{o,max}$/% |
|---|---|---|---|---|---|
| 15上 | 29.7 | 62.7 | 1.8 | 5.8 | 0.40～0.46 |
| 16 | 29.6 | 63.7 | 2.2 | 4.5 | 0.39～0.46 |

各煤层腐殖组以凝胶体为主，团块腐殖体次之；惰质组以碎屑惰质体为主，丝质体次之，少量粗粒体、半丝质体及菌类体；稳定组以小孢子为主，角质体次之，少量树脂体。矿物质以黏土类为主，少量硫化铁类、碳酸盐类及氧化硅类。

煤的镜质组反射率：根据对伊敏矿区 16 号煤层采样测试，其镜质组最大反射率为 0.39%～0.46%，变质阶段为 0，反映在煤类上为褐煤。

## 三、煤炭清洁利用评价

由上述煤岩煤质特征描述可知，伊敏矿区主采煤层 16 号煤层属低变质程度褐煤，因而重点评价其为直接液化和气化方面的用途。伊敏矿区 16 号煤层为暗淡型—半暗型煤，显微组分以惰质组为主，含量在 57.3%～68.7%，挥发分产率集中在 39.22%～49.97%，氢碳原子比集中在 0.66～0.84，因该区惰质组含量较高，不利于直接液化，故只能考虑其作为气化用煤(表 5.16)。

表 5.16　伊敏矿区 16 号煤层流化床气化用煤评价指标对照

| 指标分级 | $\alpha$/% | ST/℃ | $G$ |
|---|---|---|---|
| 一级指标 | ≥80 | ≥1050 | ≤20 |
| 二级指标 | ＞60～80 | | ＞20～35 |
| 伊敏矿区 16 号煤层 | 21.2～66.7 | 1160～1500(1274) | 0 |

工艺分析结果表明，伊敏矿区 16 号煤层煤的热稳定性高、煤灰熔融性中等，结合其工业分析各项数据，认为伊敏矿区整体适合作为流化床气化用煤(图 5.33)。

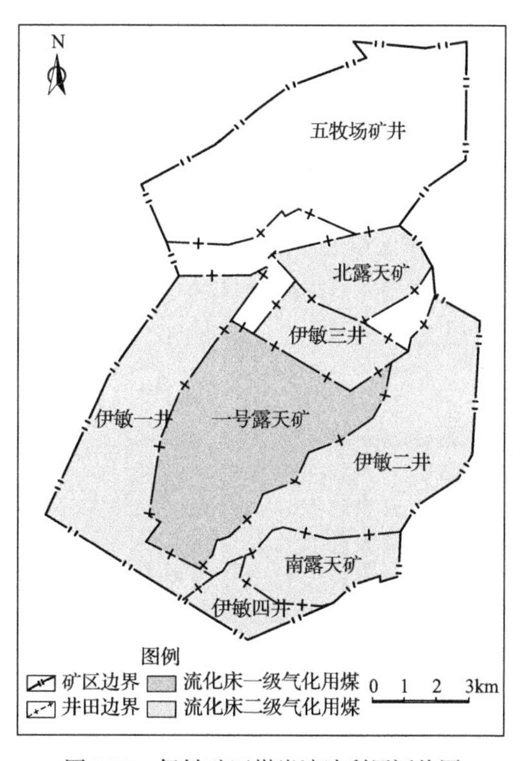


图 5.33　伊敏矿区煤炭清洁利用评价图

截至2015年底，伊敏矿区保有资源储量为119.25亿t，全部作为气化用煤，其中流化床一级用煤72.77亿t，流化床二级用煤46.48亿t。

## 第六节　万利矿区

### 一、矿区概况

万利矿区位于内蒙古自治区鄂尔多斯市东胜区、伊金霍洛旗和达拉特旗境内，总面积约1084km$^2$。万利矿区划分为8个井田和4个小型煤矿整合改造区，生产建设总规模暂定3840万t/a。其中万利井田(原万利一、二号井和昌汉沟一号井合并)由180万t/a扩建到800万t/a，高家梁井田600万t/a，杨家村井田500万t/a，范家村井田120万t/a，塔拉壕井田600万t/a，碾盘梁井田120万t/a，王家塔井田500万t/a，李家壕井田600万t/a。4个小煤矿改造区，分别为祁家畔、赵油房、酸刺沟和潮脑梁。

### 二、煤岩煤质特征

万利矿区含可采煤层8层，可采煤层厚度4.82～28.67m，煤系地层厚度平均为190.93m，煤种为不黏煤和长焰煤。

#### (一)煤质特征

(1)水分含量：万利矿区3-1号煤层原煤水分含量一般在5%～15%，平均10.28%；原煤水分含量一般在10%以下，以中水分煤为主。

(2)灰分产率：万利矿区3-1号煤层原煤灰分产率为6.01%～32.93%，平均15.26%，为低灰煤(图5.34)，经洗选后灰分下降，平均在7%以下。在平面分布上，低灰分煤主要分布于矿区北部王家塔井田、李家壕井田及杨家村井田的大部分区域(图5.35)。

(3)挥发分产率：万利矿区3-1号煤层原煤挥发分产率为30.74%～46.83%，平均35.58%，为中高挥发分煤(图5.34)。平面上，矿区内3-1号煤层原煤的挥发分产率变化不

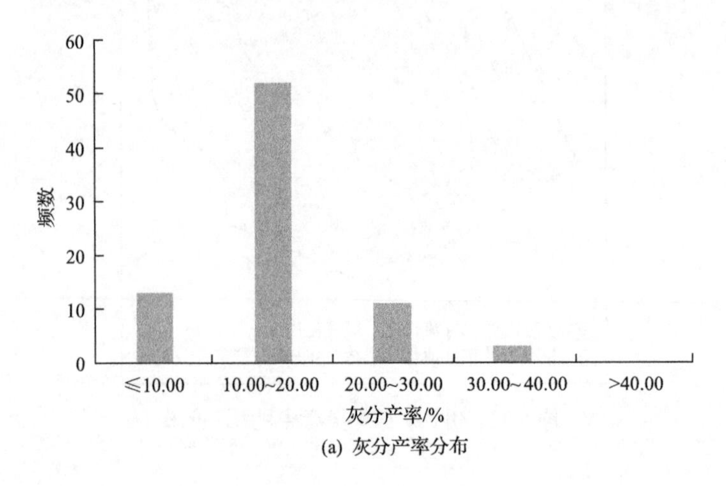

(a) 灰分产率分布

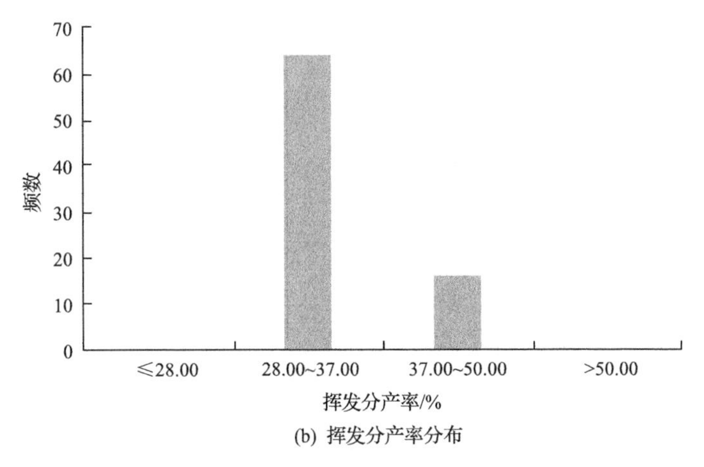


(b) 挥发分产率分布

图 5.34 万利矿区 3-1 号煤层原煤灰分产率和挥发分产率分布

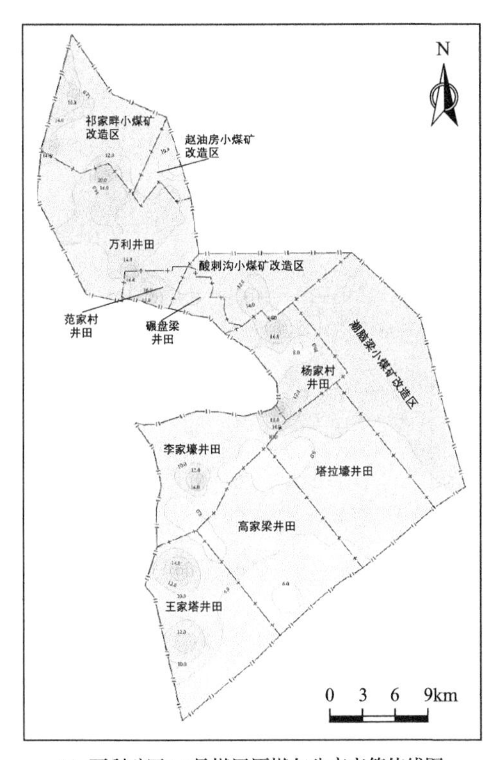


(a) 万利矿区3-1号煤层原煤灰分产率等值线图

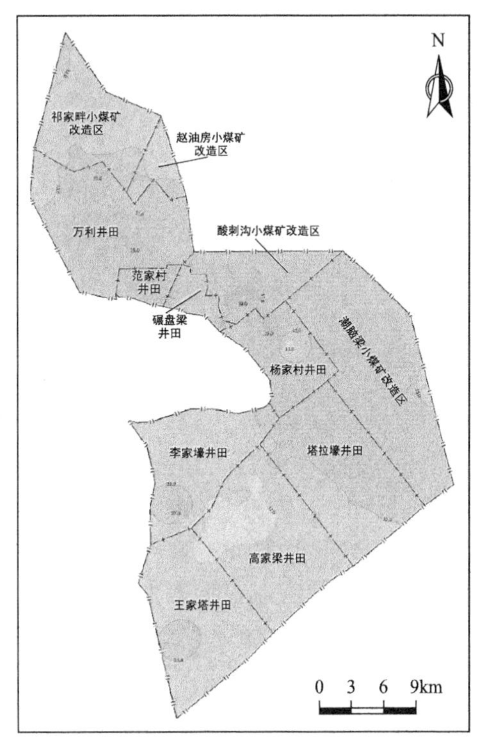


(b) 万利矿区3-1号煤层原煤挥发分产率等值线图

图 5.35 万利矿区 3-1 号煤层原煤灰分产率和挥发分产率等值线图(单位：%)

大，大部分地区原煤挥发分产率大于 35%(图 5.35)。

(4)全硫含量：万利矿区 3-1 号煤层原煤全硫含量为 0.12%～2.64%，平均 0.78%，主要为特低硫—低硫煤(图 5.36、图 5.37)。

(5)氢碳原子比：万利矿区 3-1 号煤层原煤氢碳原子比为 0.53～0.74，平均 0.63 (图 5.36)。平面上，矿区内绝大部分区域氢碳原子比小于 0.70，没有明显的集中分布趋势(图 5.37)。

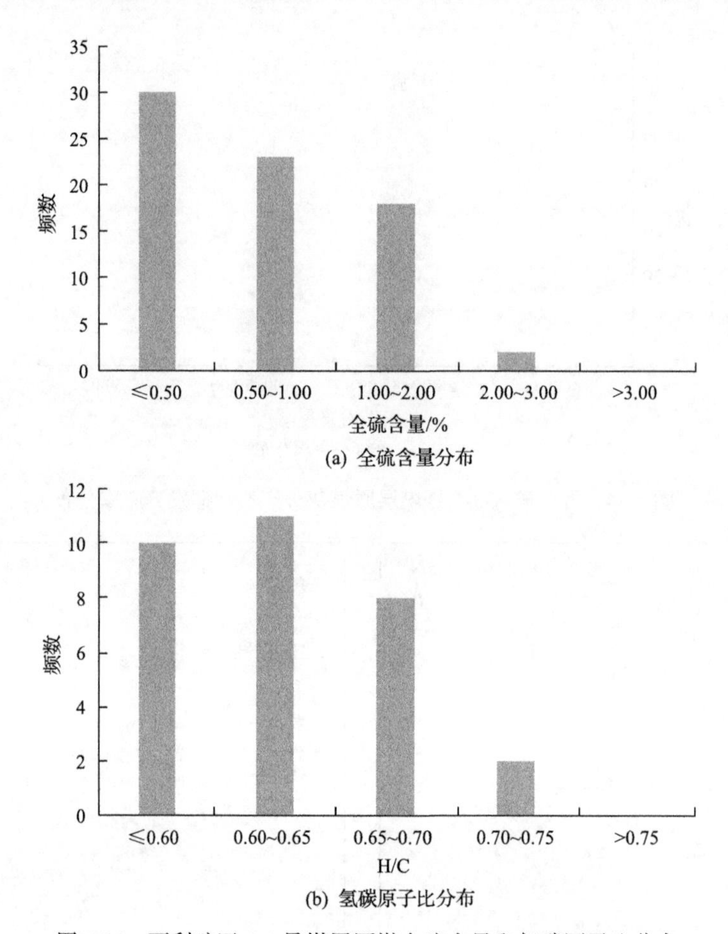

(a) 全硫含量分布

(b) 氢碳原子比分布

图 5.36 万利矿区 3-1 号煤层原煤全硫含量和氢碳原子比分布

(6)煤灰熔融性温度：根据万利矿区煤质数据统计，3-1 号煤层煤灰熔融性软化温度在 1120～1350℃，平均 1239℃，可确定大部分属于中等熔融灰分。

(7)煤的黏结指数：根据万利矿区煤质数据统计，3-1 号煤层的焦渣类型为 2～5，平均为 3，黏结指数为 0，因此判断其为无黏结煤或微黏结煤。

(8)热稳定性：根据万利矿区煤质数据统计，3-1 号煤层热稳定性平均为 68.97%，万利矿区绝大多数煤属高热稳定性煤(HTS，＞70%)。

## (二)煤岩特征

### 1. 宏观煤岩特征

矿区内主要可采煤层呈黑色，条痕为褐黑色，弱沥青—沥青光泽，参差状、棱角状断口，内生裂隙较发育，煤层中见黄铁矿薄膜及结核，条带状结构，层状构造。宏观煤岩组分以暗煤、亮煤为主，见丝炭，属半暗型煤。

### 2. 显微煤岩特征

显微煤岩组分以镜质组为主，镜质组平均含量为 47.1%～59.5%，惰质组为 35.1%～

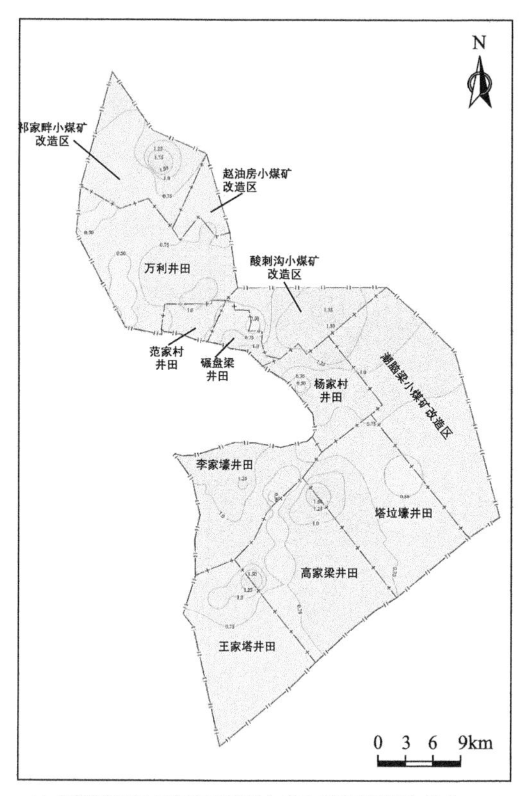


(a) 万利矿区3-1号煤层原煤全硫含量等值线图(单位：%)

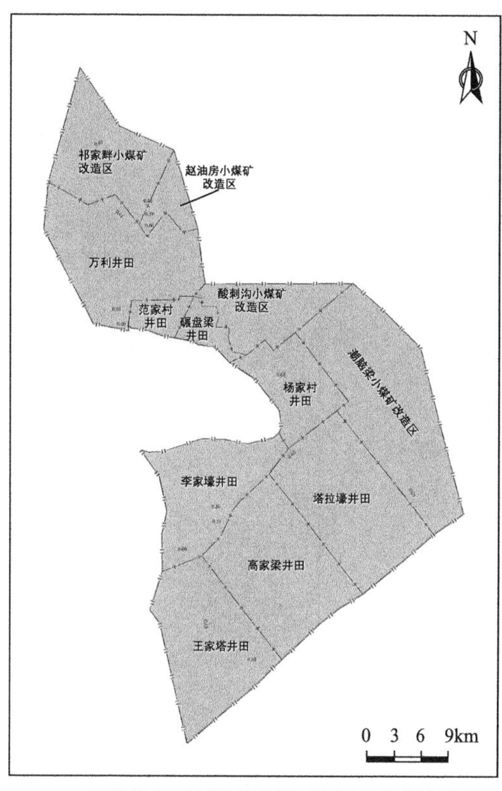


(b) 万利矿区3-1号煤层原煤氢碳原子比等值线图

图 5.37　万利矿区 3-1 号煤层原煤全硫含量和氢碳原子比等值线图

46.6%，半镜质组为 5.1%～6.9%，三者之和在 95%以上(刘大猛等，1998)。依据国际显微煤岩分类原则，矿区内煤为微镜惰煤。煤中矿物杂质含量较低，成分以黏土矿物为主，平均含量在 5%以下(表 5.17)。

**表 5.17　万利矿区 3-1 号煤层煤岩鉴定表**　　(单位：%)

| 井田 | 去矿物基 | | | | 含矿物基 | | | |
|---|---|---|---|---|---|---|---|---|
| | 镜质组 | 惰质组 | 壳质组 | 显微组分组总量 | 黏土矿物 | 硫化物矿物 | 碳酸盐矿物 | 氧化物矿物 |
| 杨家村井田 | 58.5 | 40.8 | 0.7 | 94.2 | 5.0 | 0.7 | 0.1 | 0 |
| 王家塔井田 | 58.7 | 40.7 | 0.7 | 97.8 | 1.4 | 0.4 | 0.4 | 0 |

煤的镜质组最大反射率平均在 0.307%～0.459%，变质阶段为烟煤 I 阶段。

## 三、煤炭清洁利用评价

由上述煤岩煤质特征和工艺分析可知，万利矿区煤整体适合固定床气化用煤(图 5.38)。截至 2015 年底，万利矿区煤资源量为 130.66 亿 t，保有资源量 106.86 亿 t，全部可作为固定床二级气化用煤(图 5.39)。

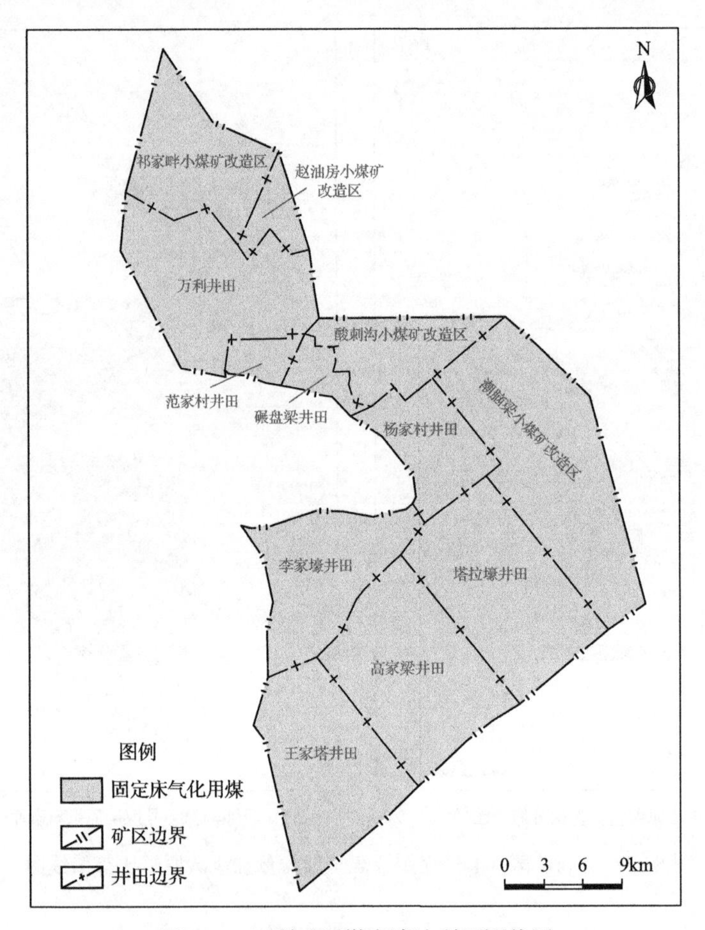


图 5.38　万利矿区煤炭清洁利用评价图

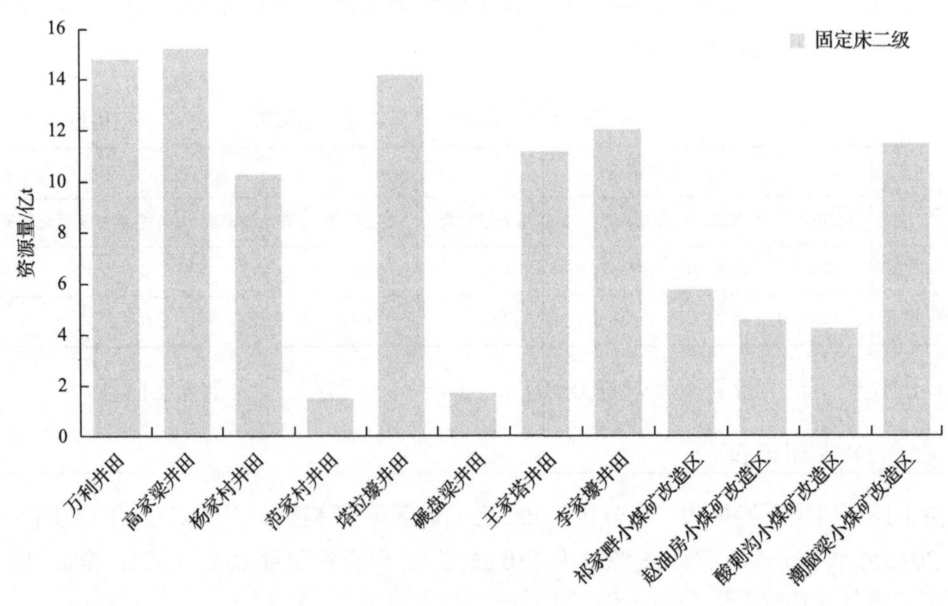


图 5.39　万利矿区煤炭资源清洁利用分布图

# 第七节 宝日希勒矿区

## 一、矿区概况

宝日希勒矿区位于内蒙古自治区呼伦贝尔市境内，距海拉尔区16km。该矿区探明储量91.6亿t(其中地方21.4亿t)，矿区划分为8个矿(井)田和1个勘查区，建设规模4480万t/a。其中：一号露天矿2000万t/a，二号露天矿1000万t/a，谢尔塔拉露天矿700万t/a，东明露天矿300万t/a，天顺井田120万t/a，呼盛井田120万t/a，蒙西一井120万t/a，西一井120万t/a。勘查区待进一步勘查后确定开发方式。

## 二、煤岩煤质特征

### (一)煤质特征

(1)水分含量：宝日希勒矿区各煤层水分含量平均值为13.04%～15.41%，其中3-1号煤层原煤水分含量为8.14%～22.74%，平均12%，以中等全水分煤为主。

(2)灰分产率：宝日希勒矿区3-1号煤层原煤灰分产率为6.79%～31.85%，平均14.38%，低灰煤为主(图2.40)，其次是特低灰煤和中灰煤，经浮选后灰分下降，平均在5%以下。在平面上，低灰煤全区分布，中灰煤主要分布在二号露天矿(图2.41)。

(3)挥发分产率：宝日希勒矿区3-1号煤层原煤挥发分产率为36.94%～48.89%，平均41.10%，主要挥发分产率集中在37.00%～45.00%，为高挥发分煤(HV＞37%～50%)。平面上，矿区内原煤的挥发分产率变化不大，全区均为高挥发分煤(图5.40、图5.41)。

(4)全硫含量：宝日希勒矿区3-1号煤层原煤全硫含量为0.06%～0.78%，平均0.25%，浮煤为0.11%～0.43%，平均0.20%。原煤全硫含量主要集中在0.5%以下。宝日希勒矿区3-1号煤层主要为特低硫分煤(图5.42、图5.43)。

(5)氢碳原子比：宝日希勒矿区3-1号煤层原煤氢碳原子比为0.62～0.82，平均0.72。平面上，矿区内绝大部分区域氢碳原子比大于0.70，没有明显的集中分布趋势(图5.42、图5.43)。

(6)煤灰熔融性温度：各煤层的煤灰熔融性软化温度在1148～1215℃，3-1号煤层煤灰熔融性软化温度平均在1226℃，为中等熔融灰分。

(7)煤的黏结指数：根据宝日希勒煤质数据统计，3-1号煤层的焦渣类型为1～2，黏结指数为0，因此判断其为无黏结煤。

(8)热稳定性：根据宝日希勒矿区煤质数据统计，3-1号煤层热稳定性平均为48.1%，宝日希勒矿区绝大多数煤属低热稳定性煤。

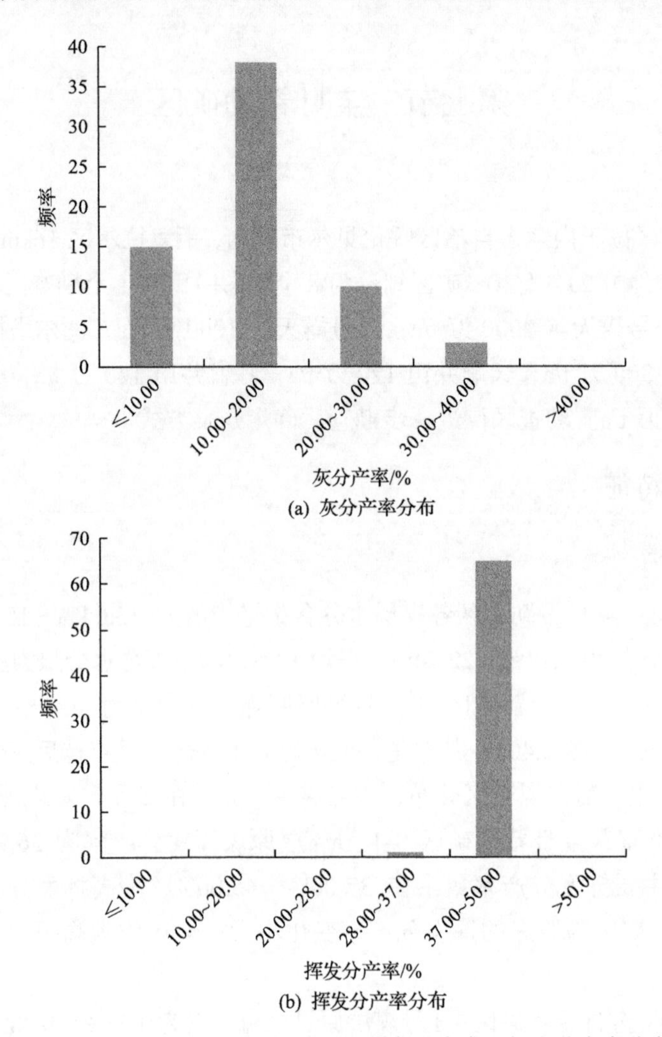

(a) 灰分产率分布

(b) 挥发分产率分布

图 5.40　宝日希勒矿区 3-1 号煤层原煤灰分产率和挥发分产率分布

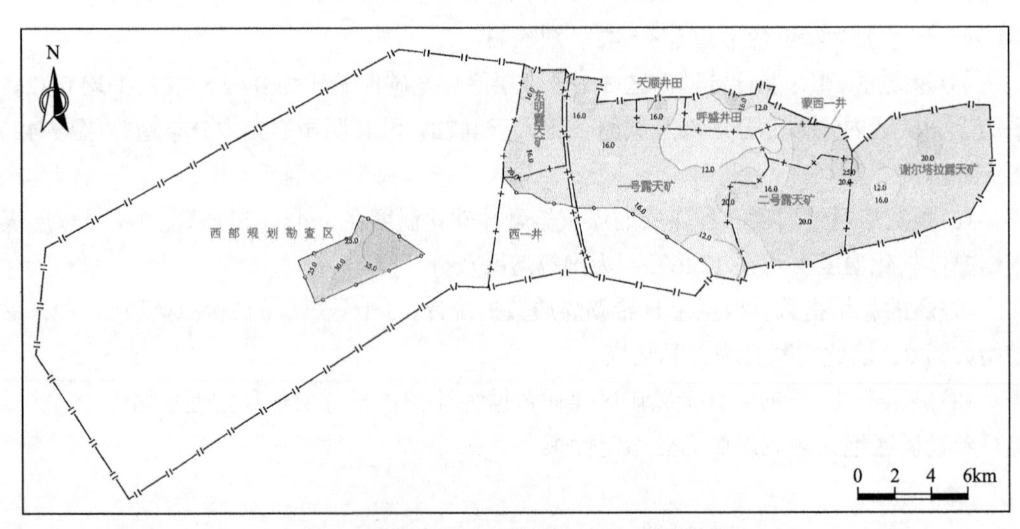

(a) 宝日希勒矿区3-1号煤层原煤灰分产率等值线图

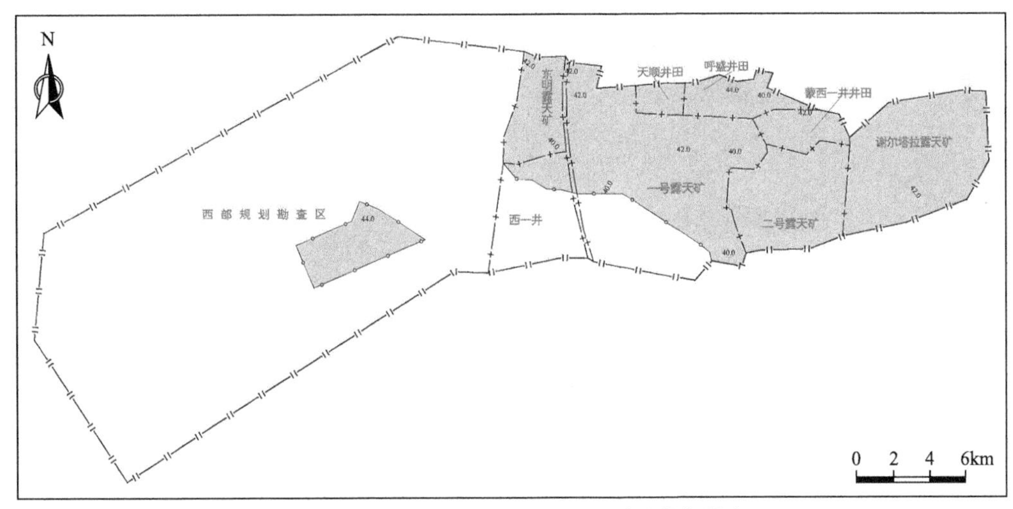


(b) 宝日希勒矿区3-1号煤层原煤挥发分产率等值线图

图 5.41　宝日希勒矿区 3-1 号煤层原煤灰分产率和挥发分产率等值线图(单位：%)

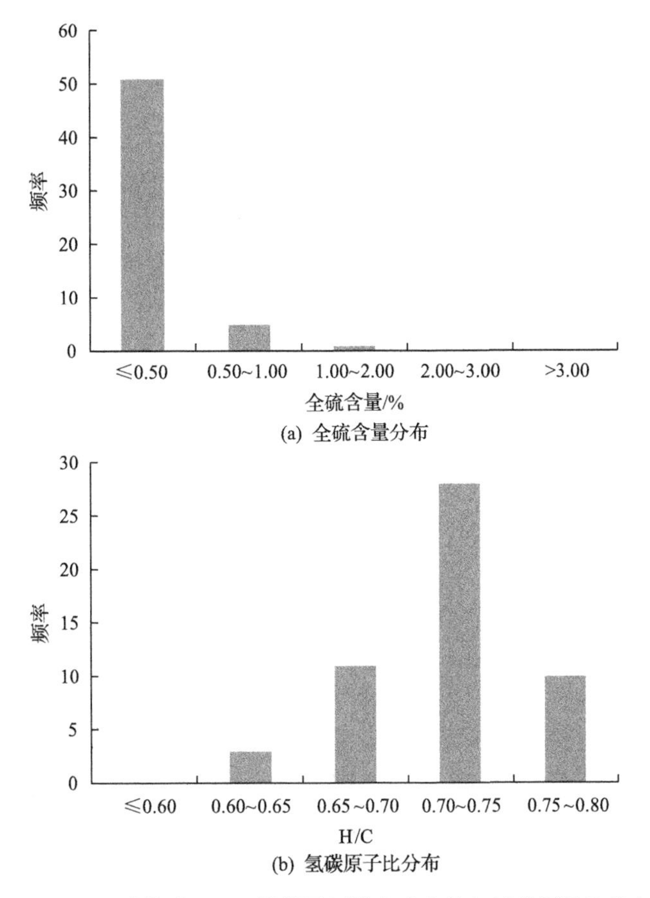


(a) 全硫含量分布



(b) 氢碳原子比分布

图 5.42　宝日希勒矿区 3-1 号煤层原煤全硫含量和氢碳原子比分布图

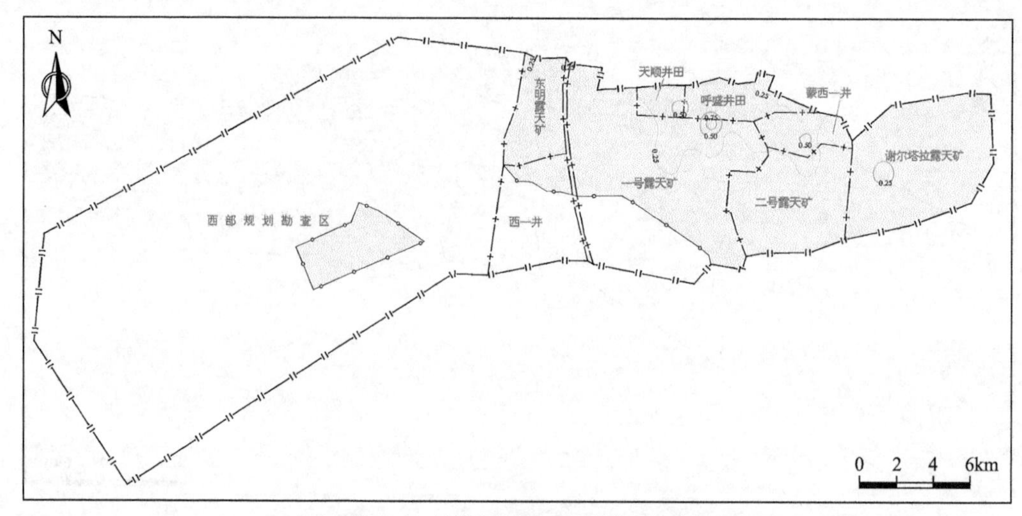


(a) 宝日希勒矿区3-1号煤层原煤全硫含量等值线图(单位：%)

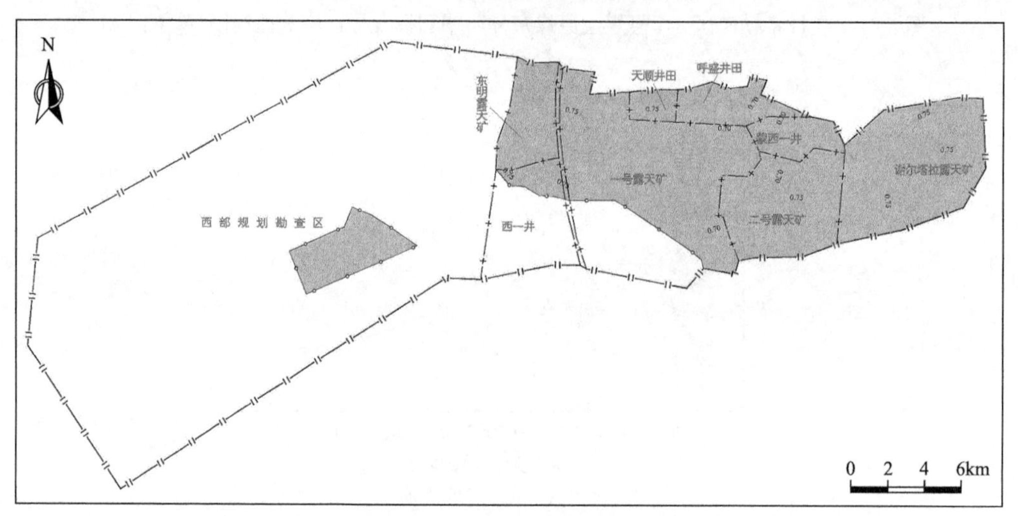


(b) 宝日希勒矿区3-1号煤层原煤氢碳原子比等值线图

图 5.43 宝日希勒矿区 3-1 号煤层原煤全硫含量和氢碳原子比等值线图

## （二）煤岩特征

### 1. 宏观煤岩特征

矿区内各煤层煤的颜色为深褐—黑褐色，条痕为暗褐—棕褐色，光泽暗淡，断口参差状，裂隙不发育。各煤层煤的成分以暗煤为主，丝炭次之，少量的镜煤和亮煤，层状或块状构造，条带状或均一状结构，为暗淡型煤。

### 2. 显微煤岩特征

矿区内主采 3 号煤层的显微煤岩组分以镜质组为主，含量在 44.2%～58.4%，平均

50.7%；其次为惰质组，含量在 33.6%～47.2%，平均 39.4%；壳质组含量在 0.9%～1.8%，平均 1.3%；矿物质含量在 6.3%～12.3%，平均 8.8%（表 5.18）。

**表 5.18　宝日希勒矿区各煤层显微煤岩特征表**

| 煤层 | 镜质组/% | 惰质组/% | 壳质组/% | 矿物质/% | $R_{o,max}$/% |
|---|---|---|---|---|---|
| $1^1$ | 32.2 | 61.6 | 2.6 | 3.6 | 0.354 |
| $2^{1-2}$ | 41.15 | 50.7 | 2 | 6.7 | 0.345 |
| 3 | 50.7 | 39.4 | 1.3 | 8.8 | 0.343 |
| 5 | 52.2 | 40.2 | 2.3 | 5.3 | 0.345 |

本区各煤层镜质组以充分分解腐质体和团块腐质体为主，其次为木质结构腐质体，少量碎屑腐质体；惰质组以丝质体和半丝质体为主，少量碎屑丝质体；壳质组以小孢子为主，角质体次之，少量树脂体。各煤层显微煤岩类型均为微镜惰煤。矿物质以黏土类为主，少量硫化铁类、碳酸盐类及氧化硅类。3 号煤层为低壳质组煤，$2^{1-2}$ 号煤层、5 号煤层为中低壳质组煤。各煤层镜质组最大反射率为 0.343%～0.354%。本区以浮煤挥发分产率、透光率、恒湿无灰基高位发热量为主要分类指标，确定煤类为褐煤。

## 三、煤炭清洁利用评价

由上述煤岩煤质特征和工艺分析可知，宝日希勒矿区煤主要可作为流化床气化用煤（图 5.44）。截至 2015 年底，宝日希勒矿区保有资源储量为 81.68 亿 t，全部为流化床二级气化用煤。

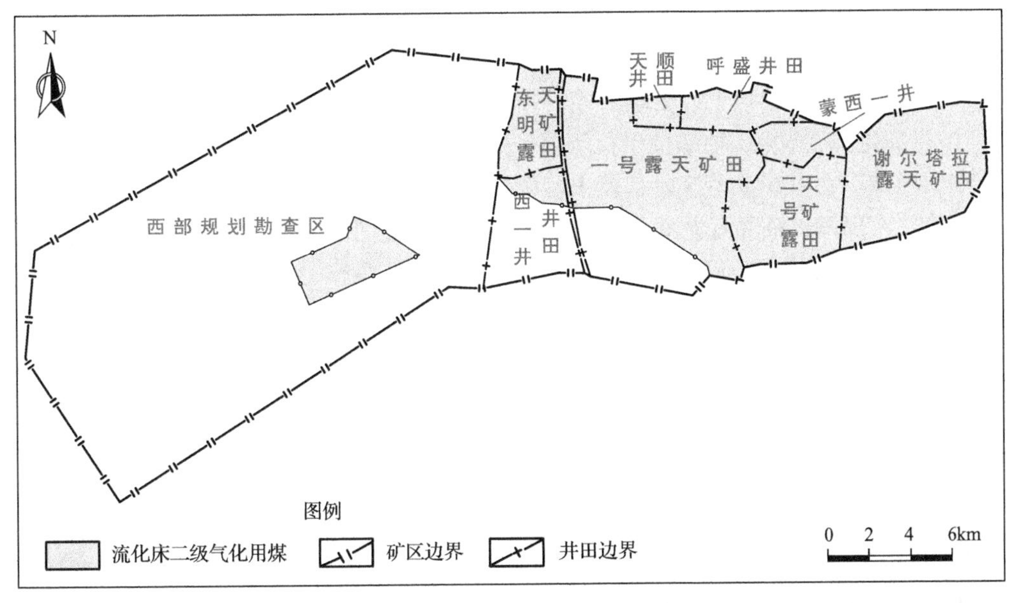


图 5.44　宝日希勒矿区 3-13 号煤层清洁利用评价图

# 第八节　巴其北矿区

## 一、矿区概况

巴其北矿区划属内蒙古自治区锡林郭勒盟西乌珠穆沁旗巴彦胡舒苏木管辖，西南直线距离锡林浩特市约170km，南距西乌珠穆沁旗旗府约60km，东距白音华矿区40km，西距五间房矿区 60km，地理坐标为东经 117°42′00″～117°55′45″，北纬 44°51′15″～45°13′30″。根据各煤层赋存最大范围圈定矿区的境界，南北长31.0km，东西宽12.0km，面积296.52km$^2$。矿区建设规模为3000万t/a，规划一号～四号矿井共4个矿井，以及1个后备区，对规划井田提出综合开发规划，对后备区提出勘查规划。矿区总服务年限116年，其中均衡生产时间84年。

含煤地层为下白垩统大磨拐河组($K_1b_2$)，含煤9层，可采8层。构造形态为一南北走向的向斜，地层倾角一般为5°～10°；断层不发育；煤系地层中无岩浆岩侵入；煤类为褐煤及长焰煤。煤层瓦斯含量低。

巴其北矿区位于古生代天山—内蒙古中部—兴安地槽褶皱区、内蒙古中部地槽褶皱系、西乌旗—苏尼特右旗晚海西地槽褶皱带。大地构造位于阿尔泰—蒙古弧形构造带的东翼。区域内明显见有北东向、北北东向及北西向三组不同性质的结构面。

### 1. 北东向结构面

北东向结构面均系压性、压扭性结构面，是该区的主要构造形迹，构成该区主体构造线。据晚古生代地层的分布，该区明显地见有三条北东向复背斜及复向斜构造。

(1)乌尼特复向斜：位于乌斯尼黑复背斜北侧。轴部见下二叠统哲斯组，零星出露于巴润莫尔果其格(北小坝梁哲斯组东延部位)，两翼为下二叠统格根敖包组及上石炭统。该复向斜因覆盖而不甚明显，在小坝梁一带显示颇为清楚。

(2)乌斯尼黑复背斜：轴部位于石灰窑一带，有中、上石炭统出露，翼部为下二叠统，呈北东向延伸。在霍朔根乌拉以东被中、新生代地层覆盖。该复背斜向西与贺根山复背斜相连接，在那里，轴部有泥盆系出露。该复背斜明显向北东倾伏。

(3)巴其复向斜：位于乌斯尼黑复背斜的南侧，轴部被中、新生代地层覆盖。在巴其及白音胡硕一带有下二叠统格根敖包组出露，两翼为上石炭统，见于乌斯尼黑及新郭勒。

上述三条复背斜、复向斜呈北东向平行展布，间距40～50km，为北东向构造带的骨干。单位小型褶皱发育于前中生代地层中，与上述复背斜、复向斜一起均于海西期形成。

### 2. 北北东向结构面

北北东向结构面为压性、压扭性结构面，在中生代末期产生，明显干扰了北东向压性、压扭性结构面。

### 3. 北西向结构面

北西向结构面多系扭性裂面，是上述两组压性结构面在受力不均衡的情况下产生的，其断层走向均与岩层走向斜交。

巴其北矿区发育于二连盆地群的东部、乌尼特拗陷中巴其复向斜的北翼，是受乌斯尼黑复背斜和巴其复向斜共同挤压所形成的一个断陷盆地，盆地面积为 800～900km$^2$，盆地主体走向为南北向。

## 二、煤岩煤质特征

巴其北矿区主采煤层相对较多，可采煤层有 8 个，即 2、3、4、5、6、7、8、9 号煤层，其中 5、6 号煤层为本区主要可采煤层；2、7、8 号煤层为该区次要可采煤层，大部可采；3、4、9 号煤层为局部可采煤层。6 号煤层为全区可采煤层，本次选取 6 号煤层为主要研究对象。

### （一）煤质特征

(1)水分含量：巴其北矿区 6 号煤层原煤水分含量为 3.22%～27.13%，平均 11.81%；浮煤水分含量为 6.14%～30.78%，平均 13.75%。

(2)灰分产率：巴其北矿区 6 号煤层原煤灰分产率为 6.59%～39.97%，平均 21.79%，主要为中—中高灰煤，少量为低灰煤(图 5.45)。经洗选后，灰分有明显下降，灰分产率主要分布在 10%～20%，平均值降低为 13.90%，属于低灰煤(图 5.46)。

(3)挥发分产率：巴其北矿区 6 号煤层原煤挥发分产率为 36.82%～51.58%，平均 44.13%，主要为高挥发分煤(图 5.45)，洗选前后挥发分基本保持不变(图 5.46)。

(4)全硫含量：巴其北矿区 6 号煤层原煤全硫含量为 0.03%～2.48%，平均 0.50%，主要为低硫煤；洗选后，浮煤全硫含量为 0.12%～2.44%，平均 0.65%。

(5)氢碳原子比：巴其北矿区 6 号煤层原煤氢碳原子比为 0.59～0.93，平均为 0.79(图 5.47、图 5.48)。

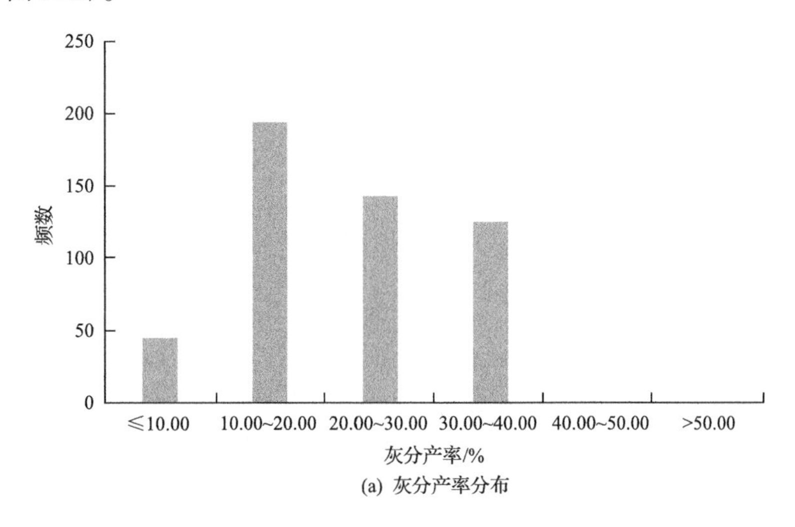

(a) 灰分产率分布

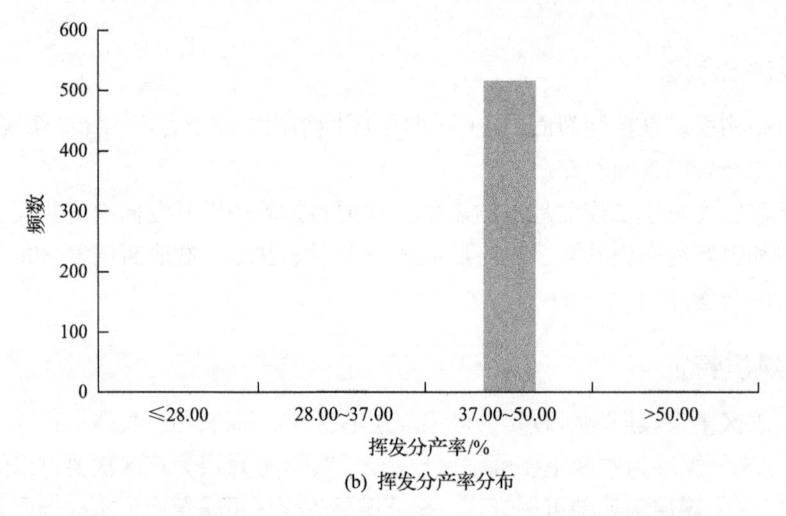


(b) 挥发分产率分布

图 5.45　巴其北矿区 6 号煤层原煤灰分产率和挥发分产率分布

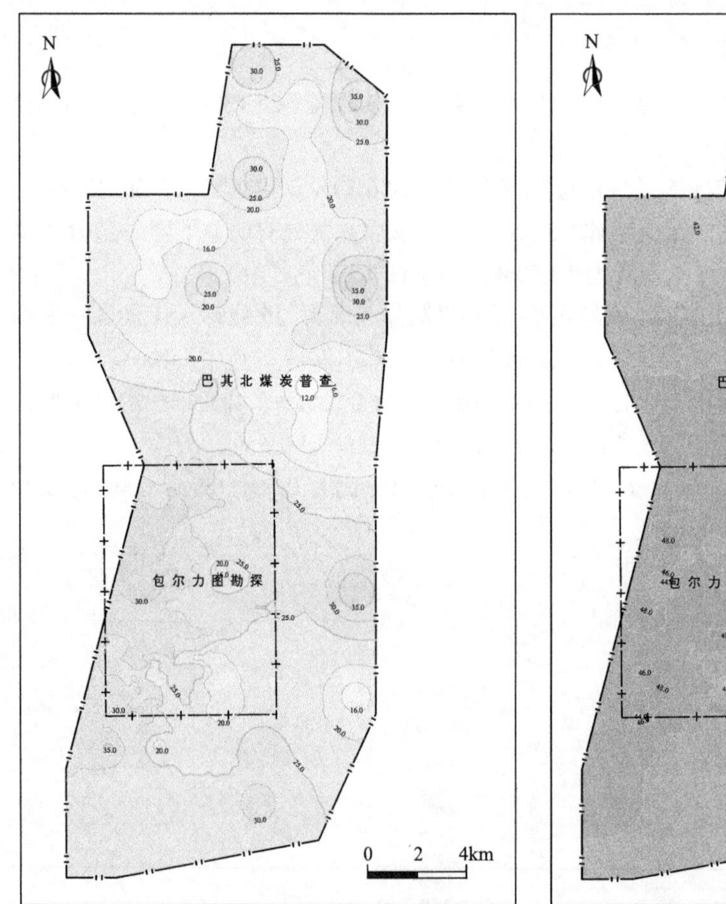


(a) 巴其北矿区6号煤层原煤灰分产率等值线图

(b) 巴其北矿区6号煤层原煤挥发分产率等值线图

图 5.46　巴其北矿区 6 号煤层原煤灰分产率和挥发分产率等值线图(单位：%)

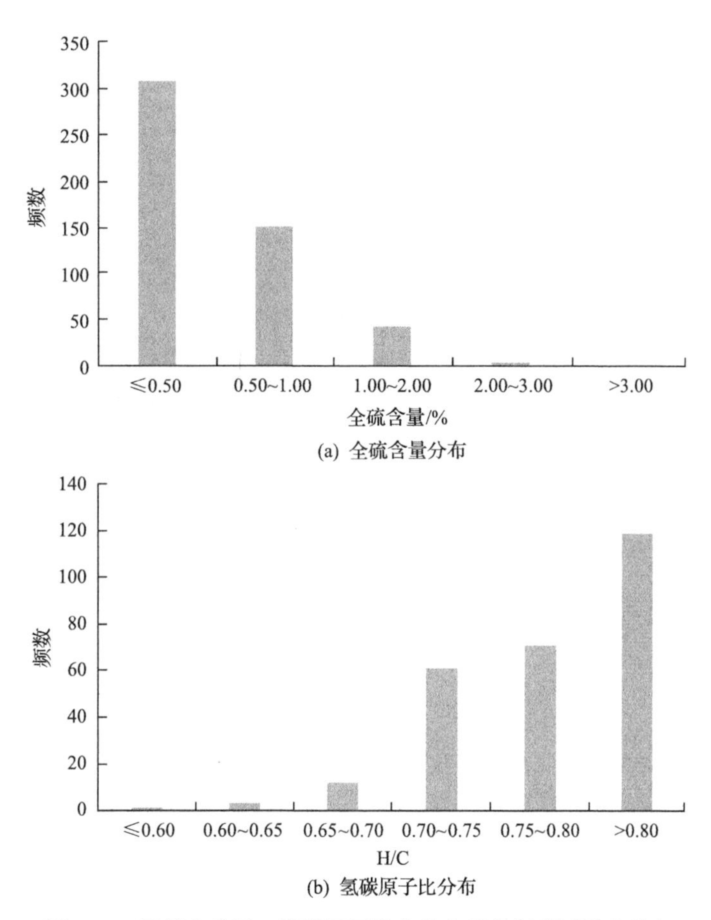


图 5.47 巴其北矿区 6 号煤层原煤全硫含量和氢碳原子比分布

(6)煤灰熔融性温度：根据巴其北矿区煤质数据统计，6 号煤层的煤灰熔融性软化温度为 1050～<1500℃，平均 1289℃。据此巴其北矿区煤为中等软化温度灰煤。

(7)煤的黏结指数：根据巴其北矿区煤质数据统计，区内各煤层的黏结指数均为 0，浮煤焦渣类型为 2，测试成果表明，区内各煤层的黏结性弱，结焦性差。

(8)煤的热稳定性：根据巴其北矿区煤质数据统计，6 号煤层大于 6mm 粒级的残焦比率为>50%～60%，属中等热稳定性煤。

(9)煤灰成分：巴其北矿区煤灰成分组成主要有 $SiO_2$、$Al_2O_3$、$Fe_2O_3$、CaO、MgO、$K_2O$、$Na_2O$、$TiO_2$ 等。梳理矿区煤灰成分，巴其北矿区 6 号煤层煤灰成分主要为 $SiO_2$ 和 $Al_2O_3$，其次为 CaO、$Fe_2O_3$ 和 $SO_3$ 等。$SiO_2$ 含量为 27.26%～82.27%；$Al_2O_3$ 含量为 2.90%～38.62%；$Fe_2O_3$ 含量为 0.55%～25.08%；CaO 含量为 0.47%～46.25%；$SO_3$ 含量为 0.36%～17.28%；MgO 含量为 0.27%～23.00%；$TiO_2$ 含量为 0.12%～5.98%；$K_2O$ 含量为 0.44%～3.09%；$Na_2O$ 含量为 0.65%～4.85%。

(10)哈氏可磨性指数：巴其北矿区 6 号煤层哈氏可磨性指数一般在 44～82，平均 67，为中等可磨煤。

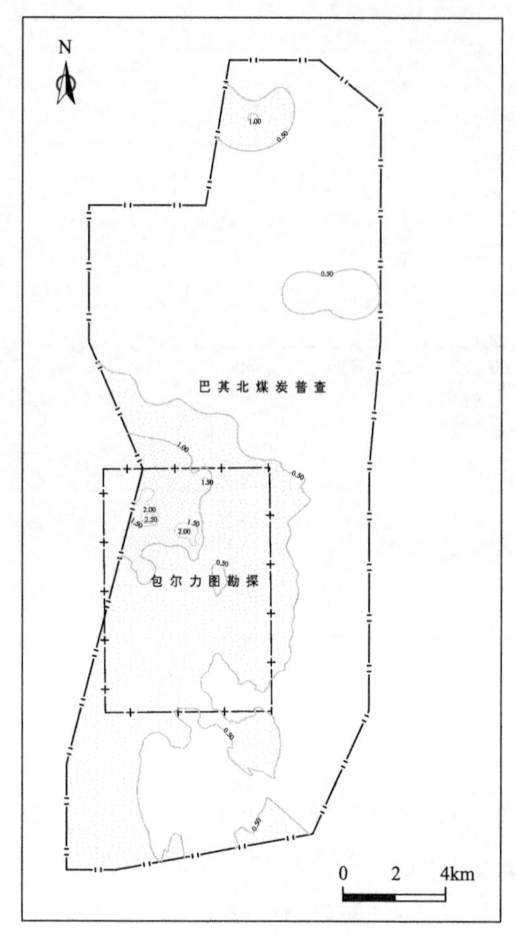


(a) 巴其北矿区6号煤层原煤全硫含量等值线图(单位：%)

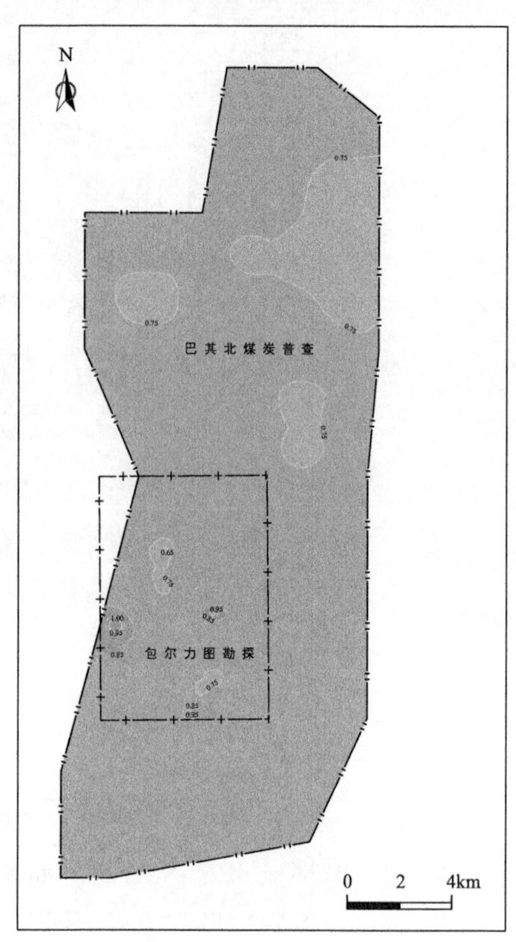


(b) 巴其北矿区6号煤层原煤氢碳原子比等值线图

图 5.48 巴其北矿区 6 号煤层原煤全硫含量和氢碳原子比等值线图

## (二)煤岩特征

### 1. 宏观煤岩特征

巴其北矿区 6 号煤层的颜色一般为深褐色、黑褐色、褐色，条痕呈浅褐色或棕褐色，光泽多为弱沥青光泽，其次为暗淡光泽，风化后无光泽。光亮型煤和半亮型煤常具贝壳状断口及阶梯状断口；半暗型煤多为不平坦状断口；暗淡型煤多具参差状断口及纤维状断口。

煤的宏观煤岩特征为各种煤岩类型交替出现，多为亮煤和暗煤，镜煤和丝炭以透镜状或均匀的线理状夹在亮煤和暗煤中。

### 2. 显微煤岩特征

显微组分镜下定量鉴定结果表明：区内各煤层去矿物基含量以镜质组为主镜质组含

量为 53.40%～99.10%，平均为 82.75%，惰质组含量为 0.70%～45.90%，平均为 16.30%，壳质组平均含量为 0.41%（表 5.19）。

有机组分中镜质组镜下鉴定以基质镜质体为主，均质镜质体次之，含极少量团块镜质体及结构镜质体；惰性组以碎屑惰质体为主，丝质体次之，含少量半丝质体，含极少量微粒体及菌类体、粗粒体；壳质组以小孢子为主，角质体次之，含少量树脂体及藻类体。无机组分中黏土类以分散状为主，细胞充填状次之，含少量块状黏土；硫化物类呈微粒状，零星分布；碳酸盐类以裂隙充填状分布，个别呈鲕粒状；氧化硅类呈微粒状，分布不均。

#### 3. 变质程度

区内各煤层的镜质组最大反射率在 0.333%～0.478%，平均 0.419%，为低阶褐煤。

### （三）煤相

各煤层显微组分含量在剖面上的变化规律极为明显，镜质组含量上、下部煤层高，中部煤层低，惰质组含量上、下部煤层低于中部煤层。

中部煤层的成煤环境一般比上、下部煤层氧化程度要高，是在泥炭表层积水较少，湿度不足的条件下，由木质纤维组织受脱水作用和缓慢氧化作用而形成的。而上、下部煤层相对来说，是在气流闭塞、积水较深的沼泽环境下形成的。

### （四）煤中稀散元素

各煤层的锗含量一般为 0～497.0μg/g，各层平均为 1.10μg/g；对收集到的报告统计，煤中锗含量大于 10μg/g 的钻孔为 51 个，大于 20μg/g 的钻孔有 21 个，大于 50μg/g 的钻孔有 7 个，大于 100μg/g 的钻孔有 3 个，根据煤中锗的分布富集规律，认为巴其北矿区煤中锗有进一步做工作的价值。

各煤层的镓含量一般为 0～23.5μg/g，平均为 6.30～11.70μg/g，未达到边界品位。

各煤层的钒含量一般为 6.1～119.0μg/g，平均为 23.0～50.90μg/g，未达到边界品位。

## 三、煤炭清洁利用评价

由上述煤岩煤质特征描述可知，巴其北矿区主采煤层 6 号煤层为低变质程度的长焰煤，因而重点评价其为直接液化和气化方面的用途。根据巴其北矿区 6 号煤层等主要煤层煤岩煤质的统计分析，结合直接液化、气化指标要求，圈定矿区直接液化、气化用煤范围，计算直接液化、气化用煤资源量（图 5.49）。

截至 2015 年底，巴其北矿区煤炭保有资源量为 74.37 亿 t，根据指标要求，圈定本矿区直接液化用煤（二级）34.71 亿 t，气化用煤（流化床二级）39.66 亿 t。

表 5.19　各煤层显微煤岩组分平均值统计表

（单位：%）

| 煤层号 | 去矿物基 | | | 含矿物基 | | | | | | $R_{o,max}$ |
|---|---|---|---|---|---|---|---|---|---|---|
| | 镜质组 | 惰质组 | 壳质组 | 显微组分组总量 | 黏土矿物 | 硫化物矿物 | 碳酸盐矿物 | 氧化硅矿物 | 其他矿物 | |
| 2 | 86.64~94.46<br>90.52 | 6.00~43.30<br>19.20 | 0.00~0.60<br>0.40 | 84.90~91.60<br>88.20 | 7.70~15.20<br>11.60 | 0.00~0.20<br>0.10 | 0.00~0.50<br>0.20 | 0.00 | 0.00 | 0.333~0.367<br>0.355 |
| 3 | 72.40~99.00<br>79.56 | 1.00~26.80<br>15.80 | 0.00~0.80<br>0.30 | 53.50~75.00<br>61.40 | 24.90~46.40<br>38.50 | 0.00 | 0.10~0.20<br>0.20 | 0.00 | 0.00 | 0.347~0.394<br>0.376 |
| 4 | 64.90~99.10<br>82.60 | 0.70~34.60<br>16.80 | 0.20~1.00<br>0.60 | 73.30~90.10<br>80.70 | 9.90~26.70<br>19.20 | 0.00 | 0.00~0.20<br>0.10 | 0.00 | 0.00 | 0.412~0.418<br>0.416 |
| 5 | 63.10~82.30<br>73.80 | 17.40~36.40<br>25.90 | 0.10~0.50<br>0.30 | 79.60~88.50<br>83.90 | 11.50~20.30<br>16.10 | 0.00 | 0.00~0.10<br>0.03 | 0.00 | 0.00 | 0.362~0.457<br>0.419 |
| 6 | 53.40~94.20<br>80.20 | 5.60~45.90<br>19.40 | 0.30~0.70<br>0.40 | 71.50~91.40<br>83.90 | 8.60~28.30<br>15.90 | 0.00~0.20<br>0.10 | 0.00~0.30<br>0.10 | 0.00 | 0.00 | 0.377~0.452<br>0.416 |
| 7 | 92.70~97.00<br>94.60 | 2.70~7.30<br>5.10 | 0.00~0.60<br>0.30 | 58.10~68.70<br>62.50 | 31.30~41.90<br>37.30 | 0.00~0.50<br>0.20 | 0.00 | 0.00 | 0.00 | 0.365~0.448<br>0.419 |
| 8 | 71.70~95.80<br>86.80 | 3.50~28.10<br>12.80 | 0.20~0.60<br>0.40 | 48.00~81.20<br>66.80 | 18.80~52.10<br>33.20 | 0.00 | 0.00 | 0.00 | 0.00 | 0.362~0.432<br>0.402 |
| 9 | 84.00 | 15.40 | 0.60 | 62.20 | 37.80 | 0.00 | 0.00 | 0.00 | 0.00 | 0.478 |
| 各煤层 | 53.40~99.10<br>82.75 | 0.70~45.90<br>16.30 | 0.00~1.00<br>0.41 | 48.00~91.60<br>73.70 | 7.70~52.10<br>26.20 | 0.00~0.50<br>0.05 | 0.00~0.50<br>0.10 | 0.00 | 0.00 | 0.333~0.478<br>0.410 |

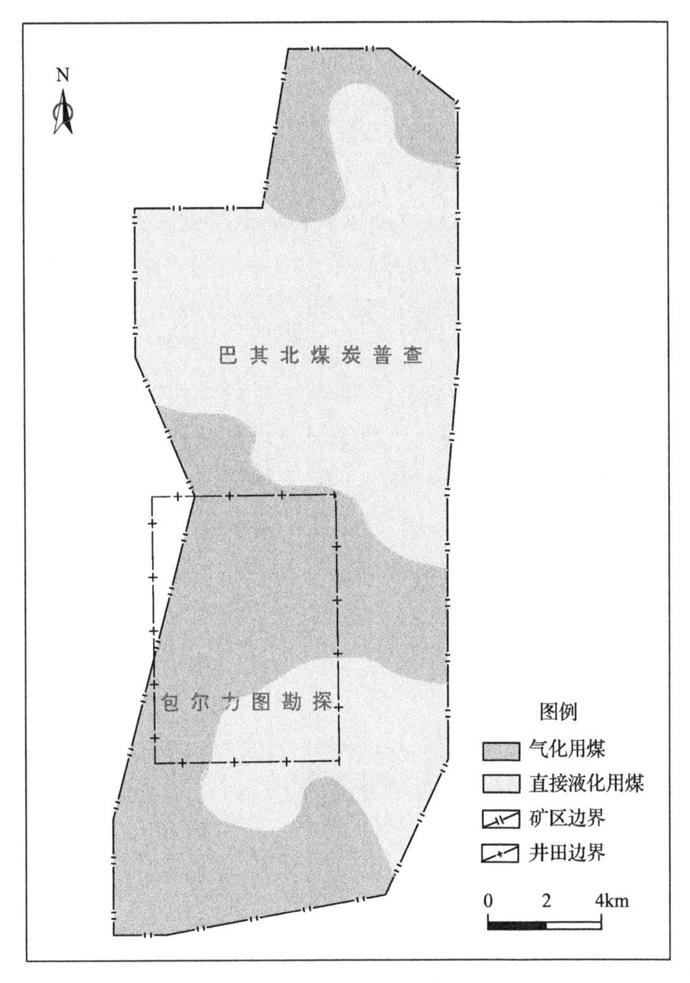


图 5.49　巴其北矿区煤炭清洁利用评价图

# 第九节　胡列也吐矿区

## 一、矿区概述

胡列也吐矿区位于新华夏系第三沉降带海拉尔沉降区的西北部，东南以黑山头—嵯岗隆起带为邻，西北为额尔古纳隆起带，西南与扎赉诺尔矿区相望。

胡列也吐矿区为一北东向向斜含煤盆地，盆地中部较宽阔，向东北及西南逐步变窄；断陷盆地一侧的单斜构造，地质活动不明显，地层由东南逐渐向西北抬起，地层倾角一般在 1°～3°，在西南走向上地层发育较平缓，倾角变化小，一般在 0°～1°；由于该区勘查程度较低，根据钻探成果及本区地质构造情况，推断断裂两条，暂未发现断层，但按区域构造特征看，该区域发育断层的可能性很大。

大磨拐河组为该矿区唯一含煤地层，该组地层为一套内陆湖泊相、沼泽相及河流相含煤建造。岩性主要为灰色粉砂岩、泥岩、砂岩、砂砾岩等，含 6 个煤组，共计 60 个煤层。

## 二、矿区含煤性及煤质特征

矿区发育较好的煤层有27层，分别是1-1、2-2、2-3、2-8、3-2、3-3、3-4、3-5、3-6、3-7、4-1、4-2、4-3、4-4、4-5、4-6、4-7、4-8、4-9、4-10、4-11、4-12、4-13、4-14、5-2、5-3、5-4号煤层；这27个煤层，发育范围较大，煤层厚度变异数较小，煤层较稳定，对比可靠，全部为大部可采煤层。主要可采煤层为3-2、4-6、4-14、5-2号煤层。

这27个煤层中，4-14号煤层基本全区分布，且厚度大，为本节主要的研究对象。

### (一)煤质特征

(1)水分含量：胡列也吐矿区 4-14 号煤层原煤水分含量为 0.33%～16.82%，平均5.41%；浮煤水分含量为0.72%～18.61%，平均7.28%。

(2)灰分产率：胡列也吐矿区 4-14 号煤层原煤灰分产率为 5.48%～39.39%，平均19.78%；原煤主要为中灰煤，其次为低灰煤(图5.50)，经洗选后基本上均为特低灰煤。

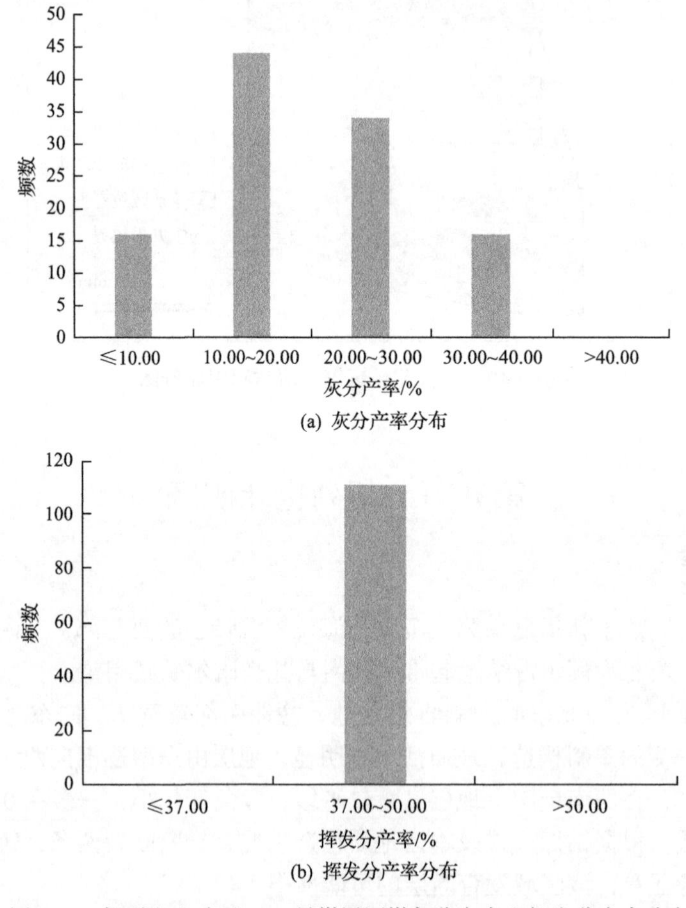


图5.50　胡列也吐矿区4-14号煤层原煤灰分产率和挥发分产率分布

(3)挥发分产率：胡列也吐矿区 4-14 号煤层原煤挥发分产率为 41.36%～49.33%，平均 46.14%，矿区内主要为中高—高挥发分煤。浮煤挥发分产率为 39.57%～58.93%，平均 44.69%。从平面图上看，该矿区挥发分产率总体在 45%附近(图 5.51)。

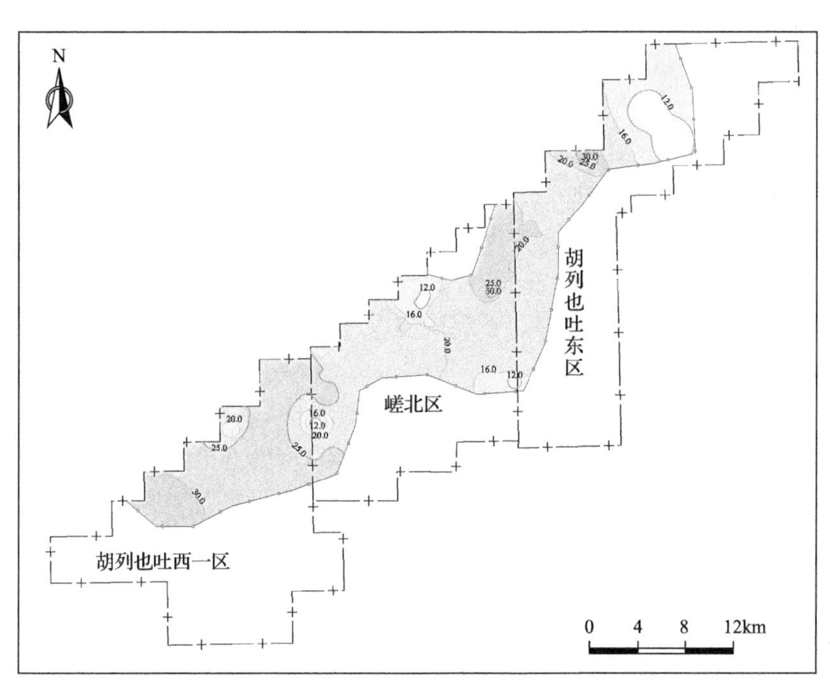


(a) 胡列也吐矿区4-14号煤层原煤灰分产率等值线图

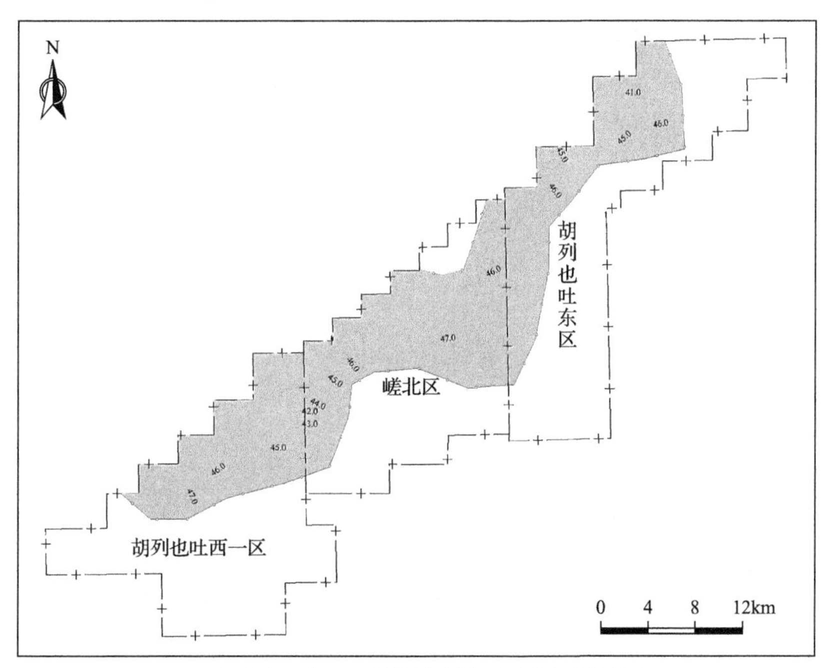


(b) 胡列也吐矿区4-14号煤层原煤挥发分产率等值线图

图 5.51　胡列也吐矿区 4-14 号煤层原煤灰分产率和挥发分产率等值线图(单位：%)

(4)全硫含量:胡列也吐矿区4-14号煤层原煤全硫含量为0.2%～2.79%,平均0.67%;浮煤全硫含量为0.14%～1.51%，平均0.66%，洗选前后基本保持不变(图5.52)。从平面图上看，矿区整体硫分表现为北高南低，其中胡列也吐矿区北部全硫含量基本分布在1.25%附近(图5.53)。

(5)氢碳原子比:胡列也吐矿区4-14号煤层原煤氢碳原子比为0.57～0.96,平均0.83，可以看出该矿区4-14号煤层氢碳原子比较高，从平面图上看矿区绝大部分区域煤层氢碳原子比大于0.85(图5.52、图5.53)。

(6)煤灰成分与煤灰熔融性：矿区煤灰成分以 $SiO_2$ 和 $Al_2O_3$ 为主，其次为 $Fe_2O_3$ 和CaO，少量为MgO、$TiO_2$、$SO_3$，各煤层的 $SiO_2$ 含量平均值在54.24%～67.14%，$Al_2O_3$ 含量平均值在12.75%～29.81%，$Fe_2O_3$ 含量平均值在1.01%～5.52%，CaO含量平均值在0.72%～2.38%，其余成分含量较低。各煤层的煤灰熔融性软化温度在1307～1423℃，主要为中等熔融灰分和难熔灰分。

(7)煤的黏结指数:各煤层的浮煤焦渣特征多为2～4,多数煤层的黏结指数为0～10;各煤组煤层均有个别测点黏结指数在35～80，埋深在650～1100m，表明该区煤的黏结

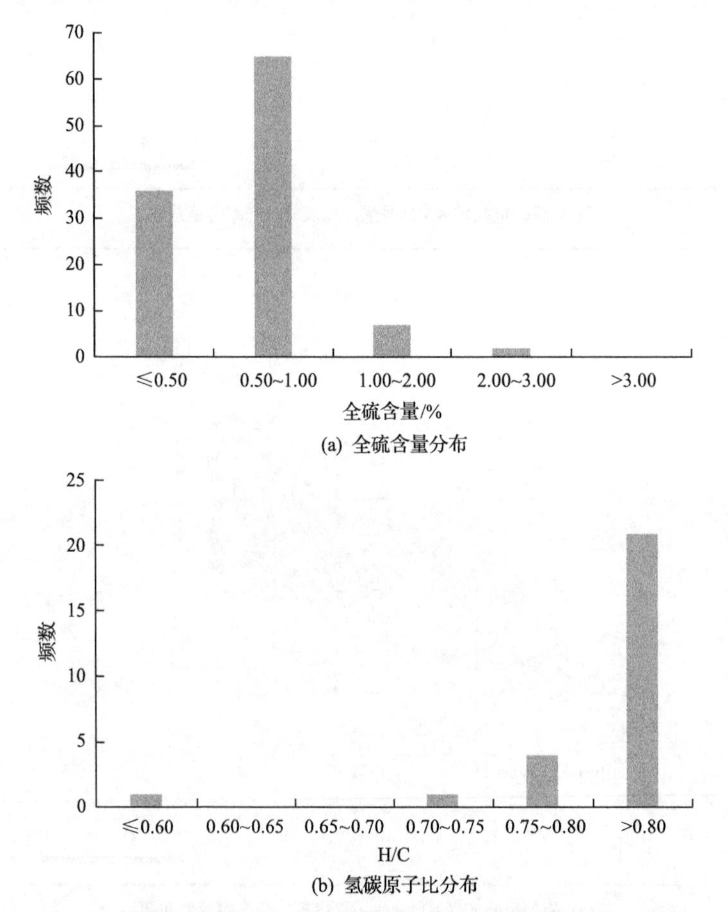


(a) 全硫含量分布

(b) 氢碳原子比分布

图5.52　胡列也吐矿区4-14号煤层原煤全硫含量和氢碳原子比分布

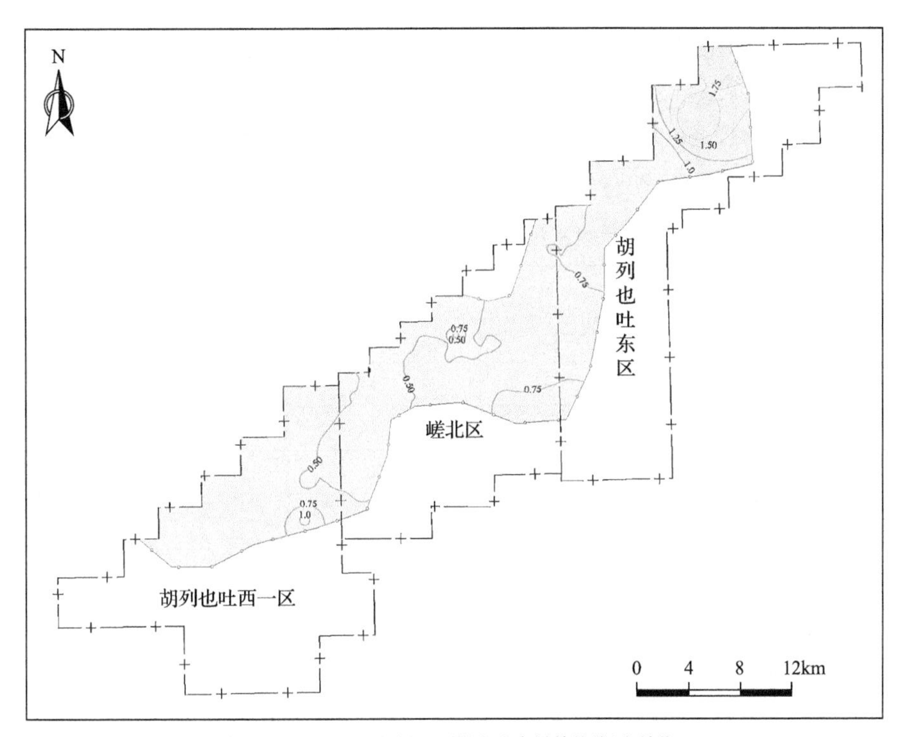


(a) 胡列也吐矿区4-14号煤层原煤全硫含量等值线图(单位：%)

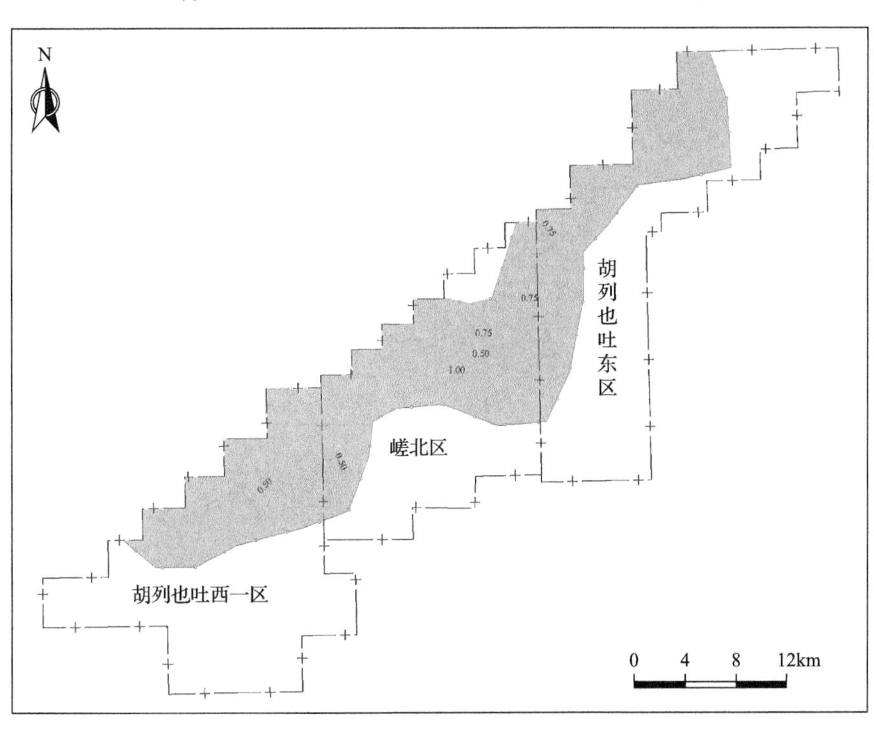


(b) 胡列也吐矿区4-14号煤层原煤氢碳原子比等值线图

图 5.53　胡列也吐矿区 4-14 号煤层原煤全硫含量和氢碳原子比等值线图

性总体较弱，黏结指数高的测点与煤的埋藏较深且变质程度增高有关。

(8)煤的热稳定性：由表 5.20 可以看出，该区 3-4、5-3、5-5、6-2、6-4 号煤层属较低热稳定性煤；4-1、4-12、4-14、5-4、6-3 号煤层属中等热稳定性煤；4-2、4-11、5-2、6-5、6-6 号煤层属较高热稳定性煤；6-7、6-8 号煤层属高热稳定性煤。

**表 5.20　各煤层热稳定性表**

| 煤层 | $TS_{+6}$/% | 煤层 | $TS_{+6}$/% | 煤层 | $TS_{+6}$/% |
|---|---|---|---|---|---|
| 3-4 | 44.3 | 5-2 | 67.4 | 6-4 | 48.5 |
| 4-1 | 53.1 | 5-3 | 47.8 | 6-5 | 67.1 |
| 4-2 | 64 | 5-4 | 51.6 | 6-6 | 61.3 |
| 4-11 | 70 | 5-5 | 45.0 | 6-7 | 73.7 |
| 4-12 | 60 | 6-2 | 42.1 | 6-8 | 87.7 |
| 4-14 | 54 | 6-3 | 54.2 | | |

(9)煤对 $CO_2$ 的反应性：当温度达到 950℃时，5-4、5-5、6-3 号煤层 $\alpha$ 在 63.9%～71.7%，为气化活性较好的煤，其余煤层 $\alpha$ 在 22.3%～58.7%，表明各煤层的反应性不是很强，为气化活性较低的煤(表 5.21)。

**表 5.21　煤对 $CO_2$ 的反应性试验结果表**

| 煤层 | $\alpha$/% | | | | | | |
|---|---|---|---|---|---|---|---|
| | 800℃ | 850℃ | 900℃ | 950℃ | 1000℃ | 1050℃ | 1100℃ |
| 3-4 | 7.2 | 11.7 | 23.1 | 41.8 | 56.2 | 69.5 | 72.4 |
| 4-1 | 4.7 | 11.1 | 23.1 | 43.4 | 63.3 | 73.2 | 75.4 |
| 4-2 | 4.7 | 5.0 | 10.8 | 22.3 | 37.9 | 57.5 | 72.4 |
| 4-12 | 5.8 | 7.8 | 14.3 | 25.4 | 39.4 | 51.5 | 58.7 |
| 4-14 | 3.9 | 7.8 | 15.3 | 32.0 | 50.4 | 73.2 | 97.8 |
| 5-2 | 7.2 | 11.6 | 22.5 | 39.3 | 54.2 | 71.2 | 74.5 |
| 5-3 | 9.8 | 17.3 | 32.4 | 51.9 | 64.7 | 76.5 | |
| 5-4 | 11.4 | 22.3 | 42.9 | 66.0 | 82.6 | 86.0 | |
| 5-5 | 13.3 | 22.3 | 47.6 | 71.7 | 86.9 | 90.5 | |
| 6-2 | 7.5 | 13.0 | 29.4 | 49.8 | 80.1 | 91.4 | |
| 6-3 | 11.1 | 17.6 | 35.6 | 63.9 | 81.8 | 88.7 | |
| 6-4 | 9.6 | 16.6 | 33.8 | 58.7 | 75.4 | 86.9 | 89.6 |
| 6-5 | 7.5 | 10.3 | 20.1 | 36.4 | 54.7 | 66.3 | 60.4 |
| 6-7 | 8.4 | 13.3 | 27.8 | 48.1 | 70.9 | 75.4 | 75.4 |
| 6-8 | 8.4 | 13.6 | 28.6 | 53.8 | 70.9 | 74.7 | |

## (二)煤岩特征

### 1. 宏观煤岩特征

矿区1～4煤组的颜色为褐黑—黑色，条痕为黑褐色，无光泽—弱沥青光泽，断口不规则或参差状，裂隙较发育，真密度平均值在1.51～1.60g/cm$^3$，视密度平均值在1.32～1.40g/cm$^3$。5、6煤组的颜色多为黑色，条痕为褐黑色，弱沥青—沥青光泽，断口不规则或参差状，裂隙发育一般，真密度平均值在1.43～1.58g/cm$^3$，视密度平均值在1.30～1.40g/cm$^3$。宏观煤岩特征上部煤层的煤成分以暗煤为主，亮煤次之，下部煤层以亮煤为主，暗煤次之，夹镜煤条带，细条带—宽条带结构，层状或块状构造，为半暗型—半亮型煤(表5.22)。

**表5.22　各煤层宏观煤岩特征统计表**

| 煤层 | 宏观煤岩组分 | 构造 | 结构 | 煤岩类型 |
|---|---|---|---|---|
| 3煤组(3-2、3-3、3-4、3-5、3-6、3-7) | 暗煤为主、亮煤次之，夹镜煤条带 | 层状、块状 | 细条带 | 半暗型 |
| 4煤组(4-1、4-2、4-3、4-4、4-5、4-6、4-7、4-8、4-11、4-12、4-13、4-14) | 暗煤为主、亮煤次之，夹镜煤条带 | 层状、块状 | 细条带 | 半暗型 |
| 5煤组(5-2、5-3、5-4、5-5) | 暗煤为主、亮煤次之，夹镜煤条带或透镜体 | 层状、块状 | 宽条带 | 半亮型 |
| 6煤组(6-1、6-2、6-3、6-4、6-5、6-6、6-7、6-8) | 暗煤为主、亮煤次之，夹镜煤条带或透镜体 | 层状、块状 | 宽条带 | 半亮型 |

### 2. 显微煤岩特征

胡列也吐矿区煤层显微煤岩组分以镜质组为主，壳质组次之，少量惰性组；镜质组含量在71.7%～91.2%，壳质组含量在0.4%～3.0%，惰性组含量在0.2%～7.6%；矿物质含量以黏土矿物为主，少量的硫化物矿物、碳酸盐矿物及氧化硅矿物；黏土矿物含量在3.4%～28.6%，硫化物矿物含量在0%～0.7%，碳酸盐矿物含量在0%～4.8%(表5.23)。

**表5.23　胡列也吐矿区各煤层显微煤岩组分统计表**　　(单位：%)

| 煤层 | 镜质组 | 惰性组 | 壳质组 | 矿物质 | $R_{o,max}$ |
|---|---|---|---|---|---|
| 3-2 | 84.5 | | 1.7 | 13.8 | 0.39 |
| 3-4 | 91.2 | | 0.7 | 8.1 | 0.38 |
| 3-5 | 82.6 | 0.2 | 0.5 | 16.7 | 0.41 |
| 4-1 | 85.7 | | 1.2 | 13.1 | 0.39 |
| 4-3 | 82.1 | 0.5 | 0.9 | 16.8 | 0.39 |
| 4-4 | 88.4 | 0.2 | 2.5 | 8.9 | 0.40 |
| 4-6 | 86.2 | 0.2 | 0.4 | 13.4 | 0.38 |

续表

| 煤层 | 镜质组 | 惰性组 | 壳质组 | 矿物质 | $R_{o,max}$ |
|---|---|---|---|---|---|
| 4-7 | 71.7 | 1.2 | 1.7 | 25.4 | 0.36 |
| 4-8 | 84.6 | 1.4 | 1.4 | 12.6 | 0.39 |
| 4-11 | 86.8 | 7.6 | 2.8 | 2.8 | 0.33 |
| 4-13 | 89.4 | 4.8 | 2.4 | 3.4 | 0.32 |
| 5-2 | 80.9 | 2.8 | 0.9 | 15.4 | 0.37 |
| 5-3 | 73.8 | 5.8 | 1.2 | 19.2 | 0.39 |
| 6-1 | 77.1 | 2.5 | 1.2 | 19.2 | 0.39 |
| 6-2 | 81.7 | 1.2 | 3.0 | 13.1 | 0.39 |
| 6-3 | 82.6 | 1.5 | 1.6 | 16.5 | 0.36 |
| 6-6 | 80.8 | 2.2 | 1.8 | 15.2 | 0.39 |
| 6-7 | 86.5 | 1.8 | 2.7 | 9.1 | 0.39 |
| 6-8 | 88.3 | 1.6 | 1.1 | 9.1 | 0.39 |

#### 3. 沉积环境分析

随着盆地基地的不断下降，泥炭层被泥砂等沉积物覆盖。这时，泥炭层一方面受到上面泥砂等沉重压力，另一方面随着煤层埋深的增加，地热、地压增大，泥炭中炭的含量逐渐增加，氧的含量逐渐减少，腐殖酸的含量逐渐降低，褐煤形成。

虽然胡列也吐含煤盆地的煤系地层中尚未发现有岩浆岩侵入，但该含煤盆地位于海拉尔河断裂以北，盆缘有同沉积断层，盆内有同沉积断层，也正值扩张阶段，断层是导热的通道，使褐煤继续不断地受到增高温度和压力的作用，就会引起内部分子结构、物理性质和化学性质进一步变化，褐煤就逐渐变成烟煤。适宜的条件形成煤质优良的烟煤，异于其他盆地。

胡列也吐含煤盆地具有断陷盆地的典型特点，加上断裂控制、较稳定的基底构造和泥炭沼泽期以及成煤期适宜的古地理、古气候、古水文、古地层的有利条件，使得胡列也吐含煤盆地是目前海拉尔盆地群中长焰煤分布面积最大、含煤层数最多的断陷盆地。

## 三、煤炭清洁利用评价

根据胡列也吐矿区煤岩煤质特征及分布，该矿区以直接液化用煤为主，气化用煤主要分布在矿区南部胡列也吐西一区。截至 2015 年底，该矿区煤炭保有资源量 42.30 亿 t，其中直接液化用煤 31.10 亿 t（直接液化一级用煤 1.22 亿 t、直接液化二级用煤 29.88 亿 t），气化用煤 11.20 亿 t（干煤粉气流床二级）（图 5.54）。

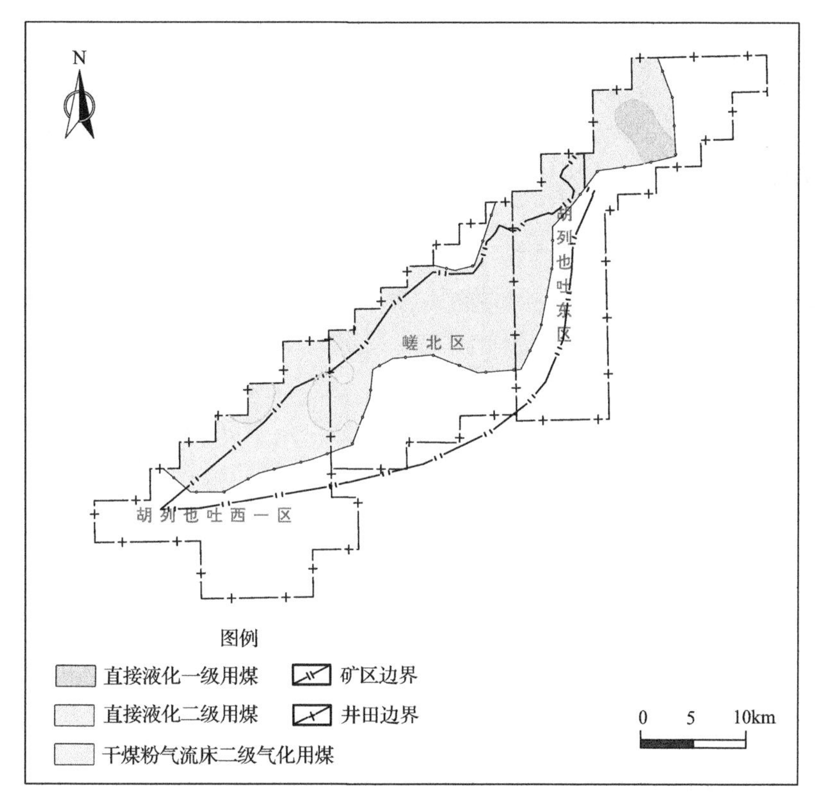


图 5.54　胡列也吐矿区 4-14 号煤层清洁利用评价图

# 第十节　白音乌拉矿区

## 一、矿区概况

白音乌拉矿区位于内蒙古自治区锡林郭勒盟苏尼特左旗满都拉图镇西北 35km 处，矿区面积 362.3km$^2$，煤炭储量 52.2 亿 t，为中灰、中硫、特低磷褐煤，埋藏深度 80～430m；矿区东部以 $F_2$ 断层为界，东南部以 $F_3$ 断层和 6 号煤层隐伏露头线为界，西、西北部以 6 号煤层隐伏露头线为界。

矿区划分为 4 个矿(井)田、1 个勘查区和 1 个备用区，建设规模 2500 万 t/a。其中芒来露天矿 1000 万 t/a，赛汉塔拉露天矿田 800 万 t/a，沙尔井田 300 万 t/a，赛汉井田 400 万 t/a。浩勒勘查区和乌兰备用区待进一步勘查后确定开发方式。

## 二、煤岩煤质特征

白音乌拉矿区煤层赋存于下白垩统大磨拐河组(贺军，2018)，该岩段地层厚度 276.80m，主要可采煤层为 6 号煤层。通过对已往资料分析及煤层对比，该区煤层总体变化趋势：矿区中心煤层厚度较大，夹层少，煤层结构较简单；沿走向向南西方向煤层急剧变薄尖灭，北东方向煤层分叉，缓慢变薄，煤层夹层增多，结构较为复杂。

白音乌拉矿区煤层厚度大，含煤系数高，埋藏较浅且连续性好。特别是发育最好的6号煤层平均厚度超过20m，含煤性好，所以本节以白音乌拉矿区6号煤层为主要研究对象进行论述。

## (一)煤质特征

(1)水分含量：白音乌拉矿区6号煤层原煤水分含量为6.67%～26.96%，平均13.32%；浮煤水分含量为7.03%～26.07%，平均13.28%；原煤、浮煤水分含量均集中分布在8.0%～20.0%，可见洗选对该矿区煤中水分影响不大。

(2)灰分产率：白音乌拉矿区6号煤层原煤灰分产率为7.04%～39.25%，平均16.51%，主要为低灰煤(图5.55)。经过洗选后，灰分有明显下降，灰分含量主要分布在10%～20%，平均值降低为10.07%，接近特低灰煤。

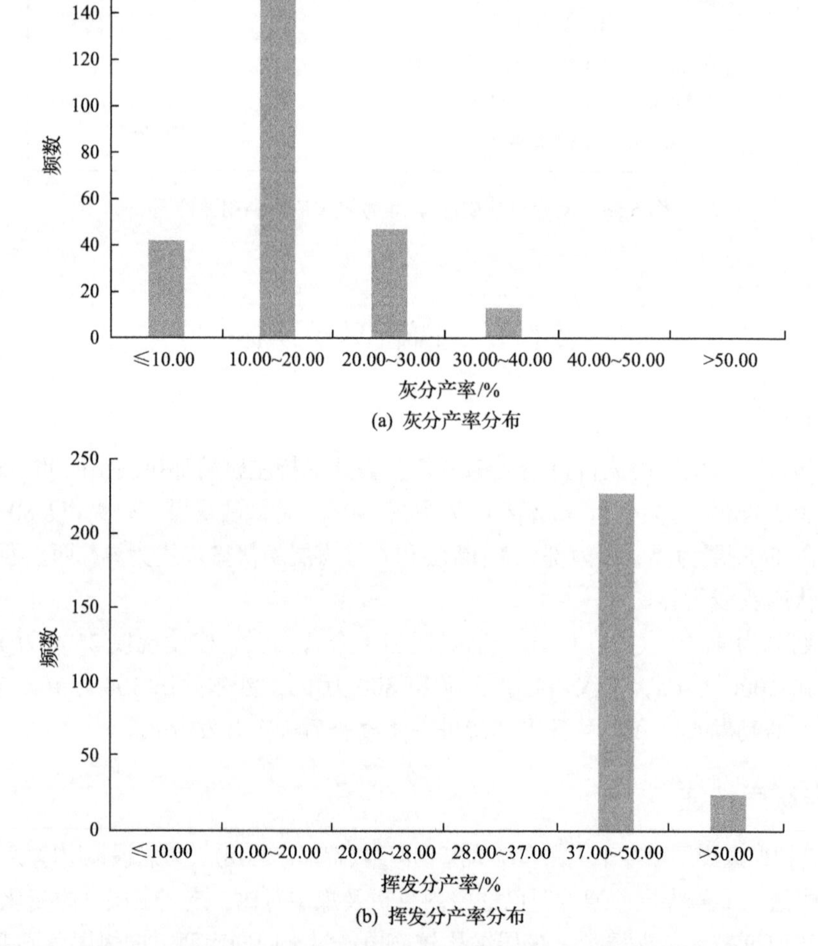


图5.55 白音乌拉矿区6号煤层原煤灰分产率和挥发分产率分布

在平面上大部分地区 6 号煤层灰分产率分布在 16%～20%，但是在矿区南部的芒来露天矿大部分地区以及乌兰备用区的北部出现了灰分产率的降低，该区域灰分产率主要分布在 12%左右(图 5.56)。

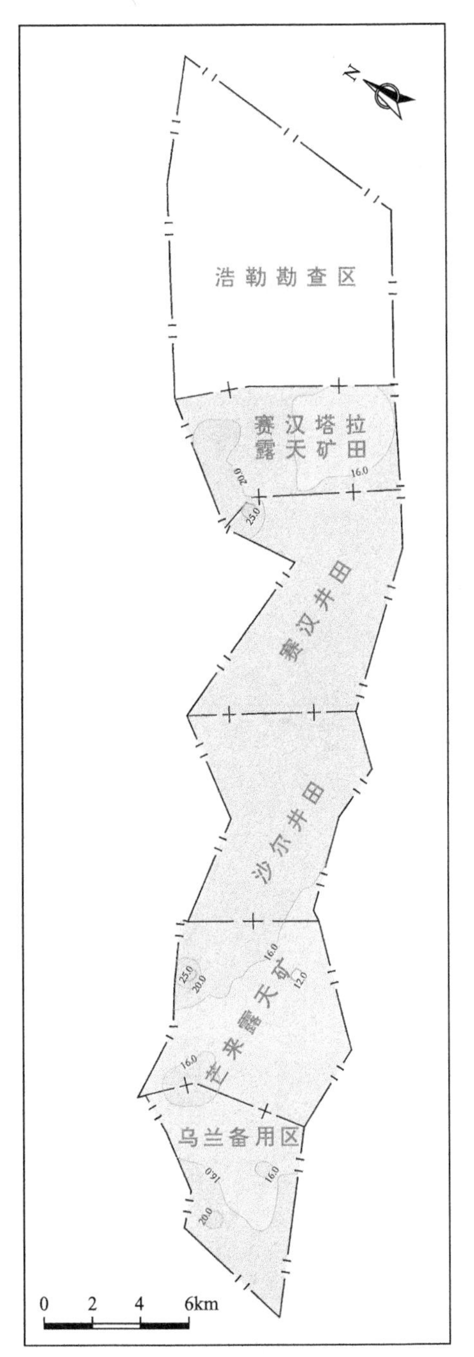


(a) 白音乌拉矿区6号煤层原煤灰分产率等值线图

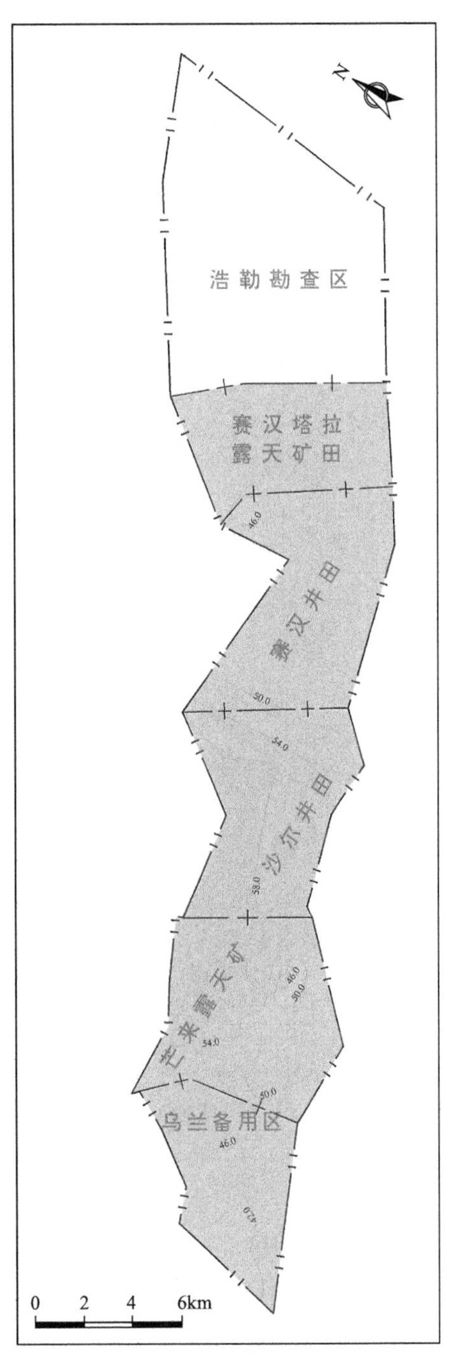


(b) 白音乌拉矿区6号煤层原煤挥发分产率等值线图

图 5.56　白音乌拉矿区 6 号煤层原煤灰分产率和挥发分产率等值线图(单位：%)

(3)挥发分产率：白音乌拉矿区 6 号煤层原煤挥发分产率为 38.12%～55.6%，平均 44.11%，矿区内主要为特高挥发分煤。经洗选后，浮煤挥发分产率为 31.48%～67.81%，平均 52.34%，洗选前后挥发分基本保持不变(图 5.55)。

在平面图上，白音乌拉矿区 6 号煤层挥发分产率在矿区北部的赛汉井田、赛汉塔拉井田以及矿区南部的乌兰备用区主要分布在 50%以下，在矿区中部的芒来露天矿、沙尔井田挥发分产率以大于 50%为主，总体上表现为中部高于南部及北部(图 5.56)。

(4)全硫含量：白音乌拉矿区 6 号煤层原煤全硫含量为 0.18%～6.30%，平均 1.75%，主要为中硫煤；洗选后全硫含量出现了一定程度的下降，但是降幅不大，仍为中硫煤(图 5.57)。从平面图上看，绝大多数区域 6 号煤层全硫含量大于 1%，总体表现为北低南高的趋势，其中乌兰备用区的全硫含量以大于 2%为主(图 5.58)。

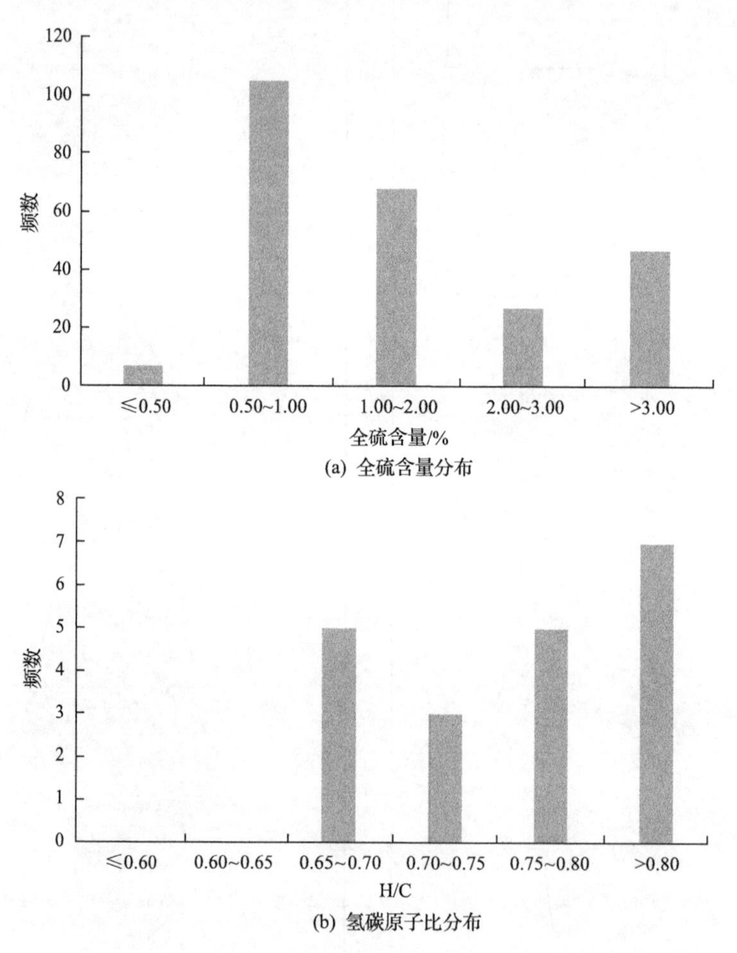

(a) 全硫含量分布

(b) 氢碳原子比分布

图 5.57　白音乌拉矿区 6 号煤层原煤全硫含量和氢碳原子比分布

(5)氢碳原子比：白音乌拉矿区 6 号煤层原煤氢碳原子比为 0.66～0.91，主要分布在平均 0.78(图 5.57)。

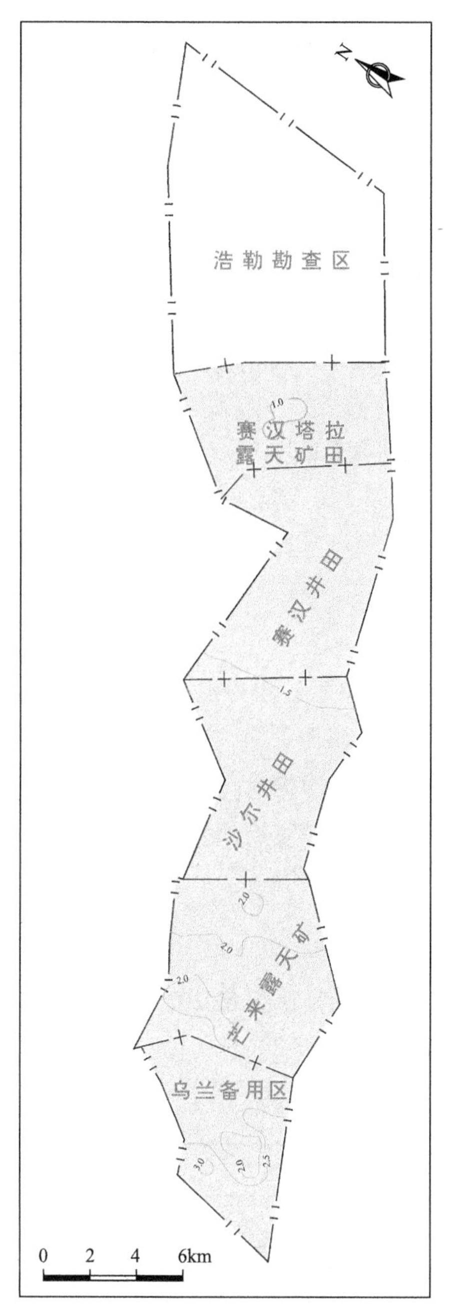


(a) 白音乌拉矿区6号煤层原煤全硫含量等值线图(单位：%)

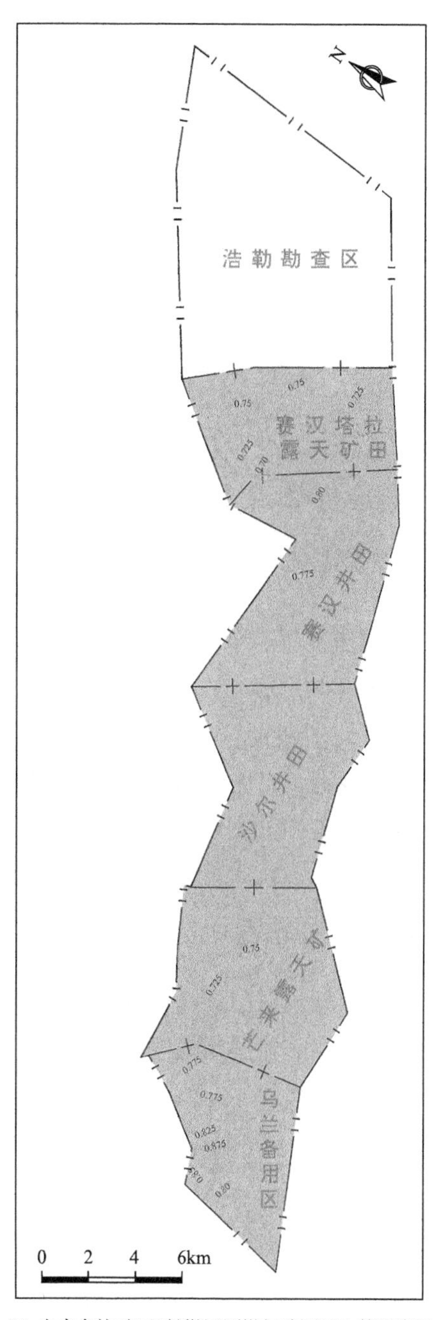


(b) 白音乌拉矿区6号煤层原煤氢碳原子比等值线图

图 5.58　白音乌拉矿区 6 号煤层原煤全硫含量和氢碳原子比等值线图

(6)煤灰熔融性温度：根据白音乌拉矿区煤质数据统计，6 号煤层的煤灰熔融性软化温度在 1040～1310℃，平均 1129℃，主要为易熔灰分。

(7)煤的黏结指数：白音乌拉矿区 6 号煤层的黏结指数为 0，浮煤焦渣类型为 2 类，测试成果表明 6 号煤层的黏结性较弱。

(8)煤的热稳定性：本区煤热稳定性较低，6 号煤层热稳定性平均值为 57.23%，按热稳定性分级标准属于低热稳定性煤。

(9)煤灰成分：该区 6 号煤层煤灰成分复杂，$SiO_2$含量最多，为 9.26%～73.42%，平均 32.50%；其次是 $SO_3$，为 2.33%～31.35%，平均 16.36%；$Fe_2O_3$含量为 1.35%～31.48%，平均 10.64%；$Al_2O_3$含量为 3.65%～21.69%，平均 12.57%；CaO 含量为 2.04%～25.33%，平均 13.22%；MgO 含量为 2.06%～9.70%，平均 5.38%；$K_2O$ 含量为 0.15%～3.29%，平均 1.20%；$Na_2O$ 含量为 1.18%～6.88%，平均 3.87%；$TiO_2$ 含量为 0.18%～0.87%，平均 0.52%；$P_2O_5$含量为 0.11%～4.90%，平均 0.49%；MnO 含量为 0.01%～1.03%，平均 0.25%。

(10)煤对 $CO_2$ 的化学反应性：当反应温度达到 950℃时，反应性超过 75%，个别达 85%以上，表明反应性较强，气化活性较好。

### (二)煤岩特征

#### 1. 宏观煤岩特征

通过对全部煤心煤样的地质鉴定及描述，煤的颜色一般为褐—黑色，条痕为浅棕色、棕褐色至褐黑色，光泽多为弱沥青光泽，半暗—暗淡型煤，平坦状及参差状断口，内生裂隙发育，见方解石、黄铁矿薄膜，敲击易生成棱角小块。

煤岩宏观组分多以暗煤为主，镜煤和丝炭多以较大透镜体和线理状夹在暗煤中，据煤层化验结果，镜质组最大反射率大部分在 0.2%～0.5%。

#### 2. 显微煤岩特征

显微煤岩组分以镜质组最多，大多在 50%以上，最高达到 82.20%，惰性组次之，壳质组相对较少，矿物组分主要是黏土矿物，含量很低(表 5.24)。

表 5.24　煤岩鉴定结果　（单位：%）

| 有机组分 | | | 无机组分 | | | $R_{o,max}$ |
|---|---|---|---|---|---|---|
| 镜质组 | 惰质组 | 壳质组 | 黏土类 | 硫化物类 | 氧化硅类 | |
| 49.20～82.20<br>64.11 | 17.20～48.80<br>33.98 | 0.60～3.00<br>1.91 | 2.60～16.90<br>7.54 | 0.90～5.70<br>2.56 | 0.40～2.10<br>1.21 | 0.282～0.308<br>0.293 |

## 三、煤炭清洁利用评价

截至 2015 年底，白音乌拉矿区煤炭保有资源量 51.67 亿 t，该矿区煤炭各项指标均符合直接液化条件，圈定直接液化用煤资源量 51.7 亿 t(直接液化一级用煤 7.75 亿 t、直接液化二级用煤 43.92 亿 t)(图 5.59)。

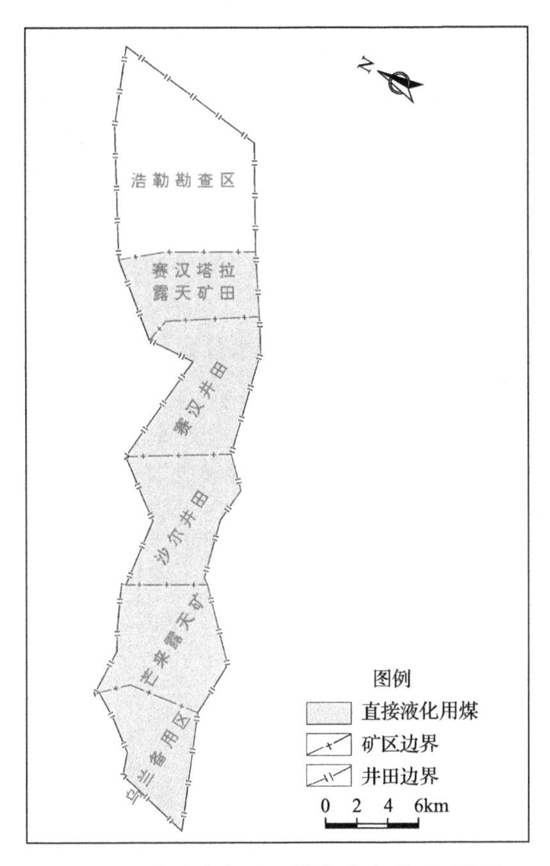


图 5.59　白音乌拉矿区煤炭清洁利用评价图

# 第十一节　吉林郭勒矿区

## 一、矿区概况

吉林郭勒矿区地处吉林郭勒煤田，位于内蒙古高原北部，距西乌珠穆沁旗约 40km，北距吉林郭勒镇 24km，南西距锡林浩特市 100km，主要隶属于西乌珠穆沁旗哈拉图公社、吉林郭勒镇、巴音乌拉公社。吉林郭勒煤田为北北东向展布的地堑式波状拗陷沉积型聚煤盆地。盆地长 30 余千米，宽约 15km，面积 450km$^2$。

矿区划分为 4 个矿(井)田和 3 个后备区，建设规模 2340 万 t/a。其中：一号露天矿田 300 万 t/a，二号露天矿田 1800 万 t/a，一号矿井井田 120 万 t/a，二号矿井井田 120 万 t/a，3 个后备区分别位于二号露天矿田周边。

## 二、煤岩煤质特征

吉林郭勒矿区赋煤层位为下白垩统大磨拐河组含煤岩段，根据钻孔揭露情况，该区共见 10 层煤层，自上而下编号为 1～10 号，1、2、6、7、9 号煤层基本无工业价值，1、

2 号煤层虽然有时见到可采点，但都是孤立零星出现，不能估算资源量，5、8 号煤层为全区可采煤层，4、10 号煤层为大部分可采煤层，3 号煤层为局部可采煤层。纯煤可采煤层总厚度 2.35～122.60m，平均 35.34m，可采煤层含煤系数 23.96%。

吉林郭勒矿区可采煤层主要有 4、5、8、10 号，其中 5 号煤层全区分布，可采厚度大，作为本节的主要研究对象。

## （一）煤质特征

(1) 水分含量：吉林郭勒矿区 5 号煤层原煤水分含量为 2.75%～21.90%，平均 14.98%；浮煤水分含量为 7.58%～21.75%，平均 13.34%。

(2) 灰分产率：吉林郭勒矿区 5 号煤层原煤灰分产率为 9.48%～37.46%，平均 20.45%，主要为低—中灰煤（图 5.60）。经洗选后，灰分有明显下降，灰分产率主要分布在 10%～20%，平均值降低为 9.55%，属于特低灰煤。

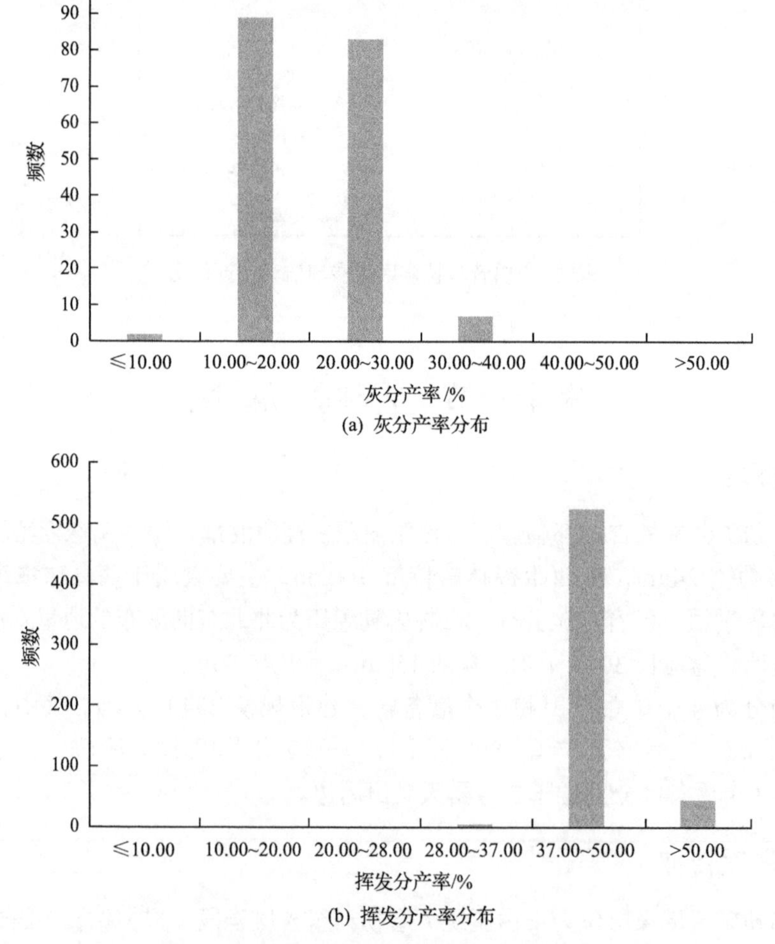


图 5.60 吉林郭勒矿区 5 号煤层原煤灰分产率和挥发分产率分布

平面图上，矿区大部分区域灰分产率分布在 20%左右，仅矿区北部后备区及一号露天矿田北部灰分较高，主要分布在 25%附近(图 5.61)。

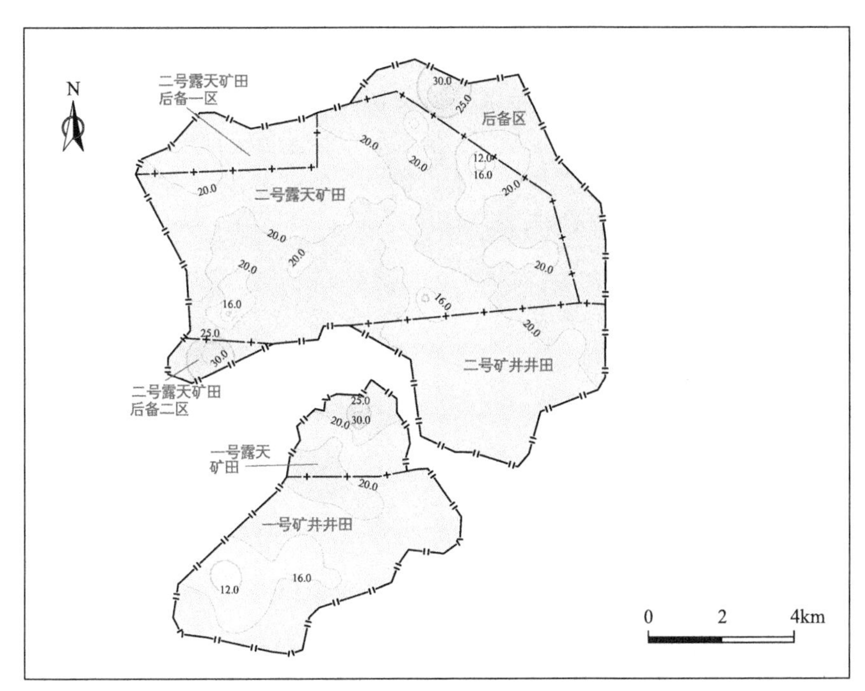


(a) 吉林郭勒矿区5号煤层原煤灰分产率等值线图

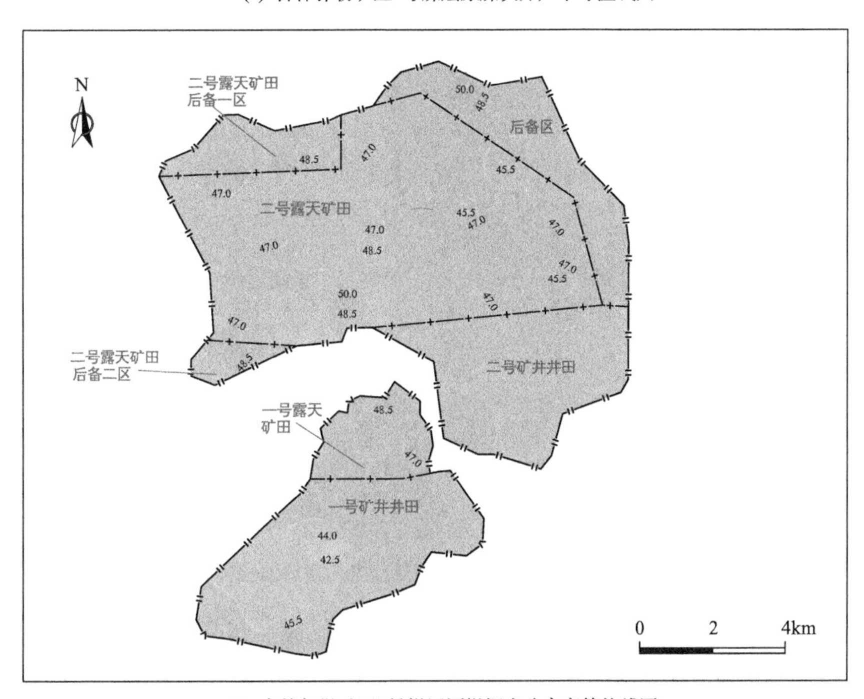


(b) 吉林郭勒矿区5号煤层原煤挥发分产率等值线图

图 5.61　吉林郭勒矿区 5 号煤层原煤灰分产率和挥发分产率等值线图(单位：%)

(3)挥发分产率：吉林郭勒矿区 5 号煤层原煤挥发分产率为 14.21%～48.47%，平均 46.97%，主要为高挥发分煤。经洗选后，挥发分无明显变化(图 5.60)。平面图上，总体挥发分产率较高，基本都大于 45%，仅在一号矿井井田中部挥发分产率较小，挥发分为 42%左右(图 5.61)。

(4)全硫含量：吉林郭勒矿区 5 号煤层原煤全硫含量为 0.27%～2.9%，平均 0.72%，吉林郭勒矿区 5 号煤层原煤主要为低硫煤；洗选后，浮煤全硫含量为 0.11%～1.72%，平均 0.67%，全硫含量有所降低但是变化不大，仍然为低硫煤(图 5.62)。平面图上大部分区域全硫含量分布在 0.75%左右(图 5.63)。

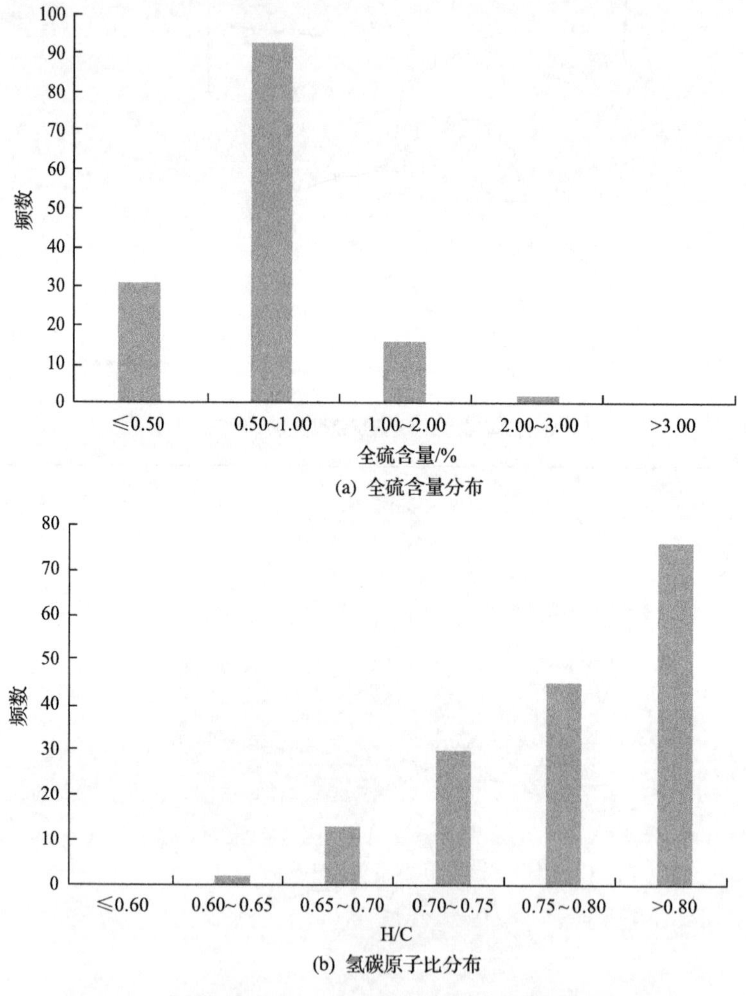


图 5.62　吉林郭勒矿区 5 号煤层全硫含量和氢碳原子比分布

(5)氢碳原子比：吉林郭勒矿区 5 号煤层氢碳原子比为 0.61～0.96，主要分布在 0.75～0.85，平均 0.75(图 5.62)。从平面图上看，本矿区氢碳原子比总体较高，主要分布在 0.8 左右，仅在矿区西部出现了一定范围的低值，主要分布在 0.70 附近(图 5.63)。

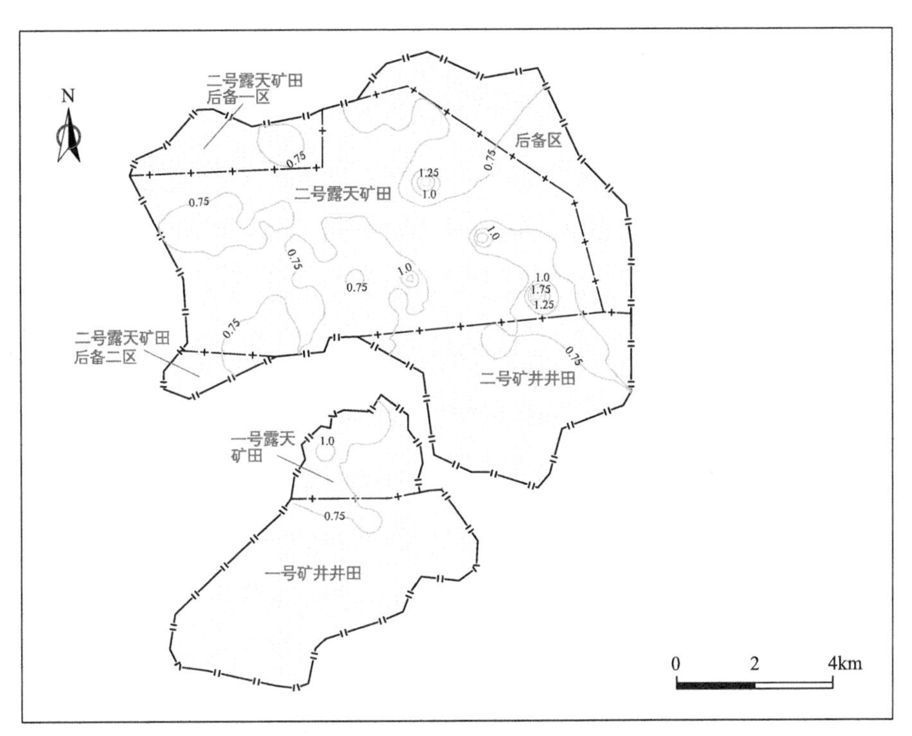


(a) 吉林郭勒矿区5号煤层原煤全硫含量等值线图(单位：%)

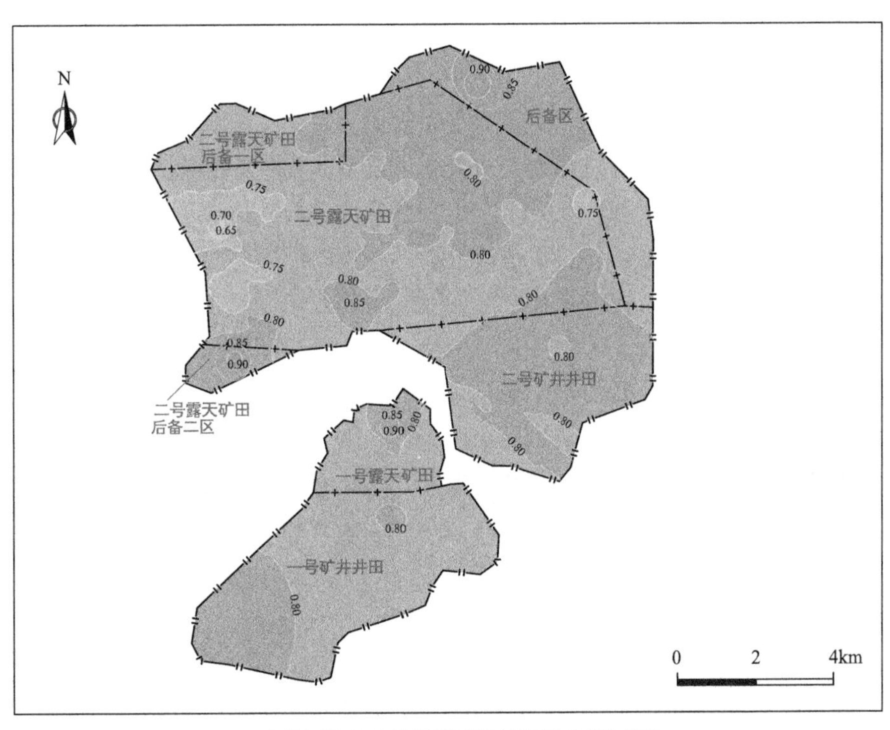


(b) 吉林郭勒矿区5号煤层原煤氢碳原子比等值线图

图 5.63　吉林郭勒矿区 5 号煤层原煤全硫含量和氢碳原子比等值线图

(6)煤灰成分及煤灰熔融性温度：区内各煤层煤灰成分复杂，且变化较大。主要成分为$SiO_2$，含量为40.62%～45.96%；其次为$Fe_2O_3$，含量为17.96%～25.59%；$Al_2O_3$含量为5.49%～11.85%；CaO含量为6.53%～10.23%；MgO含量为2.86%～3.74%；$SO_3$含量为6.60%～8.46%；$TiO_2$含量较低，为0.78%～0.88%。该区各煤层煤灰熔融性软化温度平均在1277～1314℃，为中等熔融灰分。

(7)煤的黏结指数：区内煤焦渣类型均为2，故区内煤无黏结性。

(8)煤的热稳定性：全区除8号煤层外热稳定性变化在58.76%～60.89%，均为较高热稳定性煤，8号煤为中等热稳定性煤。

(9)煤对$CO_2$反应性：当温度为950℃时，煤对$CO_2$反应性为65.74%～74.22%，反应性较好。

(10)哈氏可磨性指数：该区3号煤层哈氏可磨性指数分布在29～43，平均38.2；4号煤层哈氏可磨性指数分布在31～44，平均38.1；5号煤层哈氏可磨性指数分布在32～44，平均38.2；8号煤层哈氏可磨性指数分布在30～45，平均38.2；10号煤层哈氏可磨性指数分布在34～42，平均39.1；全区各煤层哈氏可磨性指数平均值均小于40，按《煤的哈氏可磨性指数分级》(MT/T 852—2000)，该区煤均属于难磨煤。

## (二)煤岩特征

### 1. 宏观煤岩特征

通过对全区全部煤心煤样进行地质鉴定和描述，发现各煤层在物理性质上没有显著差别。煤的颜色一般为黑色、黑褐色、褐色，条痕呈浅褐色、棕褐色，光泽多为暗淡光泽，其次为弱沥青光泽，风化后无光泽。煤的断口依据煤岩类型不同而有差异：半亮型煤常具阶梯状断口；半暗型煤多为不平坦状断口；暗淡型煤多具参差状断口和纤维状断口。镜煤内生裂隙较发育，有时见钙质及黄铁矿薄膜充填，敲击易碎成棱角小块，暗煤则具有一定的韧性。煤的吸水性较强，易风化，风化后呈碎块状、粉沫状及鳞片状，易自然发火。层理多为水平层理及缓波状层理。

该区宏观煤岩组分以暗煤为主，其次为亮煤，镜煤和丝炭多以透镜状或线理状夹在亮煤和暗煤中。宏观煤岩类型以暗淡型煤为主，其次为半暗型煤，半亮型煤和光亮型煤极少出现。

### 2. 显微煤岩特征

该矿区内煤的显微组分变化较大，一般镜质组在72.60%～80.75%；壳质组在16.21%～25.79%；惰质组含量较少，在0.89%～1.25%。无机显微组分以黏土组为主，一般在7.30%～33.86%；氧化物组次之，一般在3.57%～4.78%；硫化物组和碳酸盐组含量较少，分别在0.83%～1.19%和0.56%～0.93%(表5.25)。

表 5.25　吉林郭勒矿区各煤层显微煤岩组分含量表　（单位：%）

| 煤层号 | 有机组分 | | | 无机组分 | | | | $R_{o,max}$ |
|---|---|---|---|---|---|---|---|---|
| | 镜质组 | 惰质组 | 壳质组 | 黏土组 | 硫化物组 | 碳酸盐组 | 氧化物组 | |
| 3 | 68.50～96.70<br>72.60 | 0.80～1.58<br>1.19 | 1.72～30.70<br>16.21 | 12.40～21.30<br>16.85 | 0.76～1.57<br>1.17 | 0.45～0.95<br>0.70 | 3.70～3.80<br>3.75 | 0.303～0.305<br>0.304 |
| 4 | 64.70～79.84<br>73.32 | 0.74～1.12<br>0.89 | 19.04～34.56<br>25.79 | 4.95～31.20<br>19.20 | 0.45～1.63<br>1.19 | 0.10～0.80<br>0.56 | 1.71～5.30<br>3.66 | 0.303～0.309<br>0.306 |
| 5 | 64.00～85.40<br>75.13 | 0.86～1.54<br>1.00 | 13.64～35.00<br>23.87 | 21.37～30.12<br>25.82 | 0.47～1.20<br>0.83 | 0.50～0.91<br>0.76 | 1.76～5.00<br>3.57 | 0.304～0.312<br>0.305 |
| 8 | 65.77～96.45<br>78.43 | 0.60～1.54<br>0.95 | 2.95～33.36<br>20.62 | 31.20～42.50<br>33.86 | 0.49～1.70<br>1.09 | 0.78～1.05<br>0.89 | 2.70～5.90<br>4.78 | 0.308～0.312<br>0.310 |
| 10 | 74.20～87.30<br>80.75 | 1.20～1.30<br>1.25 | 11.50～24.50<br>18.00 | 5.70～8.90<br>7.30 | 0.57～1.30<br>0.93 | 0.91～0.94<br>0.93 | 2.80～6.10<br>4.45 | 0.310～0.312<br>0.311 |

## 三、煤炭清洁利用评价

根据吉林郭勒矿区煤岩煤质特征及分布，对照《煤炭清洁利用评价指标体系》，该矿区煤均符合直接液化用煤指标，划定为直接液化用煤。截至 2015 年底，该矿区煤炭保有资源量 22.83 亿 t，直接液化用煤 22.49 亿 t(直接液化一级用煤 2.70 亿 t、直接液化二级用煤 19.79 亿 t)，气化用煤 0.34 亿 t(流化床二级)（图 5.64)。

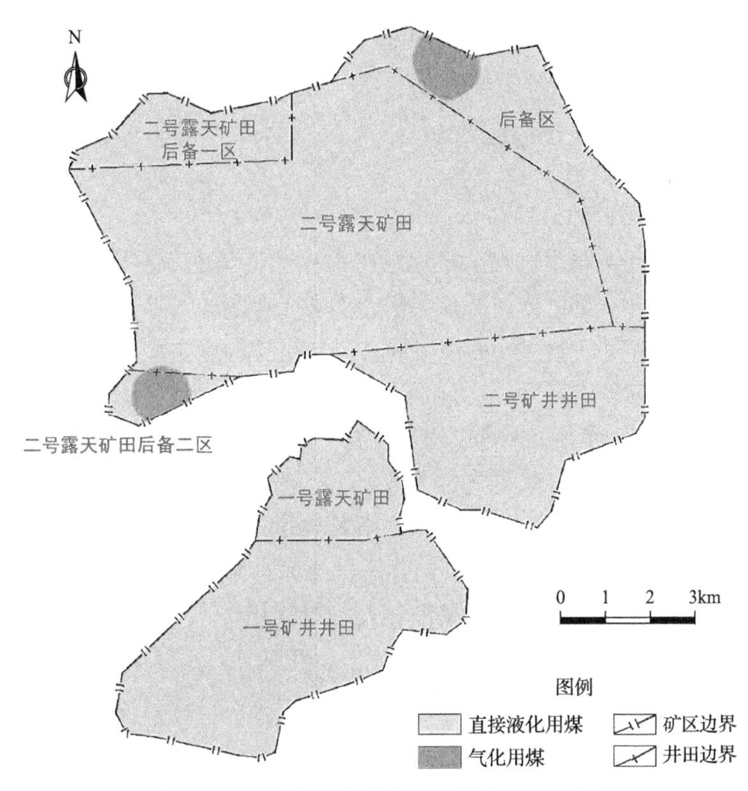


图 5.64　吉林郭勒矿区煤炭清洁利用评价图

# 第十二节 绍根矿区

## 一、矿区概况

绍根矿区位于内蒙古自治区赤峰市阿鲁科尔沁旗天山镇东偏南直距 60km，行政区划隶属阿鲁科尔沁旗绍根镇，其地理坐标为东经 120°47′28″～120°51′18″，北纬 43°43′11″～43°47′30″。

矿区北东以 5 号煤层可采边界线为界，西以 5 号煤层隐伏露头线、F21 断层为界，南以 5 号煤层隐伏露头线为界，东以 5 号煤层隐伏露头线、F1 断层为界。矿区南北长约 15.5km，东西宽 2.7～4km，面积 50km$^2$。矿区划分为 2 个大型井田和 1 个后备区，建设总规模 300 万 t/a。其中爱民温都矿井 120 万 t/a，阿根塔拉矿井 180 万 t/a。

绍根矿区在区域构造上位于阴山纬向构造带即西拉木伦可构造带北侧、新华夏系大兴安岭隆褶带的南端、松辽沉降带交汇部位，属南东、北西受断裂控制的山间断陷型盆地，它是在海西褶皱带基底上发展起来的中生代断陷型盆地。该区构造形态根据二维地震勘探成果，主体为两翼不对称的背斜构造，背斜轴部位于 F22 断层南东侧，走向北东 25°～60°，控制轴长 6.0km，其轴部被 F22、F31、F33 断层所切割，显示不全。北西翼缓波状起伏，倾角较缓，为 1°～3°，南东翼倾角较大，为 10°～14°；沿走向地层呈缓波状起伏，发育次级槽曲。该区地震勘探共查出 25 个断点，平面组合为 10 条断层，均为正断层，延展贯穿全区的断层有 3 条，即 Fl、F21、F22 断层，断层落差均大于 30m。该区构造应力方向由近南—北向的压应力转北西—南东向的张力，形成的褶曲走向近北东向，后期的断层走向为北东—北北东向。

## 二、煤岩煤质特征

阜新组为该区的含煤地层，与上覆地层中白垩统呈角度不整合接触。矿区总体形态为一平缓的单斜，于早白垩世末，地层抬升部分接受剥蚀，下降部分接受沉积，煤系地层的厚度由北西向南东逐渐增大，厚度变化 0～450m 以上(未穿)；下部以灰色、深灰色泥岩与灰色粉砂岩、细砂岩互层，含炭屑，局部夹煤线；中部为煤层、深灰色泥岩、粉砂岩互层，含 3、4、5 号煤层，5 号煤层最发育，分布全区，4 号煤层向北西变薄尖灭或被剥蚀，区内大部发育，3 号煤层局部发育；上部为灰色泥岩与灰色、浅灰色粉砂岩、细砂岩互层，由北西向南东厚度逐渐增大，沉积粒度逐渐变粗，接近南东侧过渡为含巨厚层状灰色、灰绿色杂砂岩，含砾石，夹砂砾岩及泥岩薄层(张建强等，2022b)。沉积相以湖相、沼泽相为主，南东向发育三角洲相及冲洪积相。

矿区内含煤 6 层，分别为 1、2、3、4、5、6 号煤层。主要见 3、4、5 号煤层，以 5 号煤层最发育，基本覆盖全区，4 号煤层次之，3 号煤层局部发育。本节选择 5 号煤层作为主要研究对象。

## （一）煤质特征

⑴水分含量：绍根矿区 5 号煤层原煤水分含量为 1.92%～19.57%，平均 8.20%，原煤属于中等全水分煤；浮煤水分含量为 4.14%～26.25%，平均 14.21%，属于中高全水分煤。

⑵灰分产率：绍根矿区 5 号煤层原煤灰分产率为 11.66%～37.83%，平均 20.97%，主要为中灰煤，其次为低灰煤，经洗选后，灰分有明显降低，主要为低灰煤，其次为特低灰煤。从平面上看，绍根矿区南部爱民温都矿井灰分小于其他区域，灰分产率主要在 16%，其他区域灰分产率主要分布在 25%左右（图 5.65、图 5.66）。

⑶挥发分产率：绍根矿区 5 号煤层原煤挥发分产率为 38.77%～46.45%，平均 43.05%，主要为高挥发分煤，洗选后，挥发分产率无明显变化。从平面图上看，绍根矿区 5 号煤层原煤挥发分产率在各区域分布基本无大的差别，主要分布在 43%左右（图 5.65、图 5.66）。

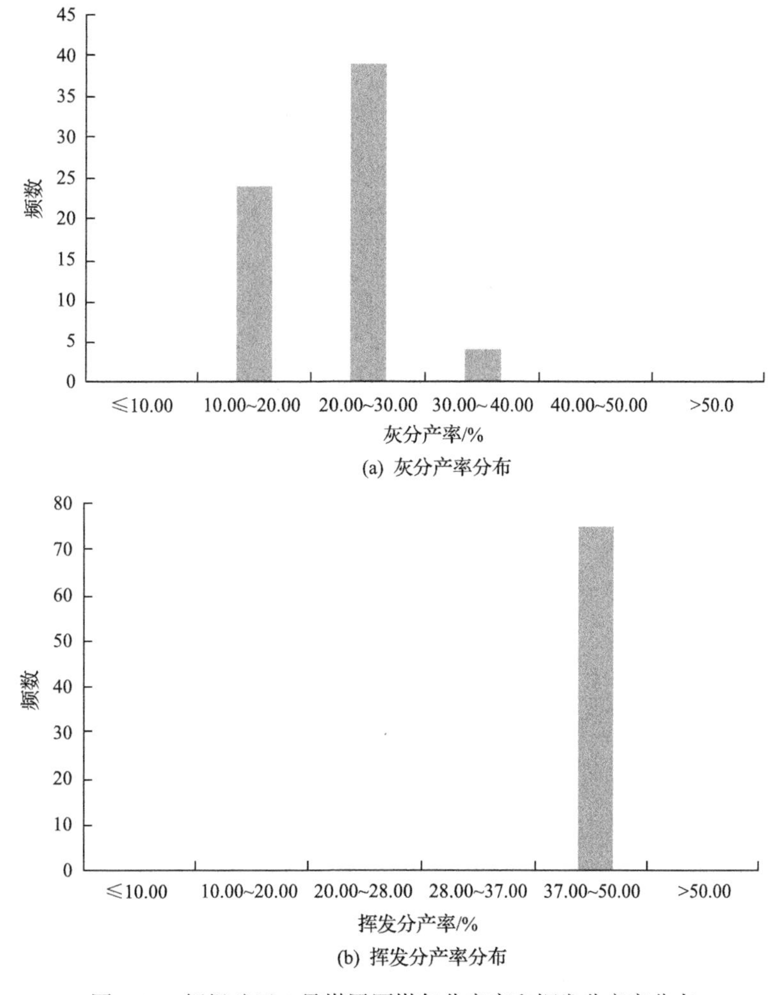

(a) 灰分产率分布

(b) 挥发分产率分布

图 5.65　绍根矿区 5 号煤层原煤灰分产率和挥发分产率分布

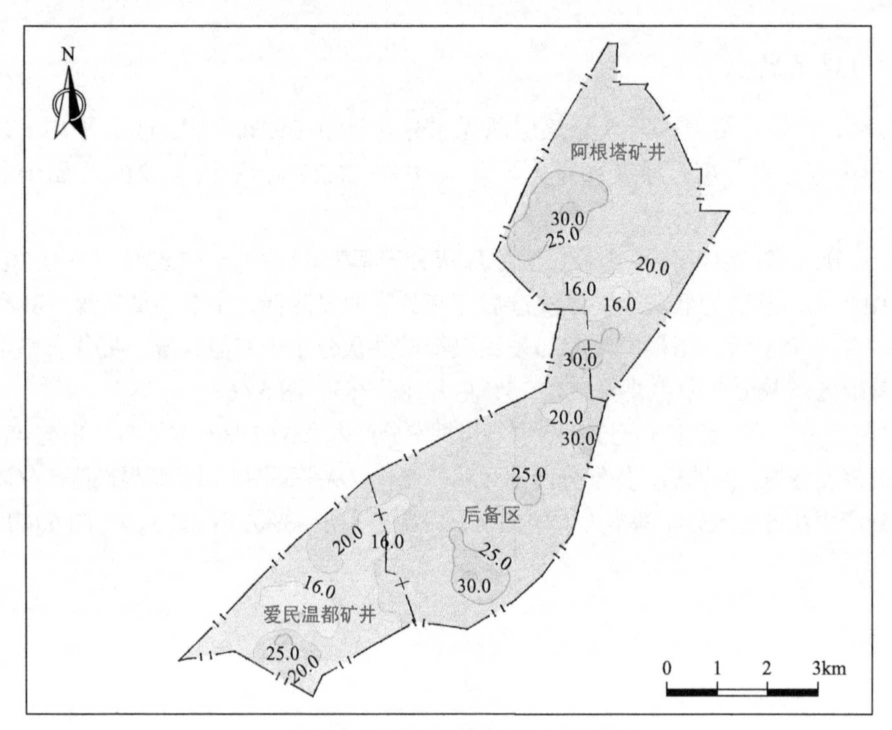


(a) 绍根矿区5号煤层原煤灰分产率等值线图

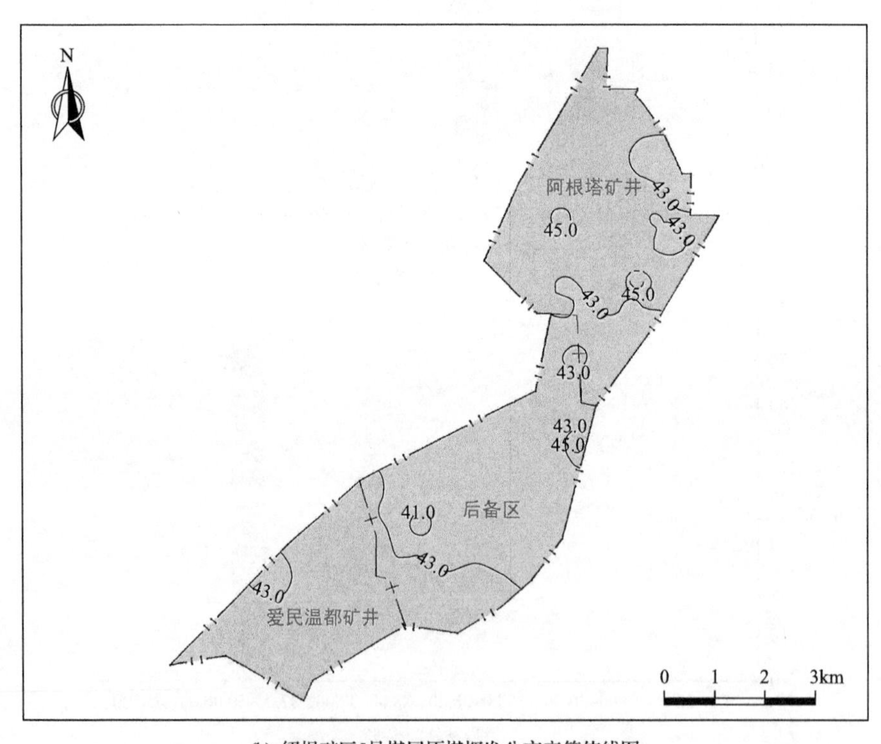


(b) 绍根矿区5号煤层原煤挥发分产率等值线图

图 5.66　绍根矿区 5 号煤层原煤灰分产率和挥发分产率等值线图(单位：%)

(4)全硫含量：绍根矿区 5 号煤层原煤全硫含量为 0.43%～2.78%，平均 1.11%，主要为低硫煤和中硫煤。经过洗选后，全硫含量出现一定下降，浮煤全硫含量为 0.42%～2.55%，平均 0.95%(图 5.67)。

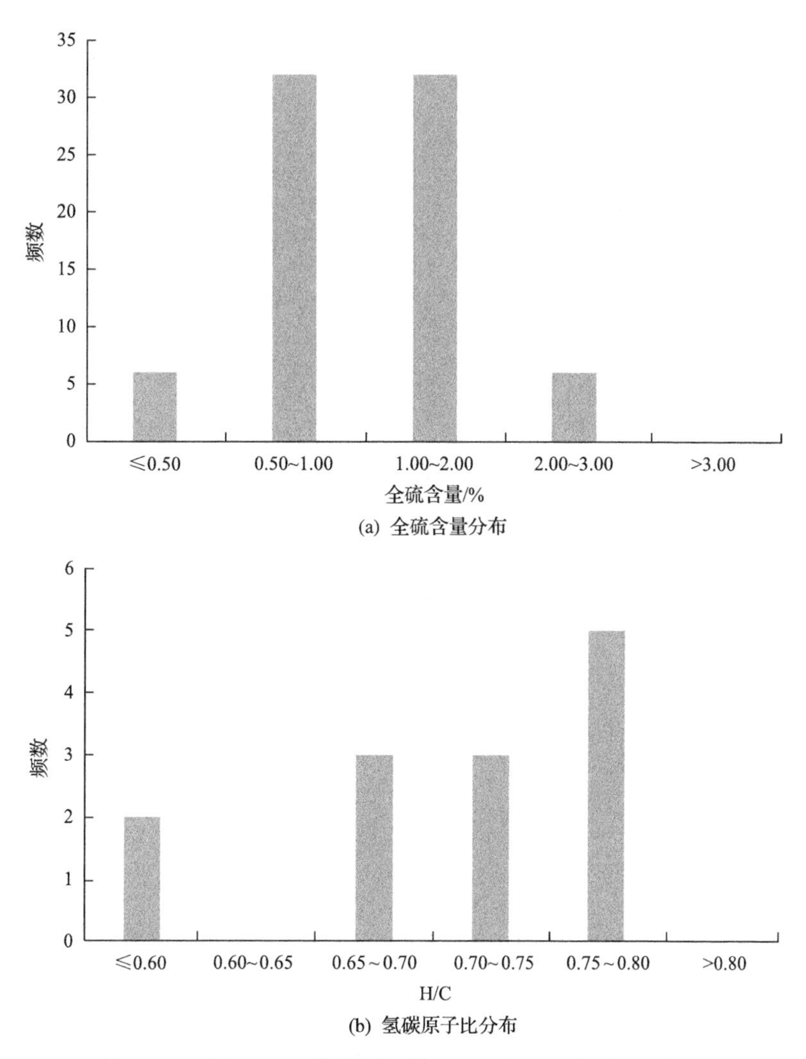


图 5.67　绍根矿区 5 号煤层原煤全硫含量和氢碳原子比分布

在平面图上，绍根矿区全硫含量表现为矿区的南部及北部较低，偏高硫分主要分布在矿区的中部，全硫含量在中部主要分布在2%左右，其他区域主要分布在1%附近(图5.68)。

(5)氢碳原子比：绍根矿区 5 号煤层原煤氢碳原子比主要分布在 0.5～0.8，平均 0.71。平面上看，绍根矿区 5 号煤层原煤氢碳原子比表现为矿区北部及南部较低，矿区中部较高(图 5.67、图 5.68)。

(6)煤灰熔融性温度：绍根矿区 5 号煤层的煤灰熔融性软化温度为 1098℃，属易熔灰分。

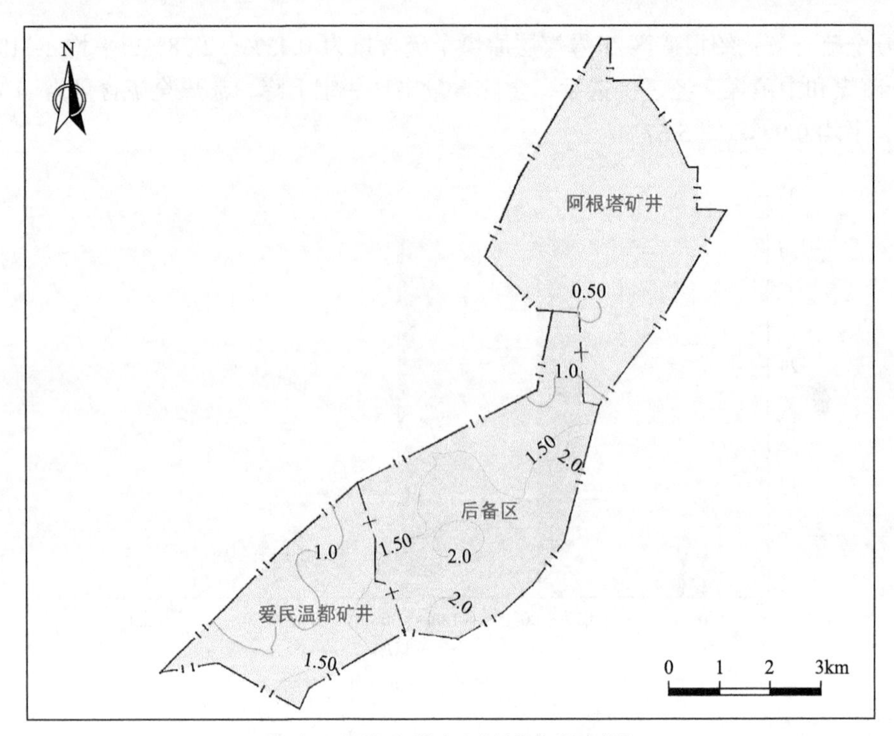


(a) 绍根矿区5号煤层原煤全硫含量等值线图(单位：%)

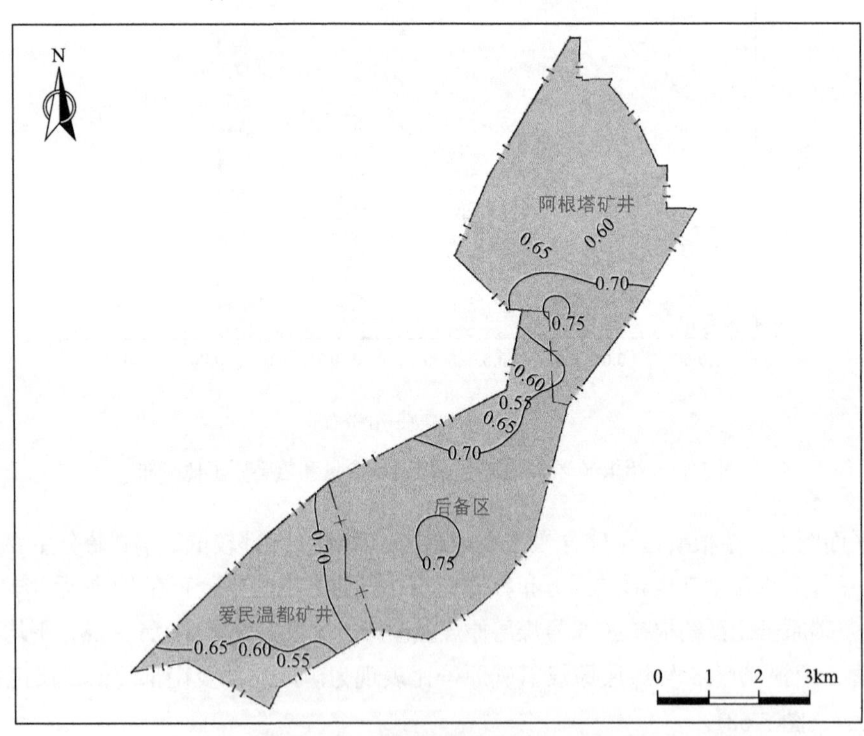


(b) 绍根矿区5号煤层原煤氢碳原子比等值线图

图 5.68　绍根矿区 5 号煤层原煤全硫含量和氢碳原子比等值线图

(7)煤的黏结指数：绍根矿区5号煤层的黏结指数为0～2，平均2，属无黏结煤或微黏结煤。

(8)煤的热稳定性：绍根矿区5号煤层的热稳定性为52.08%～72.29%，平均61.24%，总体热稳定性较好，有利于气化。

(9)煤灰成分：该区的煤灰成分以$SiO_2$为主，平均含量为55.96%；$Al_2O_3$次之，平均含量为16.14%；$Fe_2O_3$又次之，平均含量为5.85%。其他组分含量相对较少(表5.26)。

**表5.26　煤灰成分综合表**　(单位：%)

| 项目 | $SiO_2$ | $Al_2O_3$ | $Fe_2O_3$ | CaO | MgO | $SO_3$ | $TiO_2$ |
|---|---|---|---|---|---|---|---|
| 最小值 | 51.89 | 1.85 | 4.69 | 3.47 | 1.53 | 2.60 | 0.58 |
| 最大值 | 59.10 | 20.84 | 7.52 | 6.44 | 2.72 | 6.03 | 0.94 |
| 平均值 | 55.96 | 16.14 | 5.85 | 5.09 | 2.15 | 4.84 | 0.74 |

(10)煤对$CO_2$的反应性：在常压下试验温度为950℃时，5号煤层对$CO_2$反应性可达63.5%，属弱反应煤(表5.27)。

**表5.27　$CO_2$反应性统计表**　(单位：%)

| 温度 | 3-3 | 3-4 | 3 | 4-2 | 4-3 | 4-4 | 4 | 5-1 | 5 |
|---|---|---|---|---|---|---|---|---|---|
| 900℃ | 55.0 | 70.9 | 55.8 | 56.8 | 56.6 | 55.5 | 78.6 | 66.2 | 56.5 |
| 950℃ | 68.1 | 77.0 | 62.4 | 64.1 | 64.1 | 62.2 | 78.6 | 74.0 | 63.5 |

## (二)煤岩特征

### 1. 宏观煤岩特征

通过对矿区钻孔资料分析，煤的物理性质变化不大，煤的颜色一般为褐黑色，条痕为棕色、褐色。煤岩组分以暗煤为主，亮煤次之，含有少量的镜煤和丝炭。暗煤光泽暗淡或无光泽，断口多为参差状，外生裂隙不发育，视密度在1.28～1.54g/cm$^3$，较硬并具有一定的韧性。亮煤具弱沥青光泽，较脆，内生裂隙发育，敲击易碎成棱角状小块。

该区各煤层煤岩组分均以暗煤为主，亮煤次之，镜煤和丝炭以透镜状或线理状夹于暗煤和亮煤中。煤岩类型以半暗型为主，半亮型次之。

### 2. 显微煤岩特征

由矿区煤岩统计表可以看出，有机显微组分中镜质组含量在91.10%～97.80%，平均为94.13%；惰质组含量普遍较低，为2.20%～7.70%，平均为5.06%；壳质组平均含量为0.55%。煤的有机显微组分+矿物杂质中以黏土组为主。

该区煤的镜质组最大反射率，由浅到深均有增高之势。该区煤层为腐殖煤，其变质阶段为0～Ⅱ，为变质程度较低的褐煤(表5.28)。

表 5.28　显微煤岩组分含量统计表　　（单位：%）

| 煤层 | 有机显微组分 | | | | 有机显微组分+矿物杂质 | | | | | | | | $R_{o,max}$ |
|---|---|---|---|---|---|---|---|---|---|---|---|---|---|
| | 镜质组 | 半镜质组 | 惰质组 | 壳质组 | 镜质组 | 半镜质组 | 惰质组 | 壳质组 | 黏土组 | 硫化物组 | 碳酸盐组 | 氧化物组 | |
| 3-2 | 95.20 | 0.00 | 4.80 | 0.00 | 57.80 | 0.00 | 2.90 | 0.00 | 38.30 | 0.00 | 0.80 | 0.20 | 0.4262 |
| 3-3 | 94.10 | 0.00 | 5.10 | 0.80 | 51.90 | 0.00 | 2.80 | 0.40 | 44.90 | 0.00 | 0.00 | 0.00 | 0.4642 |
| 3-4 | 96.30 | 0.00 | 3.30 | 0.40 | 79.80 | 0.00 | 2.60 | 0.40 | 16.50 | 0.40 | 0.20 | 0.00 | 0.5758～0.7220 |
| 3 | 93.90 | 0.70 | 4.40 | 1.00 | 71.50 | 0.50 | 3.20 | 0.80 | 23.60 | 0.03 | 0.20 | 0.20 | 0.465～0.6576 |
| 4-2 | 95.30 | 0.45 | 3.50 | 0.70 | 74.50 | 0.30 | 2.60 | 0.50 | 21.80 | 0.00 | 0.20 | 0.10 | 0.4395～0.4887 |
| 4-3 | 91.20 | 0.80 | 7.00 | 0.90 | 67.20 | 0.60 | 5.10 | 0.70 | 28.30 | 0.40 | 0.10 | 0.20 | 0.4428～0.6904 |
| 4-4 | 92.30 | 0.20 | 7.20 | 0.30 | 60.60 | 0.20 | 4.70 | 0.20 | 33.90 | 0.20 | 0.20 | 0.10 | 0.4182～0.7788 |
| 4 | 91.10 | 0.20 | 7.70 | 1.00 | 66.50 | 0.10 | 5.20 | 0.70 | 26.50 | 0.10 | 0.10 | 0.40 | 0.4634～0.7490 |
| 5-1 | 97.80 | 0.00 | 2.20 | 0.00 | 72.80 | 0.00 | 1.60 | 0.00 | 25.60 | 0.00 | 0.20 | 0.00 | 0.4678～0.5853 |
| 5 | 94.10 | 0.10 | 5.40 | 0.40 | 73.80 | 0.04 | 4.20 | 0.40 | 20.60 | 0.10 | 0.00 | 0.30 | 0.4687～0.7103 |

## 三、煤炭清洁利用评价

依据绍根矿区煤岩煤质特征及分布情况，参照《煤炭清洁利用评价标准体系》，划分矿区特殊用煤资源类型。该矿区共划分特殊用煤类型两类，为直接液化用煤及气化用煤，其中气化用煤分布在矿区的南部爱民温都矿井及北部阿根塔矿井，中部后备区主要为直接液化用煤。截至 2015 年底，绍根矿区煤炭保有资源量为 6.34 亿 t，其中直接液化用煤 5.24 亿 t(二级液化)，气化用煤 1.10 亿 t(流化床二级)(图 5.69)。

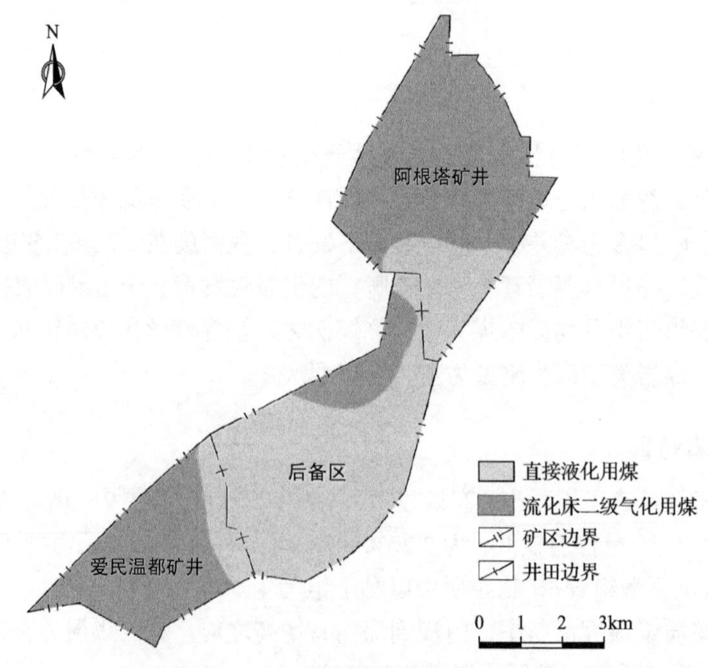


图 5.69　绍根矿区煤炭清洁利用评价图

# 第十三节　准哈诺尔矿区

## 一、矿区概况

准哈诺尔矿区位于准哈诺尔盆地，东乌珠穆沁旗准哈诺尔盆地为晚中生代含煤盆地，其基底主要为古生界浅变质岩，地层划分为中新生代属于滨太平洋地区、大兴安岭—燕山地层分区、博克图—二连浩特地层小区，前中生代属于兴安地层区、东乌—呼玛地层分区。

根据区域地质资料，盆地内及其外围的地层由老至新有泥盆系、二叠系、侏罗系、白垩系、古近系及第四系。主要地层为上侏罗统兴安岭组；下白垩统大磨拐河组，为盆地主要含煤层和主要充填地层；古近系宝格达乌拉组；第四系更新统—全新统。

## 二、煤岩煤质特征

矿区含煤地层下白垩统大磨拐河组含煤 3 组，9 层煤层，分别赋存于上、下两个含煤段中，中部泥岩段不含煤。其中上含煤段(三岩段)含 1 煤组，发育 5 层煤，编号分别为 1-1、1-2、1-3、1-4、1-5，各煤层均为不可采的薄煤层；下含煤段(一岩段)含 2、3 煤组，其中 2 煤组发育 3 层煤，编号分别为 2-1、2-2、2-3，3 层煤中 2-1 号煤层零星可采，2-2 号煤层大部可采，2-3 号煤层局部可采；3 煤组含煤 1 层，为零星发育的不可采煤层。

矿区主要可采煤层共有 3 层，2-2、2-3 号煤层为大部分可采或局部可采的较稳定煤层，2-1 号煤层为零星可采的不稳定煤层。其中 2-2 号煤层全区可采且厚度大、较稳定，所以本节主要以 2-2 号煤层作为研究对象。

### (一)煤质特征

(1)水分含量：准哈诺尔矿区 2-2 号煤层原煤水分含量为 9.09%～26.64%，平均 16.46%；浮煤水分含量为 7.6%～23.4%，平均 16.2%。

(2)灰分产率：准哈诺尔矿区 2-2 号煤层原煤灰分产率为 10.94%～46.53%，平均 20.50%，大部分为低灰煤，其次为中灰煤(图 5.70)，经洗选后大部分为低灰煤，其次为特低灰煤，平均灰分属于低灰煤，接近特低灰煤。从平面上看，准哈诺尔矿区 2-2 号煤层原煤灰分产率总体低于 20%，仅在矿区西北部及东南部部分区域出现大于 25%的区域，小部分区域超过 30%(图 5.71)。

(3)挥发分产率：准哈诺尔矿区 2-2 号煤层原煤挥发分产率为 40.64%～51.14%，平均 45.42%，主要为高挥发分煤。洗选后，挥发分产率变化不大。从平面图上看，准哈诺尔矿区 2-2 号煤层总体挥发分产率为 45%～47%，仅矿区北部小块区域挥发分产率为 41%～43%(图 5.70、图 5.71)。

(4)全硫含量：准哈诺尔矿区 2-2 号煤层原煤全硫含量为 0.26%～2.11%，平均 0.74%(图 5.72)。洗选后煤中硫分降幅不明显。从平面上看，原煤全硫含量主要分布在 0.75%

附近，并表现为东北低、西南高的变化趋势(图 5.73)。

(5) 氢碳原子比：准哈诺尔矿区 2-2 号煤层原煤氢碳原子比为 0.44～0.82，主要分布在 0.7～0.75，平均 0.69，可以看出 2-2 号煤层氢碳原子比较低。从平面图上看，矿区大部分区域煤层氢碳原子比小于 0.70,其中矿区中部煤层氢碳原子比总体分布在 0.65 附近，部分区域甚至低于 0.55，矿区西南部及东北部氢碳原子比较高(图 5.72、图 5.73)。

(6) 煤灰熔融性温度：经统计矿区各煤层煤灰熔融性软化温度平均值在 1246～1300℃，属中等熔融灰分。

(7) 哈氏可磨性指数：2-2 号煤层的哈氏可磨性指数为 44～66，平均 54，属于较难磨煤。

(8) 煤的热稳定性：该区煤大于 6mm 粒级($TS_{+6}$)残焦比率在 42.87%～73.96%，各煤层平均值为 55.06%～73.96%，属于较低热稳定性煤—高热稳定性煤(表 5.29)。

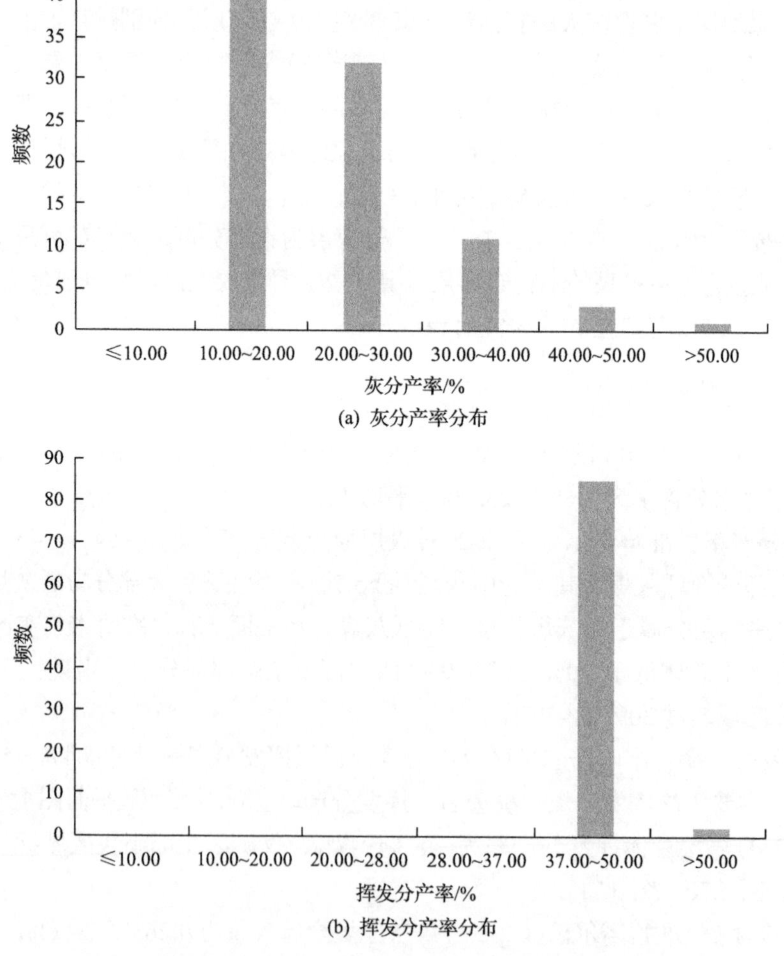


图 5.70 准哈诺尔矿区 2-2 号煤层原煤灰分产率和挥发分产率分布

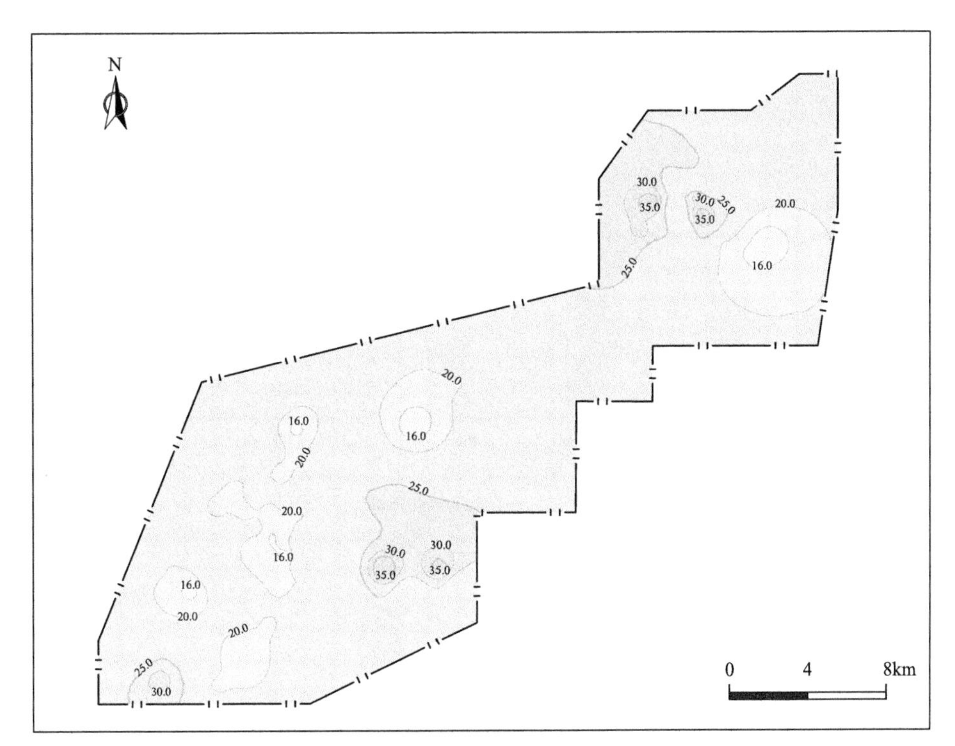


(a) 准哈诺尔矿区2-2号煤层原煤灰分产率等值线图

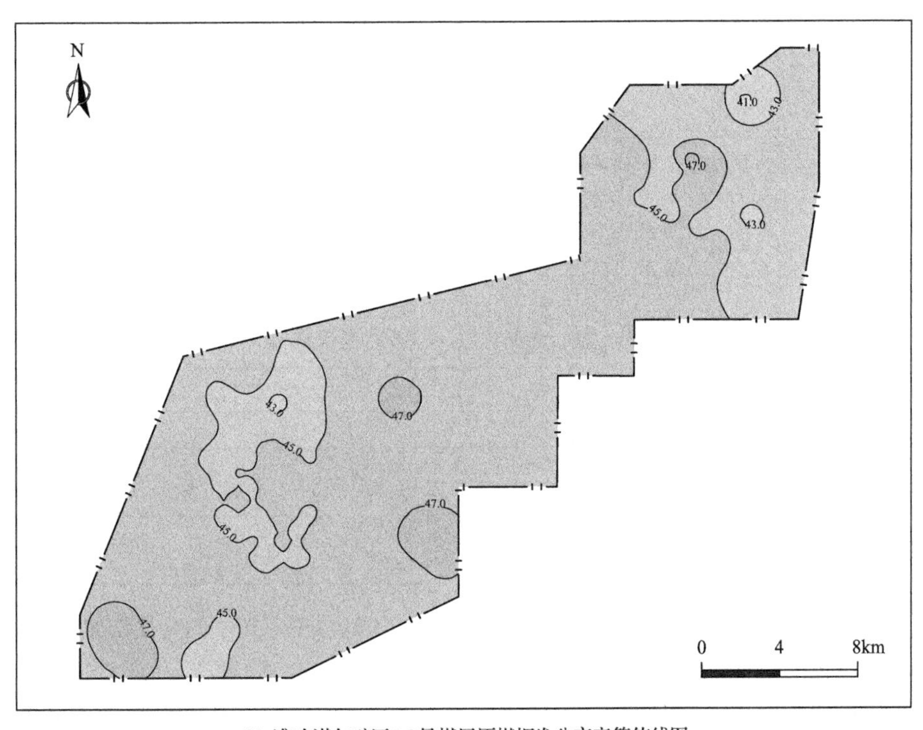


(b) 准哈诺尔矿区2-2号煤层原煤挥发分产率等值线图

图 5.71　准哈诺尔矿区 2-2 号煤层原煤灰分产率和挥发分产率等值线图(单位：%)

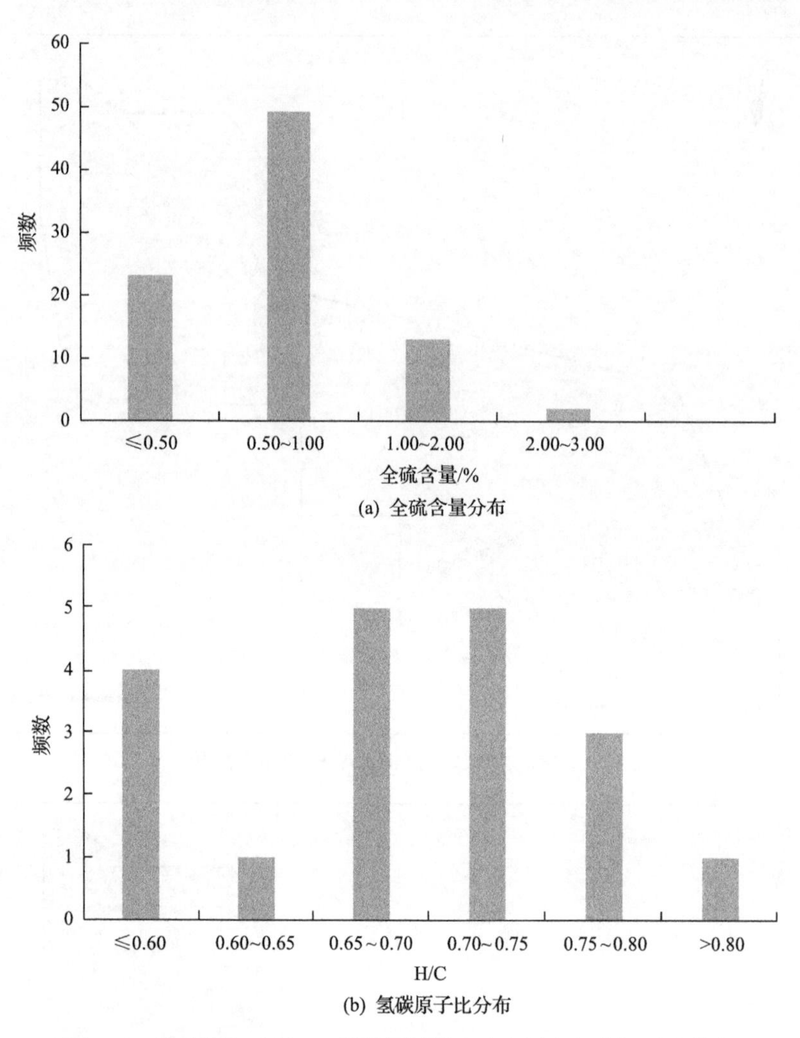


(a) 全硫含量分布

(b) 氢碳原子比分布

图 5.72　准哈诺尔矿区 2-2 号煤层原煤全硫含量和氢碳原子比分布

**表 5.29　热稳定性测试成果整理表**　（单位：%）

| 煤层 | $TS_{+6}$ | $TS_{3-6}$ | $TS_{-3}$ |
|---|---|---|---|
| 2-1 | 73.96 | 21.54 | 4.50 |
| 2-2 | 45.26 ~ 62.28<br>56.52 | 31.02 ~ 41.88<br>34.59 | 5.85 ~ 12.86<br>8.90 |
| 2-3 | 42.87 ~ 70.02<br>55.06 | 25.47 ~ 44.47<br>34.91 | 4.51 ~ 12.66<br>10.02 |

(9)煤对 $CO_2$ 反应性：当试验温度为 950℃时，区内各煤层对 $CO_2$ 反应性在 55.0%～92.3%，化学活性较好。

(10)煤灰成分：区内各煤层煤灰成分主要为 $SiO_2$ 和 $Al_2O_3$，其次为 CaO、$Fe_2O_3$、$SO_3$ 和 $TiO_2$ 等(表 5.30)。

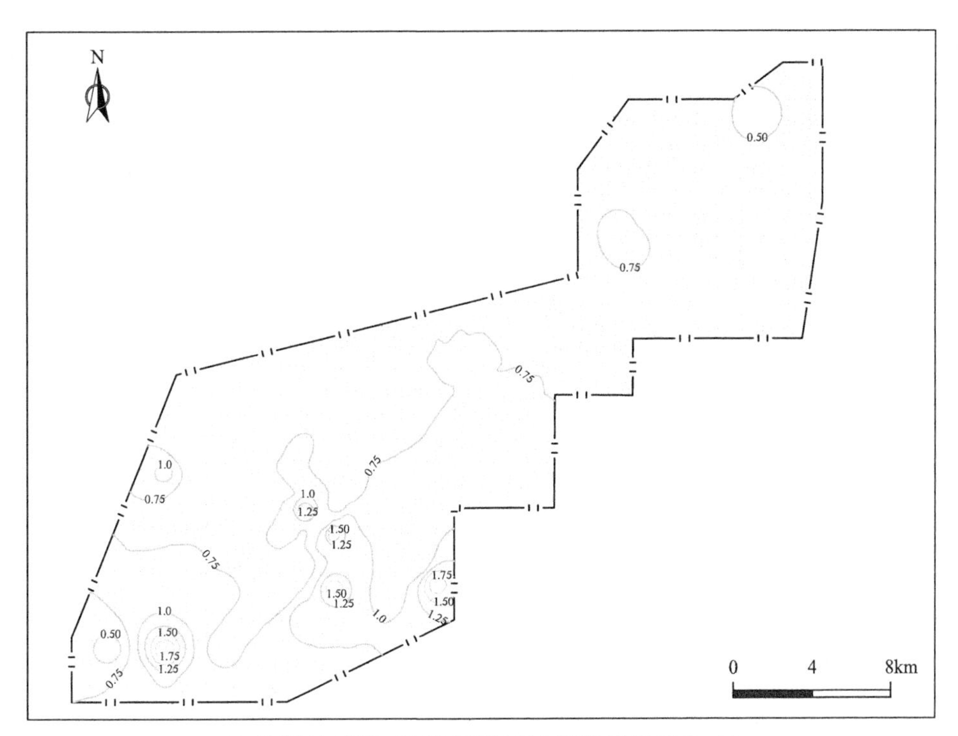


(a) 准哈诺尔矿区2-2号煤层原煤全硫含量等值线图(单位：%)

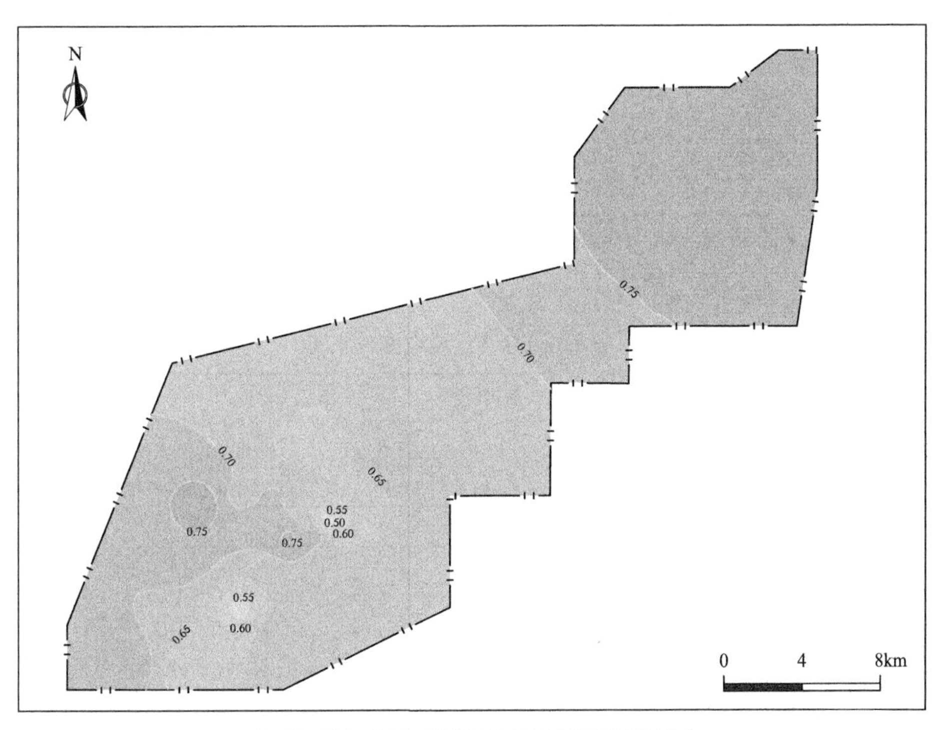


(b) 准哈诺尔矿区2-2号煤层原煤氢碳原子比等值线图

图 5.73　准哈诺尔矿区 2-2 号煤层原煤全硫含量和氢碳原子比等值线图

表 5.30　煤灰成分测试成果整理表　（单位：%）

| 煤层 | $SiO_2$ | $Al_2O_3$ | $Fe_2O_3$ | CaO | MgO | $SO_3$ | $TiO_2$ |
| --- | --- | --- | --- | --- | --- | --- | --- |
| 2-1 | $\frac{14.95\sim46.14}{37.41}$ | $\frac{12.60\sim24.54}{18.82}$ | $\frac{3.40\sim6.36}{4.75}$ | $\frac{45.47\sim21.17}{17.63}$ | $\frac{2.86\sim4.97}{18.82}$ | $\frac{2.98\sim26.39}{11.86}$ | $\frac{0.50\sim0.95}{0.70}$ |
| 2-2 | $\frac{37.91\sim56.15}{48.82}$ | $\frac{13.56\sim23.21}{18.67}$ | $\frac{2.95\sim8.66}{5.42}$ | $\frac{6.23\sim21.68}{12.68}$ | $\frac{2.16\sim5.45}{2.99}$ | $\frac{3.31\sim14.15}{7.25}$ | $\frac{0.28\sim3.21}{0.90}$ |
| 2-3 | $\frac{29.13\sim50.91}{44.40}$ | $\frac{16.58\sim26.28}{21.53}$ | $\frac{3.41\sim7.35}{5.43}$ | $\frac{6.90\sim29.38}{13.62}$ | $\frac{1.80\sim5.18}{2.88}$ | $\frac{3.95\sim12.84}{7.21}$ | $\frac{0.35\sim0.99}{0.73}$ |

### （二）煤岩特征

#### 1. 宏观煤岩特征

区内各煤层为黑色—黑褐色，条痕褐色—黄褐色，暗淡光泽—弱沥青光泽，具内生裂隙，常由方解石及黄铁矿薄膜充填，平坦状、参差状、贝壳状断口，条带状、线理状、透镜状结构，层状构造。煤层含少量黄铁矿结核。各煤层宏观煤岩组分以暗煤为主，丝炭为辅，夹条带状、线理状亮煤。宏观煤岩类型以暗淡型为主，半暗型次之。

#### 2. 显微煤岩特征

2-2 号煤层的显微煤岩组分以镜质组为主，其含量为 55.0%～90.6%；惰质组含量为 5.5%～42.0%；稳定组含量为 1.6%～3.7%；煤中有机总量为 99.0%～99.7%；矿物杂质含量为 0.3%～1%。

#### 3. 变质程度

区内各可采煤层的镜质组最大反射率为 0.281%～0.313%，该区煤确定为老年褐煤（表 5.31）。

表 5.31　煤中显微组分统计表　（单位：%）

| 煤层 | 无机+有机总量 | | | | | | | $R_{o,max}$ |
| --- | --- | --- | --- | --- | --- | --- | --- | --- |
| | 镜质组 | 惰性组 | 壳质组 | 有机总量 | 黏土类 | 硫化物 | 碳酸盐 | |
| 2-2 | 69.1 | 27.7 | 2.4 | 99.2 | 0.1 | 0.3 | 0.4 | 0.281 |
| 2-3 | 85.3 | 10.1 | 9.7 | 99.1 | 0 | 0 | 0.9 | 0.313 |

## 三、煤炭清洁利用评价

准哈诺尔矿区可划分为直接液化用煤及气化用煤，直接液化用煤分布于矿区西南部及东北部，气化用煤主要分布于矿区中部。截至 2015 年底，矿区煤炭保有资源量 22.24 亿 t，其中直接液化用煤资源量 9.56 亿 t（直接液化二级），气化用煤资源量 12.68 亿 t（流化床二级）（图 5.74）。

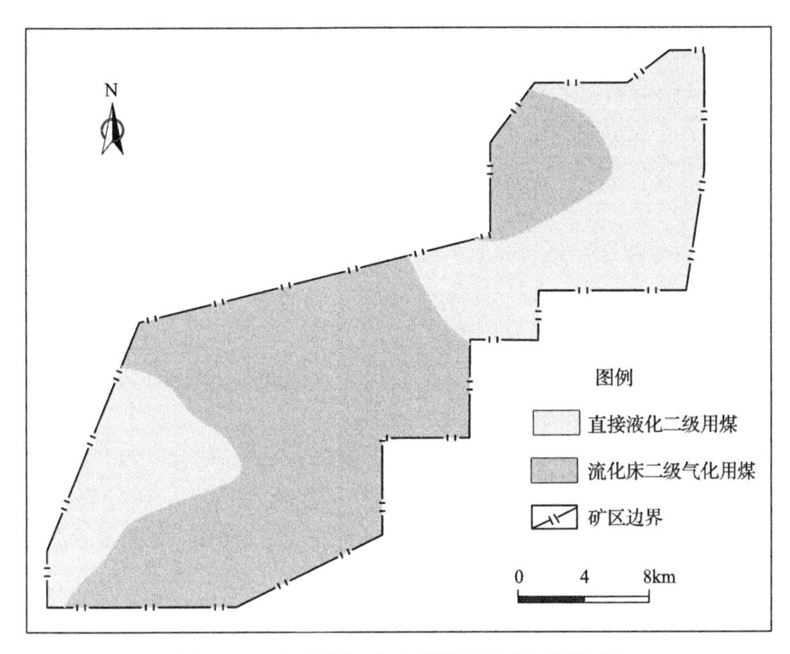


图 5.74　准哈诺尔矿区煤炭清洁利用评价图

# 第十四节　五一牧场矿区

## 一、矿区概述

五一牧场矿区位于内蒙古自治区呼伦贝尔市新巴尔虎左旗阿木古郎镇以南约 10km，行政区划隶属于新巴尔虎左旗阿木古郎镇，地理坐标为东经 118°10′00″～118°30′00″，北纬 48°00′00″～48°10′00″。矿区南北长 9.05～18.40km，东西宽 13.35～27.76km，总面积 263.60km$^2$，煤炭总资源量为 710206 万 t，矿区总规模 2800 万 t/a，均衡生产服务年限为 85 年。矿区内各煤层煤质为低灰—中灰、特低硫—低硫、特低磷—低磷、高热值褐煤。矿区共划分为 4 个井田，分别为一号井(600 万 t/a)、二号井(800 万 t/a)、三号井(600 万 t/a)和四号井(800 万 t/a)，且在 4 个井田工业场地内配套建设相应规模的选煤厂。

五一牧场矿区位于兴安地槽褶皱系呼和诺尔中海西地槽褶皱带。中生代含煤盆地位于海拉尔盆地群呼伦贝尔沉降区五一牧场拗陷内，其东北侧为呼和诺尔拗陷的边界断层，西侧为五一牧场拗陷中部，向南进入蒙古国，为一由断裂和凸起所控制的含煤盆地。矿区属第四系全掩盖式，通过钻探揭露的地层有上侏罗统白音高老组、下白垩统大磨拐河组和伊敏组、第四系。

## 二、煤岩煤质特征

矿区含煤地层为下白垩统伊敏组，以灰色泥岩、粉砂岩为主，夹薄层灰白色细砂岩、粗砂岩，含 1、2、3、4、5、6 煤组，全区发育，揭露最小厚度 24.70m，最大厚度 456.44m，平均厚度 199.49m，同下伏大磨拐河组为平行不整合接触。

大磨拐河组在全区发育，以灰色、深灰色泥岩、粉砂质泥岩为主，揭露最小厚度8.82m，最大厚度 432.21m，平均厚度 62.42m。经钻孔证实，该区大磨拐河组不含煤，与下伏白音高老组为不整合接触。

五一牧场矿区可采煤层共计 9 层，自上而下分别是 1、2、3、4、$5_1$、$5_{1+2}$、$5_3$、$5_{3+4}$、6 号煤层。其中 1、3、$5_1$、$5_{1+2}$、$5_3$、$5_{3+4}$ 号煤层全区可采，2、4 号煤层全区大部分可采，6 号煤层局部可采。$5_{3+4}$ 号煤层全区可采且厚度最大，所以本节以 $5_{3+4}$ 号煤层为主要研究对象。

## (一)煤质特征

(1)水分含量：五一牧场矿区 $5_{3+4}$ 号煤层原煤水分含量为 3.03%～23.47%，平均 11.31%；浮煤水分含量为 4.83%～23.04%，平均 13.26%。

(2)灰分产率：五一牧场矿区 $5_{3+4}$ 号煤层原煤灰分产率为 7.94%～37.78%，平均16.57%，主要为低灰煤，少量为中灰煤(图 5.75)。经过洗选后，灰分有明显下降。五一牧场矿区 $5_{3+4}$ 号煤层原煤灰分从平面上看并没有明显的规律可寻(图 5.76)。

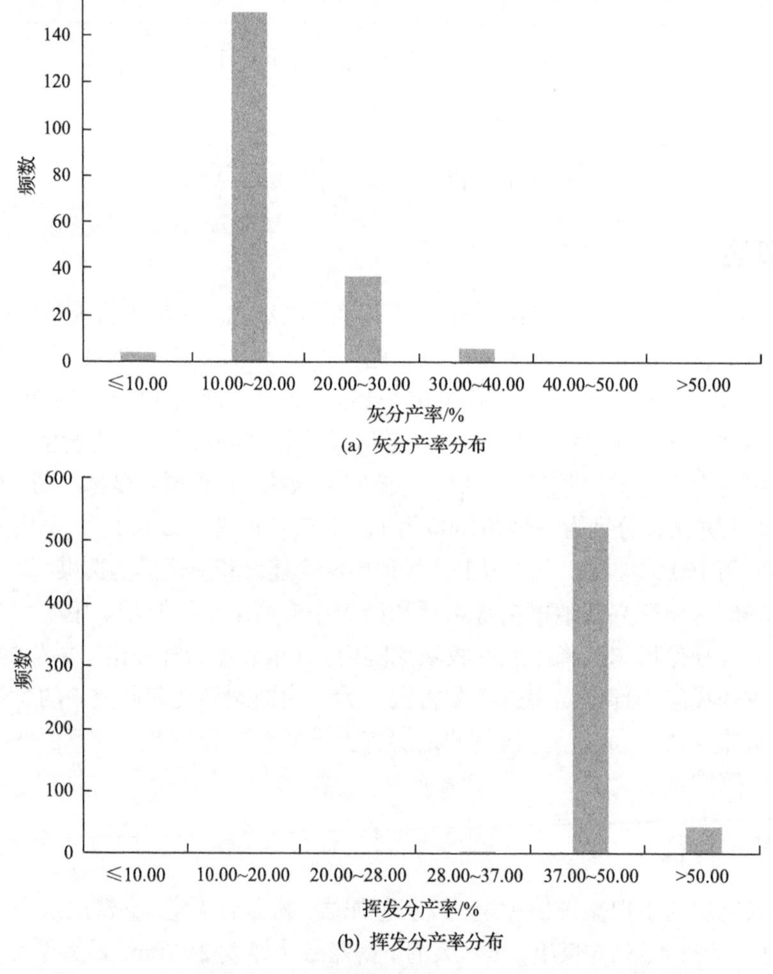


图 5.75　五一牧场矿区 $5_{3+4}$ 号煤层原煤灰分产率和挥发分产率分布

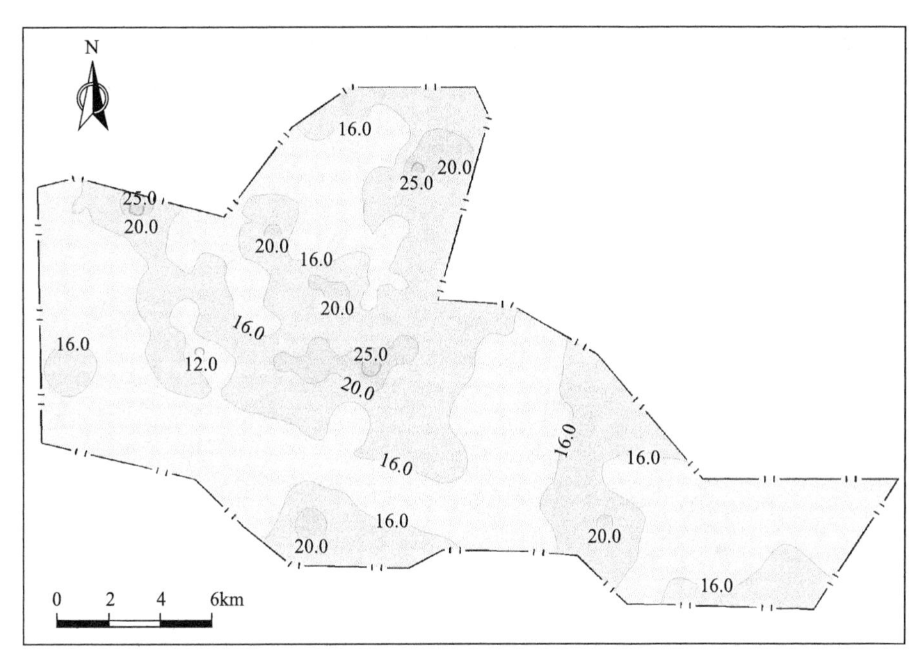


(a) 五一牧场矿区$5_{3+4}$号煤层原煤灰分产率等值线图

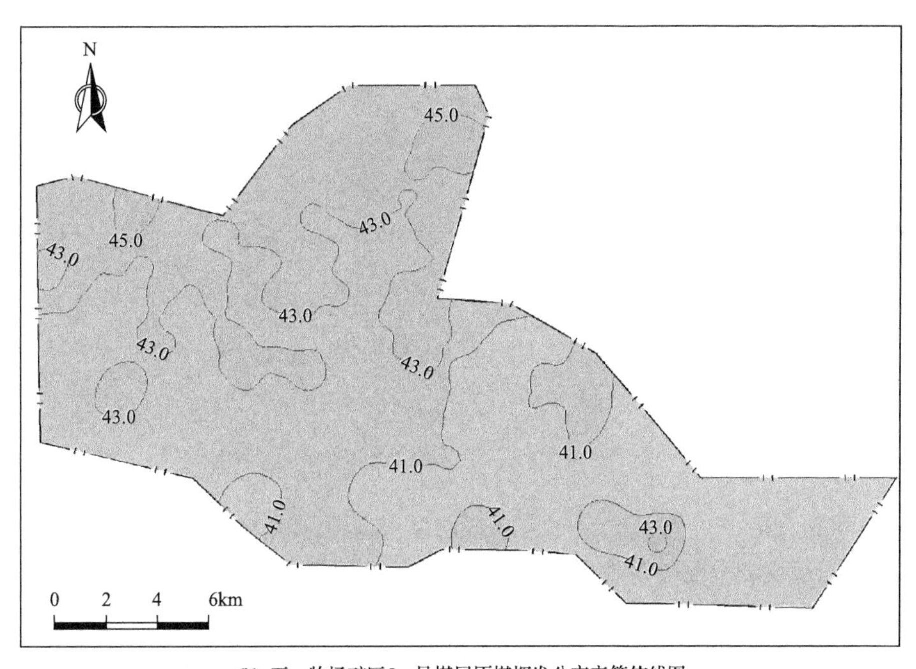


(b) 五一牧场矿区$5_{3+4}$号煤层原煤挥发分产率等值线图

图 5.76　五一牧场矿区 $5_{3+4}$ 号煤层原煤灰分产率和挥发分产率等值线图(单位：%)

(3)挥发分产率：五一牧场矿区 $5_{3+4}$ 号煤层原煤挥发分产率为 37.94%～48.02%，平均 42.50%，主要为高挥发分煤，洗选前后挥发分基本保持不变。从平面上看，五一牧场矿区 $5_{3+4}$ 号煤层原煤挥发分产率矿区西部普遍高于矿区东部(图 5.75、图 5.76)。

(4)全硫含量：五一牧场矿区 $5_{3+4}$ 号煤层原煤全硫含量为 0.18%～1.50%，平均 0.51%，主要为低硫煤；洗选后，浮煤全硫含量为 0.12%%～0.60%，平均 0.31%，为特低硫煤(图 5.77)。

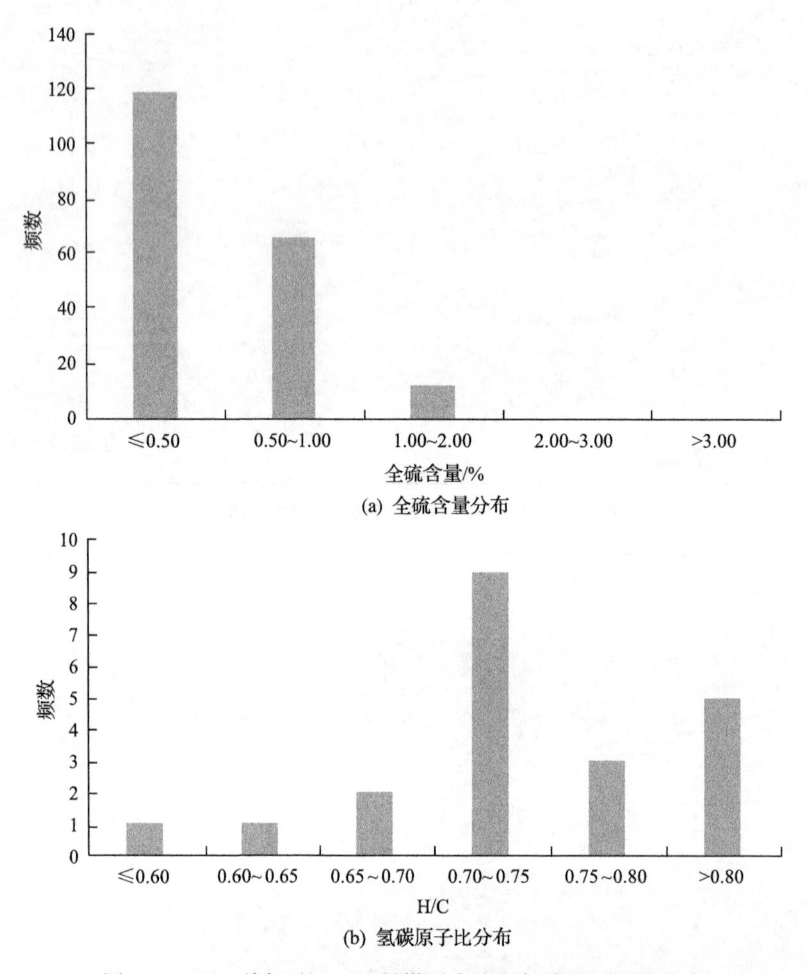


图 5.77　五一牧场矿区 $5_{3+4}$ 号煤层全硫和氢碳原子比分分布

从平面图上看，五一牧场矿区 $5_{3+4}$ 号煤层原煤全硫含量表现为西高东低，与挥发分产率、氢碳原子比的平面分布表现为一定的一致性；矿区西部全硫含量主要在 0.75%左右，东部全硫含量主要为小于 0.5%(图 5.78)。

(5)氢碳原子比：五一牧场矿区 $5_{3+4}$ 号煤层原煤氢碳原子比为 0.56～0.85，平均 0.74(图 5.77)。

五一牧场矿区 $5_{3+4}$ 号煤层氢碳原子比平面上表现为矿区西部大于矿区东部，矿区西部多数分布在 0.75～0.80，东部主要分布在 0.65～0.70(图 5.78)。

(6)煤灰熔融性温度：五一牧场矿区各煤层的煤灰熔融性软化温度为 1162～1221℃，仅 6 号煤层煤灰熔融性软化温度为 1273℃，属中等熔融灰分。

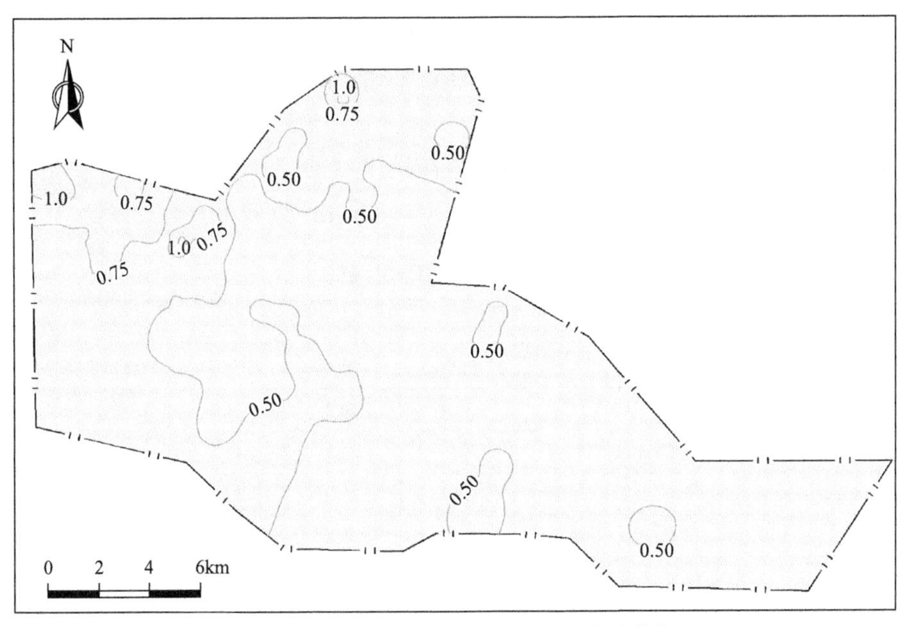


(a) 五一牧场矿区$5_{3+4}$号煤层原煤全硫含量等值线图(单位：%)

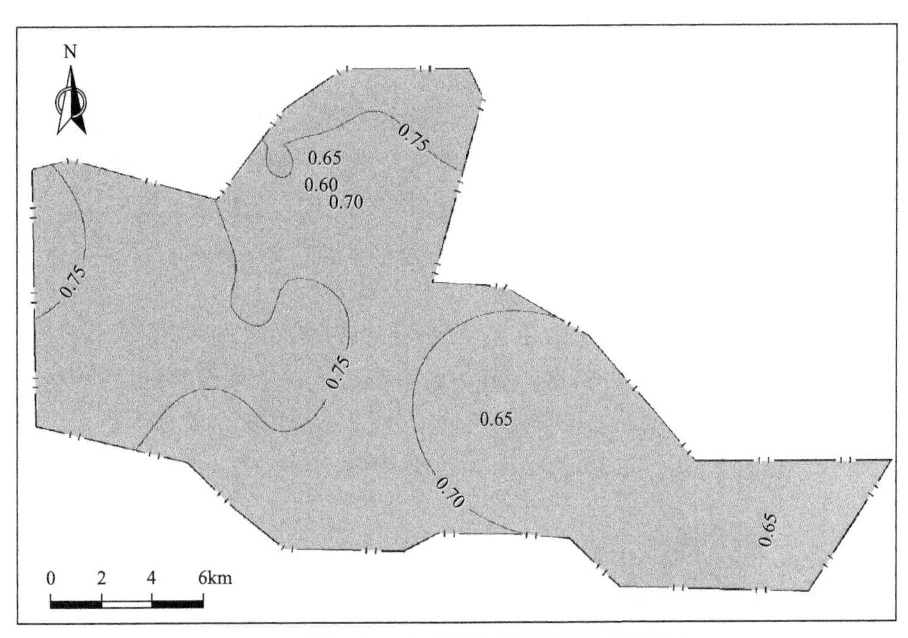


(b) 五一牧场矿区$5_{3+4}$号煤层原煤氢碳原子比等值线图

图 5.78　五一牧场矿区 $5_{3+4}$ 号煤层原煤全硫含量和氢碳原子比等值线图

(7)煤的黏结指数：五一牧场矿区各煤层的浮煤焦渣特征为 2，黏结指数均为 0，表明该区煤的黏结性弱。

(8)煤的热稳定性：根据五一牧场矿区煤质数据统计，$5_{3+4}$ 号煤层大于 6mm 粒级($TS_{+6}$)残焦比率平均值为 51.64%，属中等热稳定性煤。

(9)煤灰成分：五一牧场矿区 $5_{3+4}$ 号煤层的 $SiO_2$ 含量为 32.68%～71.61%，平均 48.44%；CaO 含量为 2.96%～20.28%，平均 11.12%；$Al_2O_3$ 含量为 10.54%～29.03%，平均 17.24%；$Fe_2O_3$ 含量为 0.67%～19.63%，平均 6.43%。

(10)煤对 $CO_2$ 的反应性：五一牧场矿区各煤层对 $CO_2$ 反应性不是很强，当温度达到 950℃时，各煤层对 $CO_2$ 反应性为 28.2%～32.1%，气化活性较低(表 5.32)。

**表 5.32　煤对 $CO_2$ 反应性**

| 煤层 | α/% | | | | | | | |
|---|---|---|---|---|---|---|---|---|
| | 800℃ | 850℃ | 900℃ | 950℃ | 1000℃ | 1050℃ | 1100℃ | 1150℃ |
| 2 | 5.6 | 13.4 | 21.2 | 30.4 | 40.2 | 54.2 | 58.9 | 68.1 |
| 3 | 6.3 | 12.3 | 21.9 | 31.5 | 37.9 | 48.1 | 57.5 | 60.0 |
| $5_{1+2}$ | 5.8 | 11.3 | 19.3 | 28.2 | 39.3 | 52.1 | 57.9 | 62.6 |
| $5_3$ | 5.4 | 15.1 | 22.0 | 29.0 | 40.8 | 55.4 | 57.5 | |
| $5_{3+4}$ | 4.7 | 12.5 | 23.2 | 32.1 | 41.9 | 55.6 | 63.5 | 64.6 |

### (二)煤岩特征

#### 1. 宏观煤岩特征

该区各煤层的煤颜色多为深褐—黑褐色，条痕为棕褐—褐色，少量为黑褐—黑色，条痕为棕黑色，光泽暗淡，断口不规则或参差状，裂隙不发育。各煤层煤的成分以暗煤为主，丝炭次之，层状或块状构造，条带状或均一状结构，为暗淡型煤。

#### 2. 显微煤岩特征

各煤层显微煤岩组分以镜质组为主，壳质组、矿物质次之，惰质组少量。

$5_{3+4}$ 号煤层的镜质组含量为 62.8%～98.2%，平均 92.6%；壳质组含量为 1.8%～20.3%，平均 7.3%；惰质组含量为 0.0%～1.0%，平均 0.2%。各煤层矿物主要为黏土，$5_{3+4}$ 号煤层的黏土矿物含量为 2.5%～42.1%，平均 25.1%，其次为硫化物矿物。

#### 3. 镜质组最大反射率

该区各煤层镜质组最大反射率为 0.2693%～0.3479%，由此可见，变质阶段为 0，反应在煤类上为褐煤(表 5.33)。

## 三、煤炭清洁利用评价

五一牧场矿区可划分为直接液化用煤及气化用煤，直接液化用煤主要分布在矿区西部，气化用煤分布于矿区东部。截至 2015 年底，该矿区煤炭保有资源量 65.14 亿 t，其中直接液化用煤资源量 40.38 亿 t(直接液化二级)，水煤浆气流床气化用煤资源量 24.76 亿 t(图 5.79)。

表 5.33 煤层显微煤岩特征统计表

| 煤层号 | 统计点数 | 去矿物基/% | | | 含矿物基/% | | | | | $R_{o,max}$/% |
|---|---|---|---|---|---|---|---|---|---|---|
| | | 镜质组 | 壳质组 | 惰质组 | 显微组分总量 | 黏土矿物 | 硫化物矿物 | 碳酸盐矿物 | 氧化硅矿物 | |
| 1 | 10 | 84.3 | 15.7 | 0.0 | 84.9 | 14.8 | 0.2 | 0.1 | 0.0 | 0.3116 |
| 2 | 7 | 85.2 | 14.8 | 0.0 | 82.9 | 16.8 | 0.5 | 0.0 | 0.0 | 0.2693 |
| 3 | 7 | 93.4 | 6.5 | 0.1 | 88.6 | 11.1 | 0.3 | 0.0 | 0.0 | 0.2979 |
| 4 | 1 | 93.6 | 6.4 | 0.0 | 87.0 | 13.0 | 0.0 | 0.0 | 0.0 | 0.3321 |
| $5_1$ | 3 | 91.2 | 8.9 | 0.0 | 85.3 | 14.7 | 0.0 | 0.0 | 0.0 | 0.3479 |
| $5_{1+2}$ | 10 | 93.1 | 6.8 | 0.2 | 89.4 | 10.2 | 0.4 | 0.1 | 0.0 | 0.3144 |
| $5_3$ | 8 | 87.9 | 12.0 | 0.1 | 79.8 | 20.1 | 0.1 | 0.0 | 0.0 | 0.3119 |
| $5_{3+4}$ | 28 | 92.6 | 7.3 | 0.2 | 74.8 | 25.1 | 0.1 | 0.0 | 0.0 | 0.3011 |
| 6 | 2 | 85.0 | 14.8 | 0.2 | 84.6 | 15.3 | 0.1 | 0.0 | 0.0 | 0.3173 |

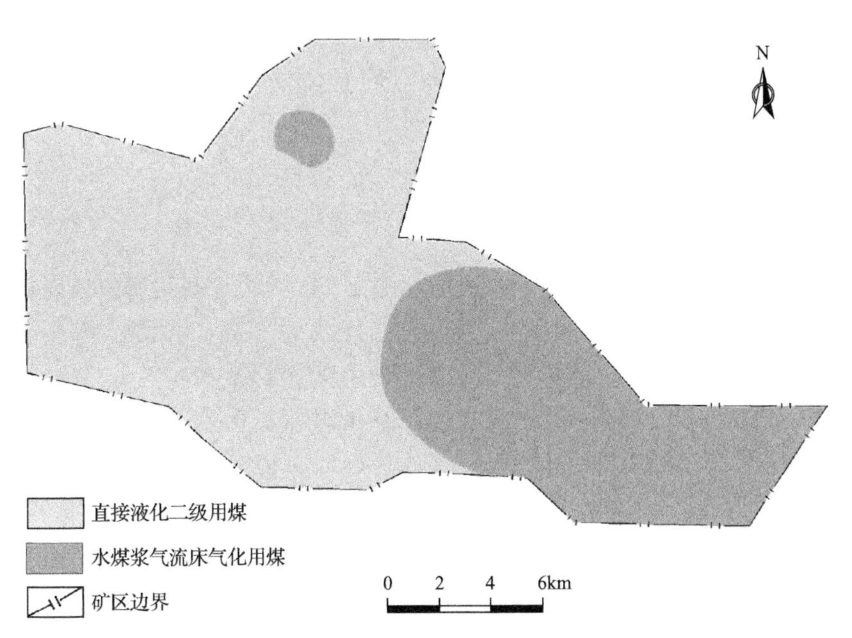


图 5.79 五一牧场矿区煤炭清洁利用评价图

第六章

# 内蒙古自治区煤炭清洁利用评价

## 第一节　清洁利用煤炭资源分布状况

按照清洁用煤评价指标体系和划分原则，在内蒙古自治区42个煤炭国家规划矿区内对主要可采煤层开展调查评价，对规划矿区内焦化用煤、直接液化用煤和气化用煤资源进行归类、划分和统计。

### 一、清洁用煤资源分布

内蒙古自治区全区煤炭保有资源量6588.86亿t，其中42个煤炭国家规划矿区内煤炭保有资源量4049.84亿t，占全区保有资源量的61.46%（宁正树，2020）。煤炭规划矿区内共划分出一级清洁用煤资源量689亿t，二级清洁用煤资源量3360亿t，分别占规划矿区保有资源量的17.01%、82.97%。其中区内无焦化一级用煤，直接液化一级用煤76.05亿t，占规划矿区保有资源量的1.88%；气化一级用煤613.49亿t，占规划矿区保有资源量的15.15%。区内可划分出焦化二级用煤28.80亿t，直接液化二级用煤1472.15亿t，气化二级用煤1859.35亿t，分别占规划矿区保有资源量的0.71%、36.35%、45.91%（图6.1、图6.2）。

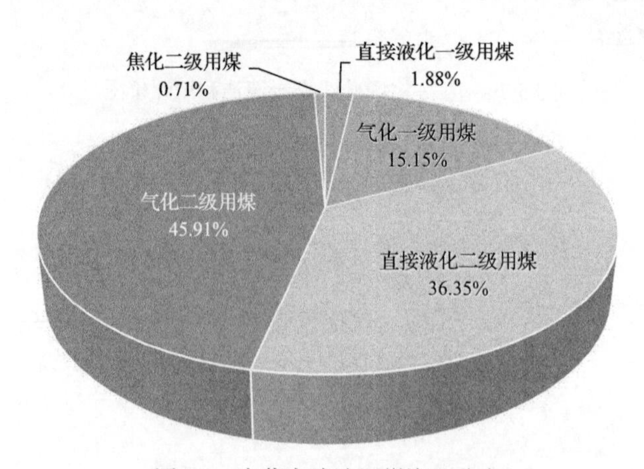


图6.1　内蒙古清洁用煤资源分布

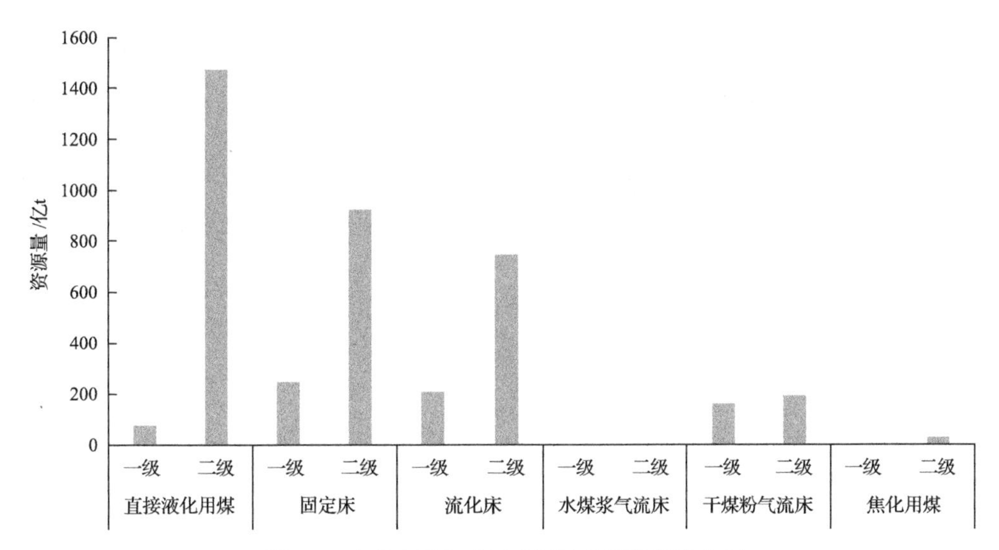


图 6.2　内蒙古规划矿区内清洁用煤资源分布图

从资源分布区域来看，清洁用煤在内蒙古具有明显分带性特征，焦化用煤主要分布在石炭纪—二叠纪聚煤期的乌海矿区，直接液化用煤主要分布在白垩纪聚煤期的二连赋煤构造带和海拉尔赋煤构造带，气化用煤主要分布在侏罗纪聚煤期的鄂尔多斯盆地北缘赋煤构造带和宁东南赋煤构造带。

鄂尔多斯盆地北缘赋煤构造带和宁东南赋煤构造带位于内蒙古西南部鄂尔多斯地区，主要含煤地层为石炭系—二叠系的太原组、山西组和中侏罗统延安组，煤类以低变质烟煤(不黏煤和长焰煤)为主，该地区煤岩显微组分特征中惰质组(丝质组)含量较高，各矿区惰质组含量几乎大于 35%，仅在纳林希里矿、纳林河矿区中惰质组含量小于 35%。对照清洁用煤评价指标，该区域煤炭资源以气化用煤为主，各矿区煤炭指标几乎都满足常压固定床要求，流化床主要集中在准格尔中部矿区；液化用煤分布在纳林希里矿区、纳林河矿区、新街矿区、台格庙矿区(图 6.3)。

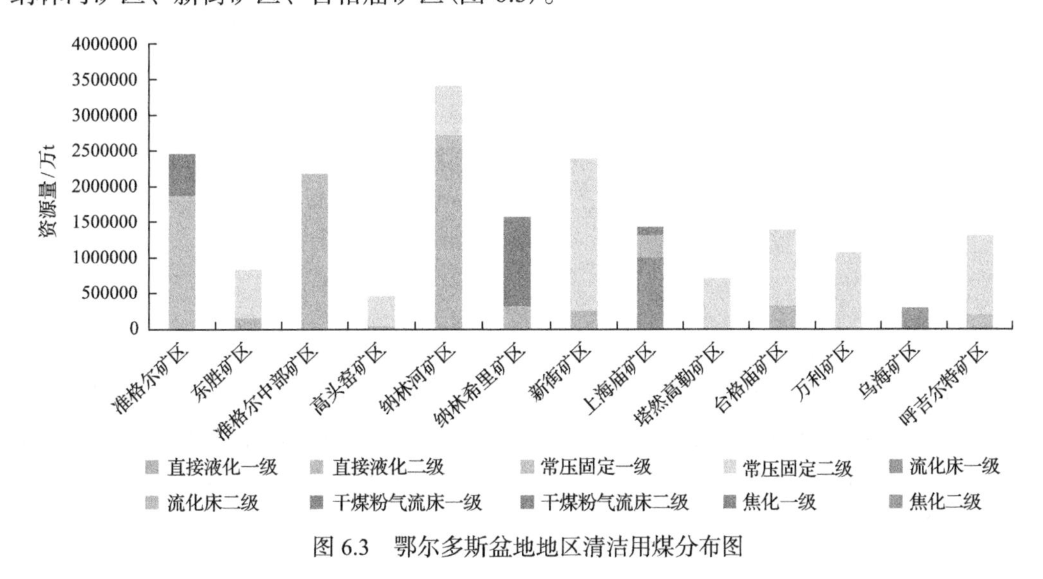


图 6.3　鄂尔多斯盆地地区清洁用煤分布图

二连赋煤构造带位于内蒙古中部锡林郭勒盟和通辽市，主要含煤地层为下白垩统大磨拐河组和伊敏组，煤类以低变质褐煤为主，局部有零星长焰煤。二连赋煤构造带煤变质程度基本一致，但镜质组含量差异较大，部分矿区镜质组含量低，氢碳原子比分布在0.66～0.83，平均值为0.74，总体低于海拉尔赋煤构造带煤的氢碳原子比。对照清洁用煤评价指标，二连赋煤构造带中符合直接液化用煤的煤炭资源较多，还有部分流化床和干煤粉气流床分布(图6.4)。

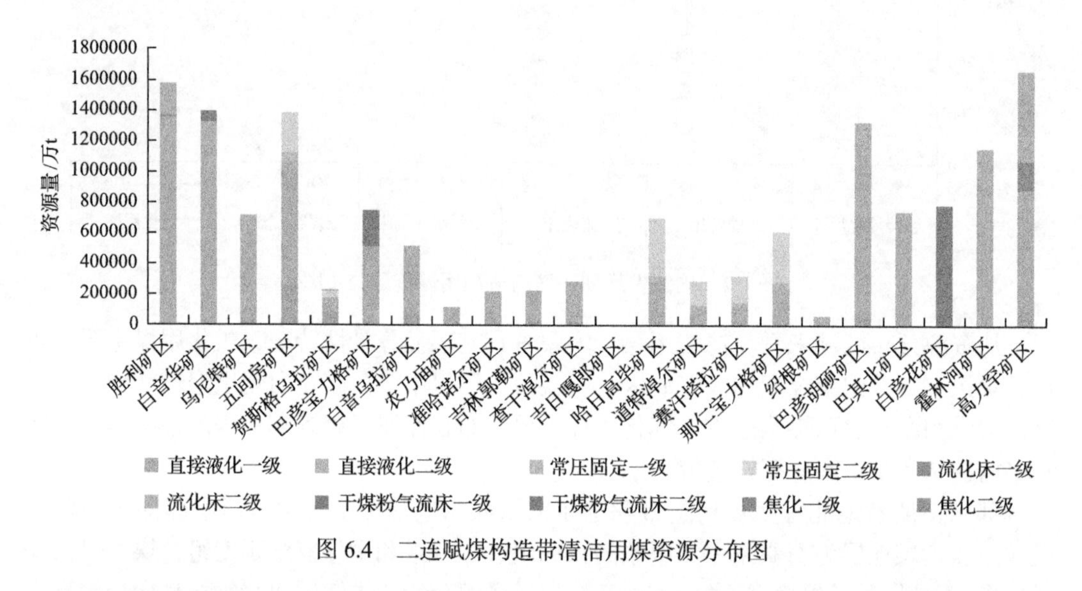


图6.4　二连赋煤构造带清洁用煤资源分布图

海拉尔赋煤构造带位于内蒙古东部呼伦贝尔市，主要含煤地层为下白垩统伊敏组、大磨拐河组，煤类以低变质褐煤为主，局部有长焰煤。煤的显微特征是镜质组含量变化较大，含量为52.45%～86.20%；惰质组含量为0.20%～34.80%；壳质组含量极低，各矿区平均含量均小于2%；无机矿物含量总体较高，为9.20%～24.10%。海拉尔赋煤构造带煤的氢碳原子比总体较大，平均值为0.82，分布在0.75～0.89，总体趋势为东北部矿区高于西南部。对照清洁用煤评价指标，海拉尔赋煤构造带中符合直接液化用煤的煤炭资源较多，主要分布在胡列也吐矿区、五一牧场矿区和诺门罕矿区，其他矿区(伊敏矿区、扎赉诺尔矿区、宝日希勒矿区)以流化床用煤为主(图6.5)。

## 二、清洁用煤资源量

### (一)焦化用煤

内蒙古自治区是煤炭量大省(区)，但其适合炼焦煤的资源量无论从相对量还是绝对量上看都是比较少的，焦化用煤是内蒙古自治区的稀缺资源。全区查明焦化用煤资源量53.47亿t，仅占全国查明炼焦煤资源量的1.93%。其中国家规划矿区焦化用煤资源量为28.8亿t，主要集中在内蒙古西部的乌海矿区，该矿区以肥煤、1/3焦煤为主，焦煤、气煤、瘦煤次之，煤种黏结性、结焦性好，非常适于炼焦。

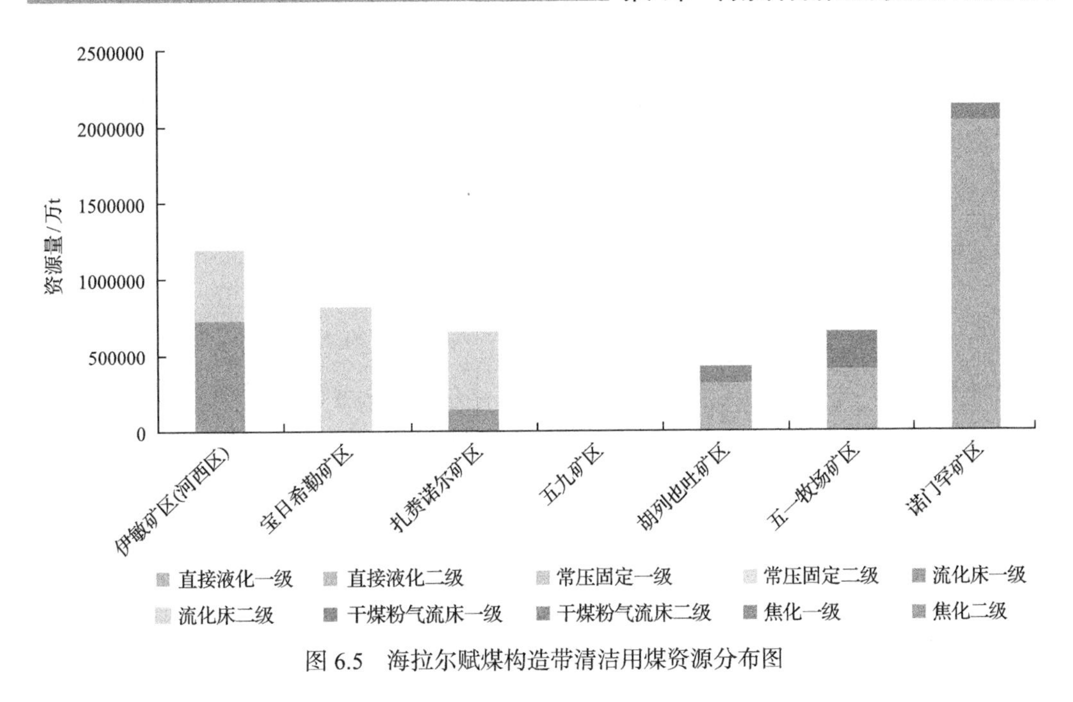


图 6.5　海拉尔赋煤构造带清洁用煤资源分布图

## (二) 直接液化用煤

直接液化用煤主要分布在内蒙古下白垩统含煤盆地，以二连赋煤构造带和海拉尔赋煤构造带最为集中。低变质褐煤具有氢含量高、挥发分产率高、镜质组含量高等特点，尤其是二连盆地内的各煤田均能够满足直接液化用煤的要求，由于灰分产率的限制，大部分只能达到直接液化二级用煤要求，少量为直接液化一级用煤。

按照直接液化用煤资源评价指标体系，内蒙古自治区煤炭国家规划矿区可划分出直接液化用煤 1548.20 亿 t，其中直接液化一级用煤 76.05 亿 t，直接液化二级用煤 1472.15 亿 t (表 6.1)。从规划矿区来看，直接液化用煤按照资源规模大小主要分布在纳林河矿区、诺门罕矿区、胜利矿区、巴彦胡硕矿区、五间房矿区、高力罕矿区、白音华矿区、霍林河矿区、白音乌拉矿区、巴彦宝力格矿区、五一牧场矿区等 29 个煤炭国家规划矿区(图 6.6)。

**表 6.1　内蒙古直接液化用煤资源分布情况表**

| 序号 | 矿区 | 成煤时代 | 面积/km² | 煤类 | 累计查明资源量/万 t | 保有资源量/万 t | 直接液化用煤保有资源量/万 t | |
|---|---|---|---|---|---|---|---|---|
| | | | | | | | 一级 | 二级 |
| 1 | 东胜矿区 | J | | 不黏煤不黏煤、长焰煤 | 840162.3 | 840162.3 | | 150887.87 |
| 2 | 纳林河矿区 | J | 2069 | 不黏煤不黏煤 | 3463141 | 3421600 | | 2566200.00 |
| 3 | 纳林希里矿区 | J | 905 | 不黏煤不黏煤 | 1570000 | 1570000 | | 314000.00 |

续表

| 序号 | 矿区 | 成煤时代 | 面积/km² | 煤类 | 累计查明资源量/万 t | 保有资源量/万 t | 直接液化用煤保有资源量/万 t | |
|---|---|---|---|---|---|---|---|---|
| | | | | | | | 一级 | 二级 |
| 4 | 新街矿区 | J | 2189 | 不黏煤不黏煤、长焰煤 | 2390000 | 2390000 | | 251312.00 |
| 5 | 台格庙矿区 | J | 771 | 不黏煤不黏煤 | 1388446 | 1388446 | | 319342.58 |
| 6 | 胜利矿区 | K | 423 | 褐煤 | 2238419 | 1579659 | 9523.40 | 1346432.71 |
| 7 | 白音华矿区 | K | 510 | 褐煤 | 1400000 | 1400000 | | 778811.00 |
| 8 | 乌尼特矿区 | K | 735 | 褐煤 | 717272 | 717272 | 21048.02 | 251267.36 |
| 9 | 五间房矿区 | K | 932.19 | 长焰煤/褐煤 | 1386000 | 1386000 | 263340.00 | 790020.00 |
| 10 | 贺斯格乌拉矿区 | K | 121.79 | 褐煤 | 231545.03 | 230618.73 | 90632.00 | 88205.95 |
| 11 | 巴彦宝力格矿区 | K | 650.3 | 褐煤 | 750800 | 750800 | | 498214.00 |
| 12 | 白音乌拉矿区 | K | 362.3 | 褐煤 | 516600 | 516600 | 77490.00 | 439110.00 |
| 13 | 农乃庙矿区 | K | | 褐煤 | 120393 | 120393 | 4563.78 | 48409.14 |
| 14 | 准哈诺尔矿区 | K | 487.42 | 褐煤 | 245400 | 222423 | | 95641.89 |
| 15 | 吉林郭勒矿区 | K | 238.53 | 褐煤 | 228400 | 228400 | 26998.80 | 197991.20 |
| 16 | 查干淖尔矿区 | K | 210 | 褐煤 | 287300 | 287300 | 31389.60 | 106514.40 |
| 17 | 哈日高毕矿区 | K | 2512.1 | 褐煤 | 700900 | 700900 | | 280500.18 |
| 18 | 道特淖尔矿区 | K | 487.42 | 褐煤 | 290200 | 290200 | | 116138.04 |
| 19 | 赛汗塔拉矿区 | K | 263.47 | 褐煤 | 324800 | 324800 | | 129984.96 |
| 20 | 那仁宝力格矿区 | K | 886.06 | 褐煤 | 612600 | 612600 | | 245162.52 |
| 21 | 绍根矿区 | K | 50 | 褐煤 | 63447 | 63447 | | 52410.00 |
| 22 | 巴彦胡硕矿区 | K | 1013.47 | 褐煤 | 1330403 | 1330058 | 61430.99 | 1061438.73 |
| 23 | 巴其北矿区 | K | 325.09 | 褐煤 | 997757 | 743742 | | 347144.63 |
| 24 | 霍林河矿区 | K | 476.82 | 褐煤 | 1183912.48 | 1159540.48 | | 776892.12 |
| 25 | 高力罕矿区 | K | 2902.37 | 褐煤、长焰煤 | 1663500 | 1663500 | 117855.48 | 775006.74 |
| 26 | 五九矿区 | K | 14.87 | 长焰煤 | 5089 | 2422 | | 2422.00 |
| 27 | 胡列也吐矿区 | K | 948.58 | 长焰煤 | 694953 | 423013 | 12168.27 | 298862.12 |
| 28 | 五一牧场矿区 | K | 263.6 | 褐煤 | 745757 | 651586 | | 403967.00 |
| 29 | 诺门罕矿区 | K | 843.58 | 褐煤 | 2138377 | 2138377 | 44098.00 | 1989202.00 |
| 合计 | | | | | 28525573.81 | 27153859.51 | 760538.34 | 14721491.14 |

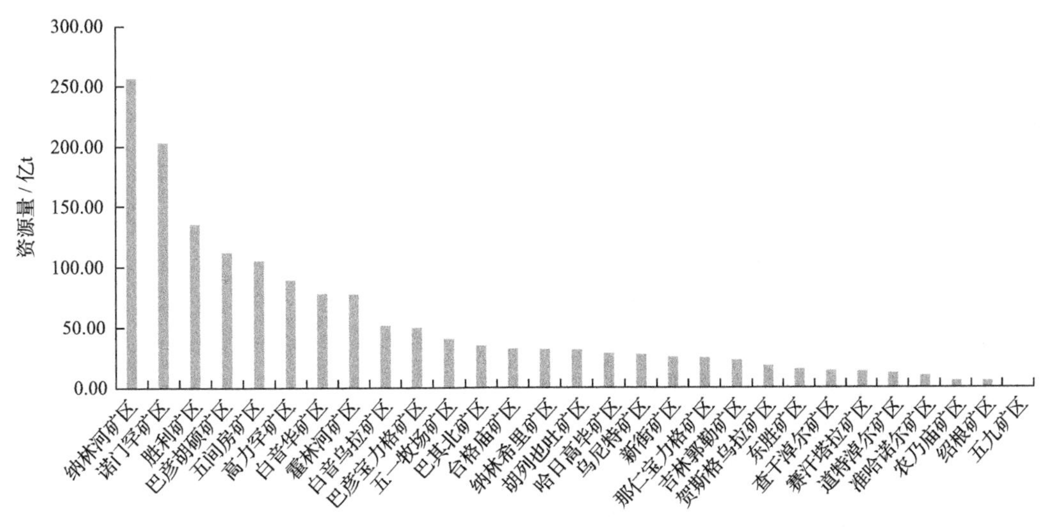


图 6.6　直接液化用煤保有资源量及规模分布

直接液化一级用煤主要分布在五间房矿区、高力罕矿区、贺斯格乌拉矿区、白音乌拉矿区、巴彦胡硕矿区、诺门罕矿区、查干淖尔矿区、吉林郭勒矿区、乌尼特矿区、胡列也吐矿区、胜利矿区、农乃庙矿区 12 个煤炭国家规划矿区(图 6.7)。

纳林河矿区原煤灰分产率为 3.54%～18.93%，平均 8.83%，挥发分产率为 29.93%～43.74%，平均 36.44%，氢碳原子比为 0.46～0.90，主要分布在 0.75～0.80，平均 0.74，镜质组最大反射率为 0.60%，惰质组含量为 25.8%，对照直接液化用煤资源评价指标体系，纳林河矿区大部分符合直接液化二级用煤要求。

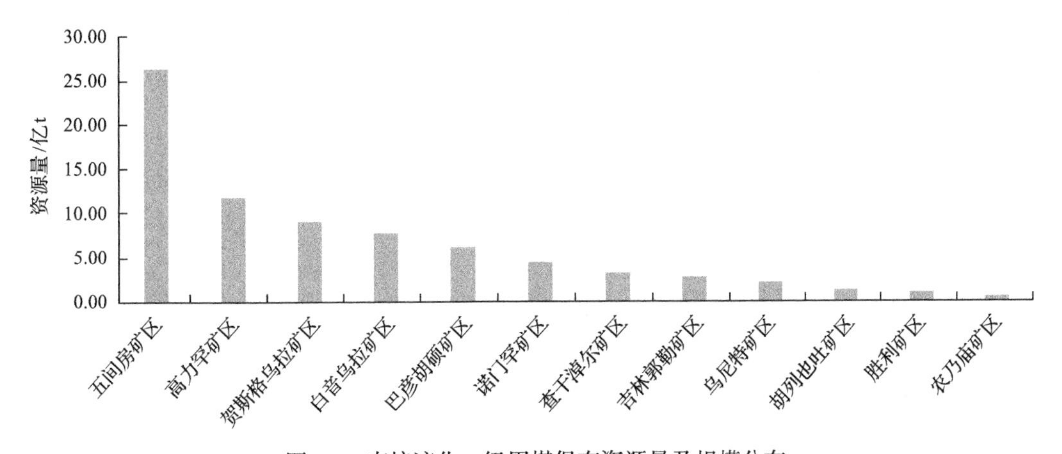


图 6.7　直接液化一级用煤保有资源量及规模分布

诺门罕矿区 3-4 号煤层原煤灰分产率为 5.78%～47.85%，平均 20.69%；原煤挥发分产率为 37.19%～56.05%，平均 43.63%；氢碳原子比为 0.49～0.86，主要分布在 0.75～0.80，平均 0.75。该矿区原煤氢碳原子比大部分在 0.75～0.80，仅在矿区西部一小块区域较小。根据诺门罕矿区煤岩煤质特征及分布，对照评价指标，该矿区大部分煤为直接液化用煤，主要分布在矿区南部。

胜利矿区主采煤层 6 号煤层为低变质程度褐煤。胜利矿区多为亮煤和暗煤，显微组分以镜质组为主，含量为 61.3%～95.9%，挥发分产率集中在 0.61～0.85，大部分煤质数据达到液化用煤要求，故以该煤层为代表的胜利矿区适合作为直接液化用煤，主要分布在胜利东三号井田、胜利东一号露天矿、胜利一号井田、胜利西一号井田等。

巴彦胡硕矿区 2 号煤层原煤灰分产率平均为 16.42%，北部灰分较高，灰分产率超过 25%，部分区域甚至超过 35%；中部灰分产率基本分布在 16%～20%；南部巴仑诺尔三矿等井田灰分较低，基本分布在 12%。挥发分产率平均为 42.43%。氢碳原子比为 0.57～0.81，主要分布在 0.70～0.75，平均 0.72，中部柴达木矿区详查区较高，矿区南部巴伦诺尔三区较低，矿区北部柴达木一区、二区、三区与矿区总的氢碳原子比平均值较为接近。直接液化用煤主要分布在巴伦诺尔一区、二区、柴达木东二区和东三区。

五间房矿区原煤灰分产率为 8.33%～39.33%，平均 20.76%，挥发分产率为 34.04%～51.23%，平均 42.88%。氢碳原子比为 0.59～0.82，主要分布在<0.70～0.85，平均为 0.73。依据矿区煤岩煤质特征及分布，该矿区主要为直接液化用煤，主要分布在矿区北部的五间房煤田西一、西二、西三井田和东一、东二及东三井田。

高力罕矿区煤层原煤灰分产率为 5.18%～40.01%，平均 13.15%；原煤挥发分产率为 36.67%～53.5%，平均 41.42%；氢碳原子比为 0.65～0.7，平均 0.71。平面上，矿区内绝大部分区域氢碳原子比大于 0.70，巴音查干七区氢碳原子比较低，大部分煤质数据达到直接液化用煤要求，主要分布在查干诺尔二区井田和花道包格勘查区。

白音华矿区以亮煤—半亮煤为主，显微组分以镜质组为主，含量为 96.3%～97.4%；挥发分产率集中在 36.23%～51.1%；氢碳原子比集中在 0.72～0.88。大部分煤质数据达到直接液化用煤要求，主要分布在白音华矿区二号露天煤矿、三号露天煤矿及四号露天煤矿东北部。

白音乌拉矿区原煤灰分产率为 1.76%～55.09%，平均 15.89%；挥发分产率为 36.69%～78.51%，平均 54.41%；氢碳原子比为 0.53～1.24，主要分布在 0.70～0.85，平均 0.76。惰质组含量为 17.20%～48.80%，平均 33.98%；镜质组最大反射率平均值为 0.29%。该区适合直接液化用煤，以直接液化二级用煤为主，主要分布在芒来露天矿、赛汉塔拉露天矿、沙尔矿井、赛汉矿井和浩勒勘查区等。

巴彦宝力格矿区原煤灰分产率为 5.94%～40.94%，平均 18.02%，灰分产率总体表现为北部高、南部低。原煤挥发分产率为 35.85%～58.52%，平均 42.80%。氢碳原子比为 0.58～0.88，主要分布在 0.75～0.85，平均 0.77，氢碳原子比南北两端高，中部低。特殊用煤类型以直接液化二级用煤为主，主要分布在巴彦宝利格井田、朝克乌拉矿井及大梁矿井。

五一牧场原煤灰分产率为 9.11%～37.78%，平均 16.59%；原煤挥发分产率为 37.94%～48.02%，平均 42.47%；原煤氢碳原子比为 0.51～0.87，主要分布在 0.75～0.80，平均 0.75。挥发分产率及氢碳原子比均是矿区西部高于矿区东部。依据该矿区煤岩煤质特征及分布，参照指标体系，五一牧场矿区为直接液化二级用煤，主要分布在矿区西部。

### （三）气化用煤

我国气化用煤种类很多，大部分煤类都适合作为气化用煤，但焦化用煤的煤种作为稀缺煤，故一般不作为气化用煤进行评价，根据清洁用煤资源潜力调查评价建立的气化用煤资源评价指标体系，系统地对内蒙古煤炭国家规划矿区内不同类型的气化用煤分布及资源现状进行评价。不同类型的气化用煤类型分布如下。

内蒙古气化用煤分布范围最广，各矿区均有分布，气化用煤主要集中在鄂尔多斯地区，在海拉尔赋煤构造带和二连赋煤构造带各矿区也均有分布。内蒙古气化用煤保有资源量2472.84亿t，其中气化一级用煤保有资源量613.49亿t（固定床气化用煤246.06亿t，流化床气化用煤207.50亿t，干煤粉气流床气化用煤159.93亿t）。气化二级用煤保有资源量1859.35亿t，其中固定床气化用煤922.95亿t，流化床气化用煤744.68亿t，干煤粉气流床气化用煤191.72亿t（表6.2和图6.8）。

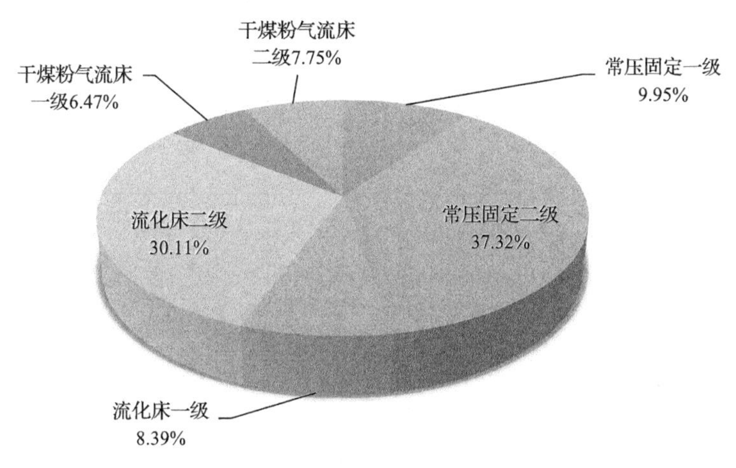


图6.8　内蒙古各类气化用煤占比图

从煤炭国家规划矿区来看，气化一级用煤主要分布在17个矿区，按照资源规模排名，前十的依次为准格尔矿区、纳林希里矿区、上海庙矿区、伊敏矿区（河西区）、五一牧场矿区、呼吉尔特矿区、高力罕矿区、纳林河矿区、扎赉诺尔矿区、五间房矿区（图6.9）。

从煤炭国家规划矿区来看，气化二级用煤相比气化一级用煤分布广泛，主要分布在37个煤炭国家规划矿区，按照气化二级用煤资源规模排名，前十的依次为准格尔中部矿区、新街矿区、呼吉尔特矿区、台格庙矿区、万利矿区、宝日希勒矿区、白彦花矿区、塔然高勒矿区、纳林河矿区、东胜矿区（图6.10）。

### （四）其他用煤

内蒙古有部分煤炭资源中原煤灰分产率较高（大于35%），均符合本次特殊用煤（直接液化、气化、焦化）各项评价指标，故将这部分煤炭资源归为其他用煤，其保有资源量2.13亿t，仅在准格尔矿区、东胜矿区和白音华矿区有分布。

表 6.2　内蒙古气化用煤资源分布情况表

| 序号 | 矿区 | 成煤时代 | 面积/km$^2$ | 煤类 | 累计查明资源量/万 t | 保有资源量/万 t | 气化用煤保有资源量/万 t | | | | | |
|---|---|---|---|---|---|---|---|---|---|---|---|---|
| | | | | | | | 常压固定床 | | 流化床 | | 干煤粉气流床 | |
| | | | | | | | 一级 | 二级 | 一级 | 二级 | 一级 | 二级 |
| 1 | 准格尔矿区 | C—$P_2$ | 2890 | 长焰煤 | 2464702.32 | 2464702.32 | 1871780.57 | | | | | 587436.90 |
| 2 | 东胜矿区 | J | | 不黏煤、长焰煤 | 840162.30 | 840162.30 | | 678235.43 | | | | |
| 3 | 准格尔中部矿区 | J | 672.18 | 不黏煤/长焰煤 | 2198186.00 | 2177309.00 | | | | 2177309.00 | | |
| 4 | 高头窑矿区 | J | 3110 | 不黏煤 | 457548.00 | 457548.00 | 36603.84 | 420944.16 | | | | |
| 5 | 纳林河矿区 | J | 2069 | 不黏煤 | 3463141.00 | 3421600.00 | 157804.98 | 697595.03 | | | | |
| 6 | 纳林希里矿区 | J | 905 | 不黏煤 | 1570000.00 | 1570000.00 | | | | | 1256000.00 | |
| 7 | 新街矿区 | J | 2189 | 不黏煤、长焰煤 | 2390000.00 | 2390000.00 | 0.00 | 2138688.00 | | | | |
| 8 | 上海庙矿区 | J/C—$P_2$ | 1154 | 不黏煤、长焰煤 | 1430000.00 | 1430000.00 | 0.00 | 0.00 | 1005169.26 | 311316.54 | 63905.00 | 49582.20 |
| 9 | 塔然高勒矿区 | J | 1053.87 | 不黏煤、长焰煤 | 709546.00 | 709546.00 | | 709546.00 | | | | |
| 10 | 台格庙矿区 | J | 771 | 不黏煤 | 1388446.00 | 1388446.00 | | 1069103.42 | | | | |
| 11 | 万利矿区 | J | 767.43 | 不黏煤、长焰煤 | 1068686.00 | 1068686.00 | | 1068686.00 | | | | |
| 12 | 呼吉尔特矿区 | J | 2023.5 | 不黏煤 | 1308967.00 | 1308967.00 | 194011.00 | 1114956.00 | | | | |
| 13 | 胜利矿区 | K | 423 | 褐煤 | 2238419.00 | 1579659.00 | 0.00 | 0.00 | 13771.00 | 209931.89 | | |
| 14 | 白音华矿区 | K | 510 | 褐煤 | 1400000.00 | 1400000.00 | | | | 547324.00 | 31757.95 | 37281.05 |

续表

| 序号 | 矿区 | 成煤时代 | 面积/km$^2$ | 煤类 | 累计查明资源量/万 t | 保有资源量/万 t | 气化用煤保有资源量/万 t | | | | | |
|---|---|---|---|---|---|---|---|---|---|---|---|---|
| | | | | | | | 常压固定床 | | 流化床 | | 干煤粉气流床 | |
| | | | | | | | 一级 | 二级 | 一级 | 二级 | 一级 | 二级 |
| 15 | 乌尼特矿区 | K | 735 | 褐煤 | 717272.00 | 717272.00 | 0.00 | 0.00 | 0.00 | 444956.62 | | |
| 16 | 五间房矿区 | K | 932.19 | 长焰煤/褐煤 | 1386000.00 | 1386000.00 | 73180.80 | 259459.20 | | | | |
| 17 | 贺斯格乌拉矿区 | K | 121.79 | 褐煤 | 231545.03 | 230618.73 | 0.00 | 42820.00 | 0.00 | 8960.78 | | |
| 18 | 巴彦宝力格矿区 | K | 650.3 | 褐煤 | 750800.00 | 750800.00 | | | | 15270.00 | | 237316.00 |
| 19 | 白音乌拉矿区 | K | 362.3 | 褐煤 | 516600.00 | 516600.00 | | | | | | |
| 20 | 农乃庙矿区 | K | | 褐煤 | 120393.00 | 120393.00 | | | | 67420.08 | | |
| 21 | 准哈诺尔矿区 | K | 487.42 | 褐煤 | 245400.00 | 222423.00 | | | | 126781.11 | | |
| 22 | 吉林郭勒矿区 | K | 238.53 | 褐煤 | 228400.00 | 228400.00 | 0.00 | 0.00 | 0.00 | 3410.00 | | |
| 23 | 查干淖尔矿区 | K | 210 | 褐煤 | 287300.00 | 287300.00 | 0.00 | 0.00 | 0.00 | 149396.00 | | |
| 24 | 吉日嘎郎矿区 | K | 10.67 | 褐煤 | 8936.00 | 8936.00 | | | | 8936.00 | | |
| 25 | 哈日高毕矿区 | K | 2512.1 | 褐煤 | 700900.00 | 700900.00 | 46243.98 | 374155.84 | | | | |
| 26 | 道特淖尔矿区 | K | 487.42 | 褐煤 | 290200.00 | 290200.00 | 19146.82 | 154915.14 | | | | |
| 27 | 赛汗塔拉矿区 | K | 263.47 | 褐煤 | 324800.00 | 324800.00 | 21429.65 | 173385.39 | | | | |
| 28 | 那仁宝力格矿区 | K | 886.06 | 褐煤 | 612600.00 | 612600.00 | 40418.12 | 327019.36 | | | | |
| 29 | 绍根矿区 | K | 50 | 褐煤 | 63447.00 | 63447.00 | 0.00 | 0.00 | 0.00 | 11037.00 | | |
| 30 | 巴彦胡硕矿区 | K | 1013.47 | 褐煤 | 1330403.00 | 1330058.00 | 0.00 | 0.00 | 0.00 | 207161.28 | | |
| 31 | 巴其北矿区 | K | 325.09 | 褐煤 | 997757.00 | 743742.00 | 0.00 | 0.00 | 0.00 | 396597.37 | | |
| 32 | 白彦花矿区 | K | 690 | 褐煤 | 864683.90 | 788522.90 | | | | | | 788522.90 |

续表

| 序号 | 矿区 | 成煤时代 | 面积/$km^2$ | 煤类 | 累计查明资源量/万 t | 保有资源量/万 t | 气化用煤保有资源量/万 t | | | | | |
|---|---|---|---|---|---|---|---|---|---|---|---|---|
| | | | | | | | 常压固定床 | | 流化床 | | 干煤粉气流床 | |
| | | | | | | | 一级 | 二级 | 一级 | 二级 | 一级 | 二级 |
| 33 | 霍林河矿区 | K | 476.82 | 褐煤 | 1183912.48 | 1159540.48 | 0.00 | 0.00 | 0.00 | 382648.36 | | |
| 34 | 高力罕矿区 | K | 2902.37 | 褐煤、长焰煤 | 1663500.00 | 1663500.00 | 0.00 | 0.00 | 185172.54 | 585465.24 | | |
| 35 | 伊敏矿区(河西区) | K | 635.75 | 褐煤/长焰煤 | 1814870.00 | 1192492.00 | | | 727717.76 | 464774.24 | | |
| 36 | 宝日希勒 | K | 517.26 | 褐煤 | 816825.00 | 816825.00 | | | | 816825.00 | | |
| 37 | 扎赉诺尔矿区 | K | 543.43 | 褐煤 | 703456.00 | 654405.10 | | | 143159.00 | 511246.10 | | |
| 38 | 五九矿区 | K | 14.87 | 长焰煤 | 5089.00 | 2422.00 | | | | | | |
| 39 | 胡列也吐矿区 | K | 948.58 | 长焰煤 | 694953.00 | 423013.00 | 0.00 | 0.00 | 0.00 | 0.00 | 0.00 | 111982.61 |
| 40 | 五一牧场矿区 | K | 263.6 | 褐煤 | 745757.00 | 651586.00 | | | | | 247619.00 | 0.00 |
| 41 | 诺门罕矿区 | K | 843.58 | 褐煤 | 2138377.00 | 2138377.00 | 0.00 | 0.00 | 0.00 | 0.00 | 0.00 | 105077.00 |
| 合计 | | | | | 42371980.03 | 40231798.83 | 2460619.76 | 9229508.96 | 2074989.56 | 7446766.61 | 1599281.95 | 1917198.66 |

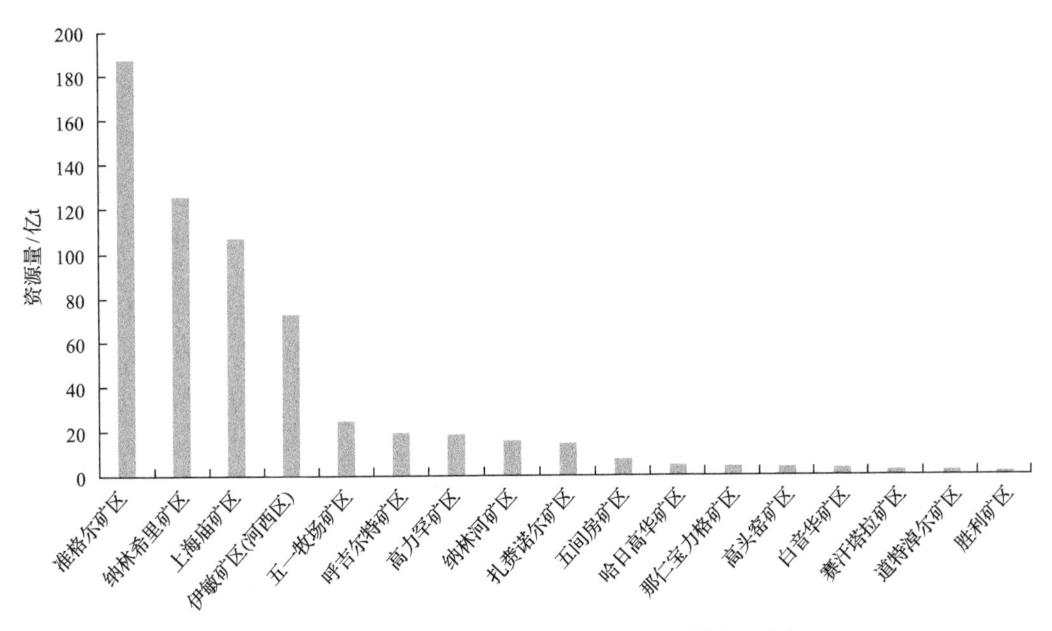


图 6.9 内蒙古煤炭国家规划矿区气化一级用煤资源分布图

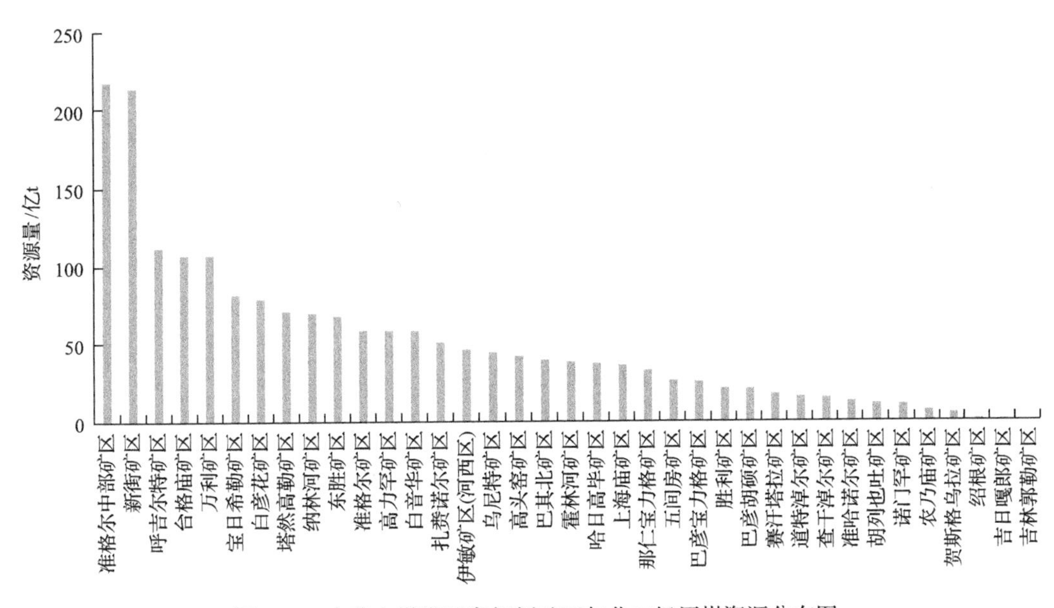


图 6.10 内蒙古煤炭国家规划矿区气化二级用煤资源分布图

# 第二节 清洁用煤资源战略选区

## 一、战略选区评价标准

依据清洁用煤煤质评价指标分级、煤矿规模和开发利用程度三个因素建立清洁用煤资源评价方法，为本次清洁用煤资源量的划分提供依据。选取清洁用煤一级(直接液化、气化及焦化用煤）可利用资源量（即可供建井的勘探阶段资源量），作为清洁用煤战略选区的评价标准，具体选区以主要煤炭国家规划矿区中的各个井田为评价对象。选取矿井生产能力为大型（直接液化和气化用煤大于 10000 万 t，焦化用煤大于 5000 万 t）、中型（直接液化和气化用煤 5000 万～10000 万 t，焦化用煤 3000 万～5000 万 t）的井田，将大型井田作为Ⅰ级战略选区，中型作为Ⅱ级战略选区。

## 二、清洁用煤资源战略选区

从我国煤炭资源及清洁利用的战略角度出发，在全国特殊用煤资源潜力调查资源量统计的基础上，根据特殊用煤资源潜力调查评价指标体系，按照清洁用煤资源战略选区标准，对内蒙古自治区煤炭国家规划矿区煤炭资源进行选区评价。因内蒙古焦化用煤、水煤浆气流床用煤和干煤粉气流床用煤资源较少，均不符合战略选区要求，本次清洁用煤资源战略选区只对直接液化一级用煤和气化一级用煤进行选区评价，其中气化一级用煤根据气化方式分别选取常压固定床和流化床进行评价，并划分出清洁用煤资源Ⅰ级战略选区和Ⅱ级战略选区。

### （一）直接液化用煤

根据清洁用煤资源战略选区评价标准，内蒙古直接液化一级用煤可利用的资源区域主要分布在五间房矿区、白音乌拉矿区、吉林郭勒矿区、查干淖尔矿区及巴彦胡硕矿区 5 个矿区，总计可利用直接液化一级用煤保有资源量 37.77 亿 t，其中直接液化用煤资源规模大于 1 亿 t 的Ⅰ级战略选区 14 处，可利用直接液化一级用煤保有资源量 33.08 亿 t（表 6.3），资源规模介于 5000 万 t 至 1 亿 t 的Ⅱ级战略选区 5 处，可利用直接液化一级用煤保有资源量 4.69 亿 t（表 6.3）。

**表 6.3　直接液化用煤战略选区（Ⅰ级）**

| 省区 | 矿区名称 | 成煤时代 | 井田名称 | 战略选区级别 |
|---|---|---|---|---|
| 内蒙古 | 五间房矿区 | $K_1$ | 东一井田 | Ⅰ级 |
| | | $K_1$ | 东二井田 | Ⅰ级 |
| | | $K_1$ | 东三井田 | Ⅰ级 |
| | | $K_1$ | 西一井田 | Ⅰ级 |
| | | $K_1$ | 西三井田 | Ⅰ级 |
| | | $K_1$ | 北一井田 | Ⅰ级 |
| | | $K_1$ | 北二井田 | Ⅰ级 |
| | | $K_1$ | 朝克井田 | Ⅰ级 |
| | | $K_1$ | 后备勘查区 | Ⅰ级 |
| | 白音乌拉矿区 | $K_1$ | 赛罕塔拉露天矿 | Ⅰ级 |
| | | $K_1$ | 赛罕井田 | Ⅰ级 |

续表

| 省区 | 矿区名称 | 成煤时代 | 井田名称 | 战略选区级别 |
|---|---|---|---|---|
| 内蒙古 | 吉林郭勒矿区 | $K_1$ | 二号露天矿 | Ⅰ级 |
| | 查干淖尔矿区 | $K_1$ | 一号井田 | Ⅰ级 |
| | 巴彦胡硕矿区 | $K_1$ | 巴伦诺尔二区 | Ⅰ级 |

Ⅰ级直接液化用煤战略选区中，五间房矿区东二井田、东三井田和西三井田可利用资源量最大(图 6.11)。

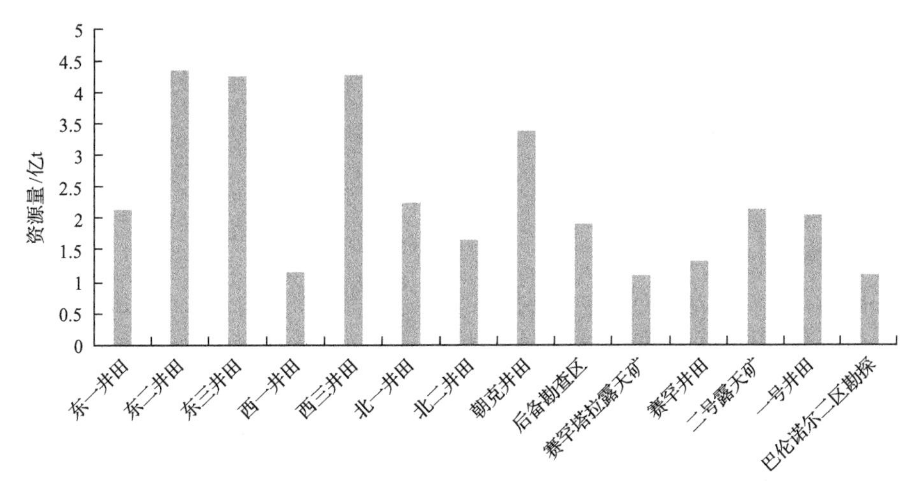


图 6.11　Ⅰ级直接液化用煤战略选区

Ⅱ级直接液化用煤战略选区中，资源量排名前三的是五间房矿区二分厂井田、查干淖尔矿区沙尔井田和巴彦胡硕矿区巴伦诺尔一区(图 6.12、表 6.4)。

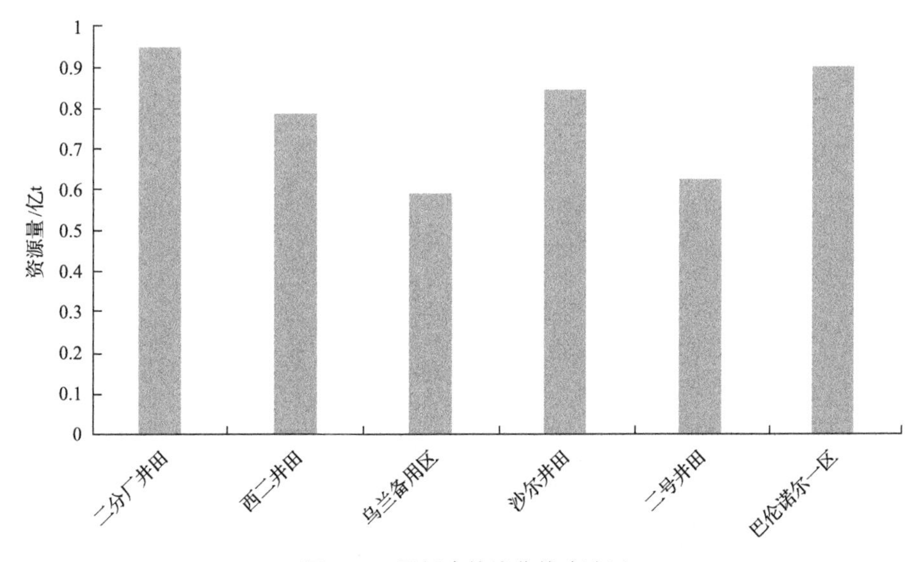


图 6.12　Ⅱ级直接液化战略选区

表 6.4 直接液化用煤战略选区表（Ⅱ级）

| 省区 | 矿区名称 | 成煤时代 | 井田名称 | 战略选区级别 |
|---|---|---|---|---|
| 内蒙古 | 五间房矿区 | $K_1$ | 二分厂井田 | Ⅱ级 |
| | | $K_1$ | 西二分厂 | Ⅱ级 |
| | 白音乌拉矿区 | $K_1$ | 乌兰备用区 | Ⅱ级 |
| | | $K_1$ | 沙尔井田 | Ⅱ级 |
| | 查干淖尔矿区 | $K_1$ | 二号井田 | Ⅱ级 |
| | 巴彦胡硕矿区 | $K_1$ | 巴伦诺尔一区 | Ⅱ级 |

## （二）气化用煤战略选区

气化用煤可分为固定床、流化床、水煤浆气流床和干煤粉气流床四种利用方式，但内蒙古符合干煤粉气流床和水煤浆气流床的资源较少，本次仅对固定床用煤资源和流化床用煤资源进行战略选区。

### 1. 固定床

根据清洁用煤资源战略选区评价标准，内蒙古固定床气化一级用煤可利用的资源区域主要分布在准格尔矿区、呼吉尔特矿区、五间房矿区、哈日高毕矿区、道特淖尔矿区、赛汗塔拉矿区、那仁宝力格矿区，总计可利用固定床气化一级用煤保有资源量 91.82 亿 t。其中固定床气化用煤资源规模大于 1 亿 t 的Ⅰ级战略选区 10 处，可利用固定床气化一级用煤保有资源量 89.13 亿 t，资源规模介于 5000 万 t 至 1 亿 t 的Ⅱ级战略选区 4 处，可利用固定床气化一级用煤保有资源量 2.69 亿 t（表 6.5）。

表 6.5 固定床气化用煤战略选区表

| 省区 | 矿区名称 | 成煤时代 | 井田名称 | 战略选区级别 |
|---|---|---|---|---|
| 内蒙古 | 准格尔矿区 | $C—P_2$ | 小煤矿整合区 | Ⅰ级 |
| | 呼吉尔特矿区 | J | 沙拉吉达井田 | Ⅰ级 |
| | | J | 母杜柴登井田 | Ⅰ级 |
| | 五间房矿区 | $K_1$ | 东一井田 | Ⅱ级 |
| | | $K_1$ | 东二井田 | Ⅰ级 |
| | | $K_1$ | 东三井田 | Ⅰ级 |
| | | $K_1$ | 西三井田 | Ⅰ级 |
| | | $K_1$ | 北一井田 | Ⅱ级 |
| | | $K_1$ | 朝克井田 | Ⅱ级 |
| | | $K_1$ | 后备勘查区 | Ⅱ级 |
| | 哈日高毕矿区 | $K_1$ | | Ⅰ级 |
| | 道特淖尔矿区 | $K_1$ | | Ⅰ级 |
| | 赛汗塔拉矿区 | $K_1$ | | Ⅰ级 |
| | 那仁宝力格矿区 | $K_1$ | | Ⅰ级 |

Ⅰ级固定床气化用煤战略选区中，可利用资源量排名靠前的井田有准格尔矿区小煤矿整合区、呼吉尔特矿区沙拉吉达井田(图 6.13)；Ⅱ级固定床气化用煤战略选区主要集中在五间房矿区，可利用固定床气化一级用煤保有资源量主要分布在五间房矿区朝克井田、北一井田、东一井田及后备勘查区。

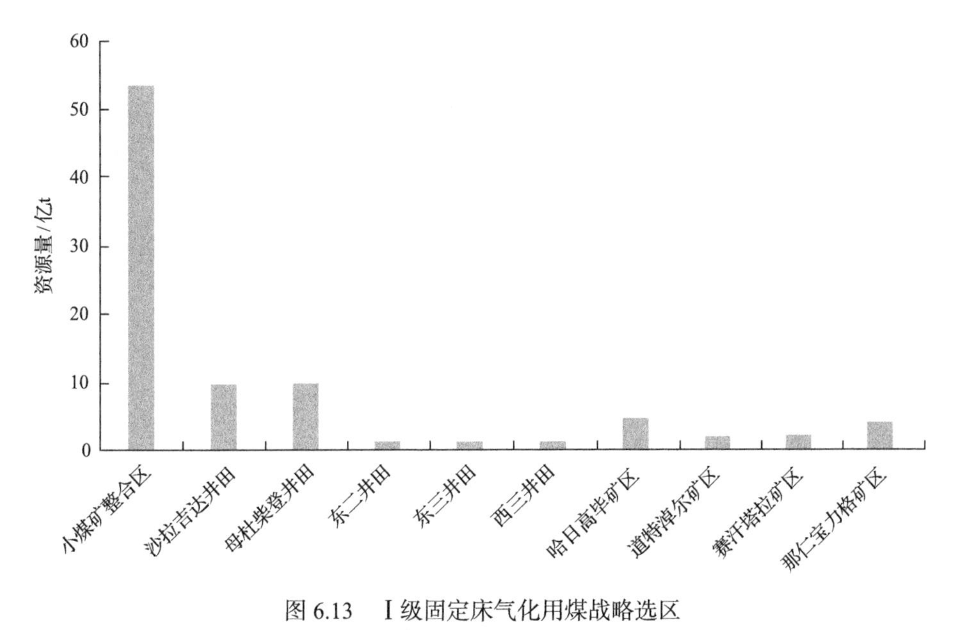


图 6.13　Ⅰ级固定床气化用煤战略选区

**2. 流化床**

根据清洁用煤资源战略选区评价标准，内蒙古可利用流化床气化一级用煤保有资源量 152 亿 t，主要分布在上海庙矿区和伊敏矿区。其中流化床气化用煤资源规模大于 1 亿 t 的Ⅰ级战略选区 11 处，可利用流化床气化一级用煤保有资源量 151.05 亿 t，资源规模介于 5000 万 t 至 1 亿 t 的Ⅱ级战略选区 1 处，可利用流化床气化一级用煤保有资源量 0.95 亿 t(表 6.6)。

**表 6.6　流化床气化用煤战略选区表**

| 省区 | 矿区名称 | 成煤时代 | 井田名称 | 战略选区级别 |
| --- | --- | --- | --- | --- |
| 内蒙古 | 上海庙矿区 | J | 鹰俊一矿 | Ⅰ级 |
| | | J | 鹰俊二矿 | Ⅰ级 |
| | | J | 巴愣煤矿 | Ⅰ级 |
| | | J | 陶利矿井、鹰俊三矿、鹰俊五矿、马兰矿井 | Ⅰ级 |
| | 伊敏矿区 | K | 伊敏三井 | Ⅰ级 |
| | | K | 伊敏一井 | Ⅰ级 |
| | | K | 伊敏二井 | Ⅰ级 |

续表

| 省区 | 矿区名称 | 成煤时代 | 井田名称 | 战略选区级别 |
|---|---|---|---|---|
| 内蒙古 | | K | 南露天矿 | Ⅰ级 |
| | | K | 伊敏四井 | Ⅰ级 |
| | | K | 特莫呼珠勘查区 | Ⅱ级 |
| | | K | 其他勘查区 | Ⅰ级 |

Ⅰ级流化床气化用煤战略选区中，资源量规模相对丰富的主要为上海庙矿区陶利矿井、鹰俊三矿、鹰俊五矿、马兰矿井，伊敏矿区其他勘查区，上海庙矿区鹰俊二矿、鹰俊一矿、巴楞煤矿（图 6.14）。Ⅱ级流化床气化用煤战略选区为伊敏矿区特莫呼珠勘查区。

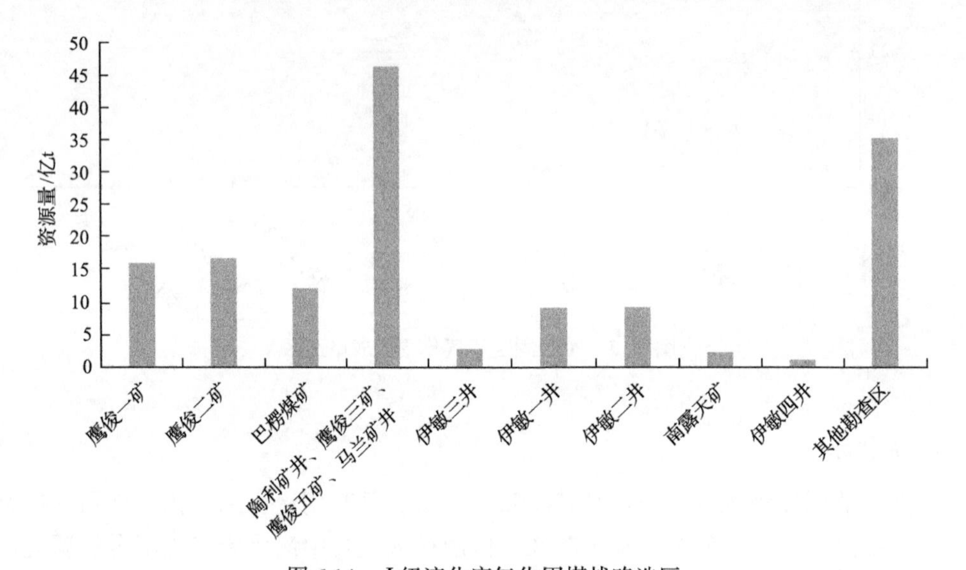


图 6.14　Ⅰ级流化床气化用煤战略选区

# 参考文献


曹代勇, 谭节庆, 陈利敏, 等. 2013. 我国煤炭资源潜力评价与赋煤构造特征[J]. 煤炭科学技术, 41(7): 5-9.

曹代勇, 宁树正, 郭爱军, 等. 2018. 中国煤田构造格局与构造控煤作用[M]. 北京: 科学出版社.

曹征彦. 1998. 中国洁净煤技术[M]. 北京: 中国物资出版社.

陈鹏. 2007. 中国煤炭性质、分类和利用[M]. 北京: 化学工业出版社.

陈亚飞. 2006. 煤质评价与煤质标准化[J]. 煤质技术, (1): 12-15.

程爱国, 宁树正, 等. 2015. 鄂尔多斯盆地煤炭绿色开发的资源研究[M]. 北京: 中国矿业大学出版社.

程爱国, 曹代勇, 袁同兴, 等. 2016. 中国煤炭资源赋存规律与资源评价[M]. 北京: 科学出版社.

戴和武, 马治邦. 1988. 适合直接液化的烟煤特性研究[J]. 煤炭学报, 13(2): 80-86.

邓基芹, 于晓荣, 武永爱. 2011. 煤化学[M]. 北京: 冶金工业出版社.

杜芳鹏, 李聪聪, 乔军伟, 等. 2018. 陕北府谷矿区煤炭资源清洁利用潜势及方式探讨[J]. 煤田地质与勘探, 46(3): 11-14.

高聚忠. 2013. 煤气化技术的应用与发展[J]. 洁净煤技术, 19(1): 65-71.

韩德馨. 1996. 中国煤岩学[M]. 徐州: 中国矿业大学出版社.

韩克明. 2014. 神华煤显微组分加氢液化性能研究[D]. 大连: 大连理工大学.

何建国, 秦云虎, 王双美, 等. 2018. 神府矿区 5-2 号煤层煤质特征及其气/液化性能评价[J]. 煤炭科学技术, 46(10): 228-234.

贺军. 2018. 内蒙古白音乌拉矿区 6#煤层特征及液化性能[J]. 中国煤炭地质, 30(4): 12-16.

黄文辉, 唐书恒, 唐修义, 等. 2010. 西北地区侏罗纪煤的煤岩学特征[J]. 煤田地质与勘探, 38(4) : 1-6.

霍超, 刘天绩, 齐宽, 等. 2020. 准格尔矿区 6 煤层煤炭资源气化性能适应性评价[J]. 煤炭科学技术, 48(S1): 208-214.

霍超, 张恒利, 张建强, 等. 2017. 伊敏五牧场井田锗赋存特征及成矿机理研究[J]. 煤炭技术, 36(11): 112-114.

贾明生, 陈恩鉴, 赵黛青. 2003. 煤炭液化技术的开发现状与前景分析[J]. 中国能源, 25(3): 14-18.

晋香兰, 降文萍, 李小彦, 等. 2010. 低煤阶煤的煤岩成分液化性能及实验研究[J]. 煤炭学报, 35(6): 992-997.

李聪聪, 杜芳鹏, 乔军伟, 等. 2017. 黄陇侏罗纪煤田彬长矿区 4 号煤层气化、液化特征研究[J]. 中国煤炭地质, 29(11): 17-23.

李聪聪, 魏云迅, 杜芳鹏. 2020. 陕西省特殊用煤资源分布特征及清洁利用方向[J]. 中国煤炭地质, 32(2): 22-28, 66.

李惠林, 李磊, 孟令伟, 等. 2021. 内蒙古自治区煤资源潜力评价[M]. 北京: 中国地质大学出版社.

李俊建. 2006. 内蒙古阿拉善地块区域成矿系统[D]. 北京: 中国地质大学(北京).

李思田, 程守田, 杨士恭, 等. 1992. 鄂尔多斯盆地东北部层序地层及沉积体系分析[M]. 北京: 地质出版社.

李文华, 陈亚飞, 陈文敏, 等. 2000. 中国主要矿区煤的显微组分分布特征[J]. 煤炭科学技术, 28(8): 31-34.

李小强, 刘永, 秦光书. 2015. 神华煤直接液化示范项目的进展及发展方向[J]. 煤化工, 43(4): 12-15.

李小彦, 降文萍, 武彩英. 2005. 陕北煤田侏罗纪煤直接液化问题探讨[J]. 煤炭科学技术, 33(4): 59-63.

刘大锰, 杨起, 汤达祯. 1998. 鄂尔多斯盆地煤显微组分的 micro-FTIR 研究[J]. 地球科学, 23(1): 79-84.

刘建明, 张锐, 张庆洲. 2004. 大兴安岭地区的区域成矿特征[J]. 地学前缘, (1): 269-277.

马宗晋, 赵俊猛. 1999. 天山与阴山—燕山造山带的深部结构和地震[J]. 地学前缘, (3): 95-102.

毛节华, 许惠龙. 1999. 中国煤炭资源预测与评价[M]. 北京: 科学出版社.

内蒙古自治区地质局. 1990. 内蒙古自治区区域地质志[M]. 北京: 地质出版社.

宁树正. 2021. 中国煤炭资源煤质特征与清洁利用评价[M]. 北京: 科学出版社.

宁树正, 张宁, 吴国强, 等. 2019. 我国特殊煤种研究进展[J]. 中国煤炭地质, 31(6): 1-4.
潘桂棠, 郝国杰, 冯艳芳, 等. 2009. 中国大地构造单元划分[J]. 中国地质, 36(1): 1-28.
乔军伟, 宁树正, 秦云虎, 等. 2019. 特殊用煤研究进展及工作前景[J]. 煤田地质与勘探, 47(1): 49-55.
秦云虎, 王双美, 张静, 等. 2017. 煤炭地质勘查中煤质评价指标体系建立的现状与展望[J]. 中国煤炭地质, 29(7): 1-4.
任纪舜, 牛宝贵, 刘志刚. 1999. 软碰撞、叠覆造山和多旋回缝合作用[J]. 地学前缘, (3): 85-93.
舒歌平, 李克健, 史士东, 等. 2003. 煤直接液化技术[M]. 北京: 煤炭工业出版社.
唐书恒, 秦勇, 姜尧发, 等. 2006. 中国洁净煤地质研究[M]. 北京: 地质出版社.
王双明, 张玉平. 1999. 鄂尔多斯侏罗纪盆地形成演化和聚煤规律[J]. 地学前缘, (S1): 147-155.
王廷印, 高军平, 王金荣, 等. 1998. 内蒙古阿拉善北部地区碰撞期和后造山期岩浆作用[J]. 地质学报, (2): 126-137.
王永刚, 王彩红, 杨正伟, 等. 2009. 典型中国煤直接液化油组成特征研究[J]. 中国矿业大学学报, 38(1): 96-100.
魏迎春, 曹代勇. 2021. 清洁用煤赋存规律及控制因素研究[M]. 北京: 科学出版社.
魏云迅, 吴军虎, 杜芳鹏, 等. 2018. 鄂尔多斯盆地府谷矿区直接液化用煤潜力分析[J]. 中国煤炭, 44(3): 46-52.
吴传荣, 张慧, 李远虑, 等. 1995. 西北早中侏罗世煤岩煤质与煤变质研究[M]. 北京: 煤炭工业出版社.
吴春来. 2005. 煤炭液化在中国的发展前景[J]. 地学前缘, 12(3): 309-313.
吴春来, 舒歌平. 1996. 中国煤的直接液化研究[J]. 煤炭科学技术, 24(4): 12-16, 43.
吴泰然, 何国琦. 1993. 内蒙古阿拉善地块北缘的构造单元划分及各单元的基本特征[J]. 地质学报, (2): 97-108.
吴秀章, 舒歌平, 李克健, 等. 2015. 煤炭直接液化工艺与工程[M]. 北京: 科学出版社.
谢崇禹. 2007. 煤液化用煤种的选择研究[J]. 当代化工, 36(1): 65-66.
杨起. 1987. 煤地质学进展[M]. 北京: 科学出版社.
杨振德, 潘行适, 杨易福. 1986. 阿拉善断块层间滑动断裂和推覆构造[J]. 地质科学, (3): 201-210.
袁三畏. 1999. 中国煤质论评[M]. 北京: 煤炭工业出版社.
曾勇. 2001. 中国西部地区特殊煤种及其综合开发与利用[J]. 煤炭学报, (4): 337-340.
张建强. 2020. 高头窑益阳露天矿 3 号煤组煤岩煤质特征及成煤环境研究[J]. 中国煤炭地质, 32(8): 12-19.
张建强, 张恒利, 杜金龙, 等. 2016. 内蒙古白音华煤田煤中微量元素分布特征[J]. 煤炭学报, 41(2): 310-315
张建强, 宁树正, 黄少青, 等. 2022a. 内蒙古煤炭资源煤质特征及清洁利用方向[J]. 中国矿业, 31(8): 60-68.
张建强, 宁树正, 黄少青, 等. 2022b. 绍根矿区煤岩煤质特征及清洁利用方向探讨[J]. 中国煤炭, 48(9): 121-126.
张静, 秦云虎, 王双美, 等. 2018. 东胜矿区水煤浆气流床气化用煤评价指标体系及资源分级[J]. 中国煤炭, 44(6): 91-95, 122.
张玉卓. 2006. 中国神华煤直接液化技术新进展[J]. 中国科技产业, (2): 32-35.
张振法. 1995. 阴山山链隆起机制及有关问题探讨[J]. 内蒙古地质, (Z1): 17-35.
中国煤田地质总局. 1998. 中国含煤盆地演化和聚煤规律[M]. 北京: 煤炭工业出版社.
朱晓苏. 1997. 中国煤炭直接液化优选煤种的研究[J]. 煤化工, 25(3): 32-39.